建設現場で―――
労働安全衛生法

Q&A

町田安全衛生リサーチ代表　元労働基準監督署長
村木宏吉 [著]
Muraki Hiroyoshi

大成出版社

はじめに

　建設業は工事の種類が多く、職種も様々です。また、労働災害が他の業種に比べて発生率が高く、死亡災害等重大な災害が多いとされています。

　労災事故防止のため、労働安全衛生法では、元請と下請それぞれに多くの規制を設けています。機械等貸与者（リース業者）に対する規制もあります。しかし、法律、政令、省令のみならず、告示や公示、通達と多岐にわたり、その全貌を調べるのは容易ではありません。

　これまで、何人かの方々がこの課題に取り組んでこられました。しかし、それらの書籍の欠点は、単に法令を調べて書いたものだということです。

　筆者は、旧労働省に労働基準監督官として採用され、幾多の建設工事現場に立入調査に入りました。その経験を元に、普段あまり法令になじみのない建設工事現場に働く方々を対象に、労働安全衛生法を中心とした法令を、建設現場の視点で解説することとしたのが本書です。

　労働安全衛生法は、災害が発生する危険性をなくすため、一定の事項を実施しなければならない旨定めています。ということは、災害が発生していなくても、法違反となる場合があるということです。あたかも、道路上での単なるスピード違反と同じように、事故が起きていなくても処罰されることがあることに注意していただく必要があります。

　ところで、建設業に関係する法令の条文やガイドライン・指針などが多数あるのですが、それらをすべて本書に掲載すると膨大なページ数になります。今日では、インターネットでそれらを簡単に見ることができますから、基本的なものや特に重要なもの以外は、条文や指針の標題や通達番号にとどめました。お手数ですが、ネットでの検索等をお願いいたします。

　なお、労働基準監督署の立入調査で何の指摘も受けなかったとしても、安心は禁物です。わずかではありますが、公務員としての仕事で楽をしようとあえて違反の指摘をしない職員もいるからです。

　本書をご活用いただくことにより、建設工事現場がより安全で働きやすいものとなるよう祈念しております。

2013年8月
労働衛生コンサルタント　村木宏吉

建設現場で使える労働安全衛生法Q&A　目次

第1章　労働安全衛生法の基礎

概　説 …………………………………………………………………… 2
第1節　労働安全衛生法とは
Q1　労働安全衛生法とは、どのような法律ですか？ …………………… 2
Q2　「事業場」とはどのようなものですか？ …………………………… 3
Q3　建設業の本社や支店等の店社の業種は建設業ではなく、「その他の事業」ではないのですか？ ………………………………………… 3
第2節　事業者と元方事業者
Q4　「事業者」とはどのようなものですか？ …………………………… 4
Q5　事業者は、どのようなことをしなければならないのですか？ …… 5
Q6　労働安全衛生法では、事業者のほかにどのような立場の者が責任を負うのでしょうか？ ………………………………………………… 6
Q7　元方事業者とはどのようなものですか？ …………………………… 7
Q8　元方事業者は、労働安全衛生法上どのようなことをしなければならないのですか？ ………………………………………………………… 8
Q9　元請には、前問に記載された事項のほかには、実施すべき事項はないのですか？ …………………………………………………………… 9
Q10　「安全管理は元請の仕事」といわれることがありますが、そうではないのですか？ ………………………………………………………… 11
第3節　共同企業体
Q11　共同企業体とはどのようなもので、労働安全衛生法上どのような点に注意が必要でしょうか？ …………………………………………… 12
第4節　工事現場の労災保険
Q12　工事現場の労災保険はどこがかけるのでしょうか？ ……………… 13
第5節　総括安全衛生管理者
Q13　総括安全衛生管理者は、どのような場合に選任しなければならな

　　　　いのでしょうか？ ··· 14
　Q14　総括安全衛生管理者となるのは、資格が必要なのでしょうか？ ········· 14
第6節　安全管理者
　Q15　安全管理者は、どのような場合に選任しなければならないの
　　　　でしょうか？ ··· 15
　Q16　安全管理者となるためには、資格が必要なのでしょうか？ ··············· 15
第7節　衛生管理者
　Q17　衛生管理者の選任は、どのような場合にしなければならないの
　　　　でしょうか？ ··· 18
　Q18　衛生管理者となるためには、資格が必要なのでしょうか？ ··············· 19
第8節　産業医
　Q19　産業医は、どのような場合に選任しなければならないのでしょう
　　　　か？ ··· 19
　Q20　産業医として選任できるのは、医師でありさえすればよいので
　　　　しょうか？ ··· 20
第9節　安全衛生推進者
　Q21　安全衛生推進者は、どのような場合に選任しなければならないの
　　　　でしょうか？ ··· 21
　Q22　安全衛生推進者は、資格が必要なのでしょうか？ ·························· 21
第10節　安全衛生委員会
　Q23　安全衛生委員会とは、どのようなものですか？ ···························· 22
　Q24　安全衛生委員会はどのように構成するのですか？ ························· 23
第11節　健康診断
　Q25　健康診断の実施は義務づけられているのでしょうか？ ···················· 23
　Q26　特殊健康診断とはどのようなものでしょうか？ ···························· 25
第12節　作業環境測定
　Q27　作業環境測定とはどのようなものですか？ ·································· 25
第13節　罰則
　Q28　労働安全衛生法には罰則があるそうですが、どのようなものです
　　　　か？ ··· 27
　Q29　両罰規定とは、どのようなものですか？ ····································· 27

第2章　元請として行うべき事項

概　説 ………………………………………………………………………… 30

第1節　店社における管理と工事現場における管理

Q30　統括安全衛生責任者を選任しなければならないのは、どのような場合でしょうか？ ……………………………………………………… 30

Q31　統括安全衛生責任者は、どのような職務をしなければならないのですか？ ………………………………………………………………… 32

Q32　統括安全衛生責任者は、資格等が定められているのでしょうか？ …… 33

第2節　元方安全衛生管理者

Q33　元方安全衛生管理者を選任しなければならないのは、どのような場合でしょうか？ ……………………………………………………… 33

Q34　元方安全衛生管理者は、資格が必要なのでしょうか？ ………………… 33

Q35　元方安全衛生管理者は、どのような仕事をするのでしょうか？ ……… 35

第3節　店社安全衛生管理者

Q36　店社安全衛生管理者は、どのような場合に選任しなければならないのでしょうか？ …………………………………………………… 36

Q37　店社安全衛生管理者は、資格が必要なのでしょうか？ ………………… 36

Q38　店社安全衛生管理者は、どのような職務をしなければならないのですか？ ………………………………………………………………… 37

Q39　元方安全衛生管理者や店社安全衛生管理者は、下請の協力がなければ職務を進められないと思いますが、その点はどうすればよいでしょうか？ ………………………………………………………… 37

第4節　元請の提出書類等

Q40　元請が工事を始めるときに労働基準監督署に届け出なければならない事項には、どのようなものがあるでしょうか？ ……………… 38

第5節　安全衛生協議会

Q41　安全衛生協議会（災害防止協議会）は、どのようにして開催するのでしょうか？ ……………………………………………………… 40

第6節　下請に対する指導援助

Q42　下請に対する指導援助とは、具体的にどのようなことを実施すればよいのでしょうか？ ……………………………………………… 42

Q43　新規入場者教育とは、具体的にどのようなことを実施するのでしょうか？ …………………………………………………………… 44

Q44　下請に対する指導援助を怠った場合、法違反となるのでしょうか？ ……………………………………………………………………… 44

第7節　下請の寄宿舎

Q45　下請が寄宿舎を有している場合も、元請は管理責任を問われるのでしょうか？ ………………………………………………………………… 45

Q46　寄宿舎の有無はどのようにして確認すればよいでしょうか？ ……… 45

第8節　労働者の救護に関する措置

Q47　労働者の救護に関する措置とはどのようなものでしょうか？ ……… 46

Q48　救護に関する措置として実施すべき事項をもう少し具体的に説明してください。 ……………………………………………………………… 47

第9節　オペ付きリースによる重機等

Q49　オペ付きリースとはどのようなものでしょうか？ ………………… 50

Q50　オペ付きリースでは、元請はどのようなことに注意すべきでしょうか？ ……………………………………………………………………… 51

Q51　機械等貸与者は、何かしなければならないことがあるのでしょうか？ ……………………………………………………………………… 52

Q52　都道府県の設備貸与事業で貸与された機械についても、機械等貸与者に関するこれまでの規定は適用があるのでしょうか？ ……… 52

第10節　違法な指示の禁止

Q53　元方事業者が下請に対し、法令違反をするように指示をした場合にはどうなりますか？ …………………………………………………… 53

Q54　前問の条文には罰則がありませんが、元請が違法な指示をしても処罰はされないのでしょうか？ …………………………………………… 53

第11節　悪天候時の措置

Q55　悪天候とは、どのような場合をいうのでしょうか？ ……………… 53

Q56　悪天候の場合には、法令上どのようなことに注意しなければなら

ないでしょうか？ ··· 54
Q57 天候により、労働基準監督署から指示が出ることがあるでしょうか？ ··· 56

第3章　下請が行うべき事項

概　説 ·· 58
第1節　安全衛生管理体制
Q58 作業主任者とはどのようなものでしょうか？ ···························· 58
Q59 免許と技能講習はどのように違うのでしょうか？ ······················ 60
Q60 単独作業の場合には、作業主任者はいなくてもよいでしょうか？ ······ 60
Q61 作業主任者を選任する場合の注意事項には、どのようなことがあるでしょうか？ ··· 61

第2節　職長・安全衛生責任者
Q62 安全衛生責任者（職長）とは、どのようなものでしょうか？ ··········· 61
Q63 安全衛生責任者（職長）は、何か資格があるのでしょうか？ ··········· 62
Q64 職長・安全衛生責任者養成講習は、要件が定められているのでしょうか？ ··· 62

第3節　作業指揮者
Q65 作業指揮者とは、どのようなものでしょうか？ ························· 63
Q66 作業指揮者には、資格のようなものが定められているのでしょうか？ ··· 66

第4節　リスクアセスメント
Q67 リスクアセスメントとは、どのようなことをいうのでしょうか？ ······ 67
Q68 リスクアセスメントは、どのようなときに実施しなければならないのでしょうか？ ··· 68
Q69 リスクアセスメントは、下請が行わなければならないのですか？ ······ 68

第5節　検査証
Q70 クレーンや建設用リフトには、検査証が必要と聞いたことがあり

VII

	ますが、検査証とはどのようなものでしょうか？	69
Q71	検査証は、工事現場に備え付けなければならないのでしょうか？	70
Q72	検査証がない場合はどうなりますか？	71
Q73	検査証がない場合に、新たに交付を申請することはできますか？	71

第6節 構造規格

Q74	構造規格とは、どのようなものですか？	71
Q75	構造規格を具備すべきものとして定められている機械等には、どのようなものがありますか？	72
Q76	構造規格を具備しているかどうかを見分ける方法がありますか？	73
Q77	個別検定や型式検定の対象となっていないものはどのように構造規格を具備しているかどうかを確認するのでしょうか？	74

第7節 定期自主検査

Q78	定期自主検査とは、どのようなものでしょうか？	75

第8節 安全衛生教育（雇入れ時教育、送出し教育と特別教育、職長教育）

Q79	雇入れ時の安全衛生教育とは、どのようなものでしょうか？	76
Q80	送出し教育とは、どのようなものでしょうか？	77
Q81	特別教育とは、どのようなものですか？	78
Q82	特別教育は、科目等が定められているのでしょうか？	83
Q83	特別教育の科目を省略することができますか？	83
Q84	特別教育は、講師の要件が定められているのでしょうか？	83
Q85	特別教育に準ずる教育というのを聞いたことがありますが、どのようなものでしょうか？	84
Q86	職長教育とは、どのようなものでしょうか？	86
Q87	雇入れ時の安全衛生教育や特別教育の費用は、会社が負担しなければならないのでしょうか？	86

第9節 資格者の確保（免許、技能講習）

Q88	免許や技能講習が必要な業務には、どのようなものがありますか？	87
Q89	免許や技能講習の資格は、どのようにしてとればよいのでしょうか？	90

第10節 作業環境測定

Q90 作業環境測定とは、どのようなものでしょうか？ 91

第11節　健康診断
Q91 健康診断は、どのような労働者に実施しなければならないのでしょうか？ 91

Q92 健康診断は、どのような項目について実施しなければならないのですか？ 92

Q93 健康診断項目を省略することはできないのですか？ 93

Q94 健康診断を受けたくないという労働者には、どのようにすべきでしょうか？ 93

Q95 健康診断の費用は、会社が負担すべきものでしょうか？ 94

Q96 健康診断の結果と業務とで、どのようなことに注意が必要でしょうか？ 94

Q97 健康診断を実施した後、どのようなことをすべきでしょうか？ 95

Q98 面接指導等とは、どのようなものですか？ 96

第12節　事業附属寄宿舎
Q99 事業附属寄宿舎とは、どのようなものでしょうか？ 97

Q100 事業附属寄宿舎は、どのようなことをしなければならないのでしょうか？ 98

Q101 建設業附属寄宿舎の構造等の基準はどのようになっているのでしょうか？ 98

Q102 寄宿舎における災害等で、報告が必要なものにどのようなものがありますか？ 100

第13節　報告
Q103 労働者死傷病報告は、どのような場合に提出するのでしょうか？ 101

Q104 事故報告書は、どのような場合に提出するのでしょうか？ 101

Q105 健康診断を実施した場合に、労働基準監督署への報告が必要ですか？ 103

第4章　事項別の災害防止措置

概　説 …………………………………………………………………… 106
第1節　機械等の一般的規制
Q106　特定機械等とは、どのようなものですか？ ………………… 106
Q107　特定機械等には、どのような規制がありますか？ ………… 108
Q108　機械等の一般的な規制とは、どのようなことがあるのでしょうか？ ……………………………………………………… 108
Q109　機械等のメーカーに対する規制はあるのでしょうか？ …… 109
Q110　残留リスクとは、どのようなことでしょうか？ …………… 109
Q111　メーカー段階での問題がある機械等について、メーカーや輸入者には、行政機関からの法的な摘発や指導等があるのでしょうか？ … 111
Q112　機械等のユーザー側で注意しなければならないのは、どのようなことでしょうか？ ……………………………………………… 111

第2節　感電災害防止
Q113　感電災害防止対策としては、どのようなことをしなければならないのでしょうか？ ……………………………………………… 115
Q114　感電防止用漏電しゃ断装置について、もう少し詳しく教えてください。 ……………………………………………………………… 116
Q115　感電防止用漏電しゃ断装置を接続すれば、アース（接地）の接続は不要でしょうか？ ………………………………………………… 116
Q116　電動機械器具とは、どのようなもので、なぜ感電防止措置が必要なのでしょうか？ ………………………………………………… 117
Q117　工事現場の近くに電線がある場合には、どのようなことをしなければならないのでしょうか？ ……………………………………… 119

第3節　火災防止
Q118　消火設備が必要なのは、どのような場合でしょうか？ …… 120
Q119　喫煙場所について、法令上どのようなことに注意しなければならないでしょうか？ ………………………………………………… 121

Q120	危険物とは、どのようなものでしょうか？	122
Q121	危険物等を取り扱う場所では、どのようなことをしなければならないのでしょうか？	123
Q122	危険物等の取扱いについて、そのほかの注意事項は、どのようなことがありますか？	124
Q123	防爆構造の電気機械器具を必要とするのは、どのような場合でしょうか？	126
Q124	ガス溶接等の作業で注意しなければならないのは、どのようなことでしょうか？	126
Q125	可燃性ガスが発生する可能性がある場合、法令上どのようなことに注意しなければならないでしょうか？	128

第4節　建設機械と車両系建設機械

Q126	車両系建設機械とは、どのようなものでしょうか？	129
Q127	車両系建設機械については、どのような規制があるのでしょうか？	131
Q128	構造規格と就業制限以外の規制には、どのようなことがありますか？	133
Q129	車両系建設機械の用途外使用とは、どのようなことでしょうか？	135
Q130	定期自主検査と特定自主検査とは、どのようなことでしょうか？	137
Q131	車両系建設機械の月次点検とはどのようなことでしょうか？	138
Q132	車両系建設機械の修理やアタッチメントの交換にあたり、法令上どのようなことに注意しなければならないでしょうか？	138
Q133	定期自主検査とは、単に点検を実施すればよいのでしょうか？	139
Q134	作業開始前点検とは、どのようなことでしょうか？	139
Q135	建設機械についての規制には、どのようなことがありますか？	140
Q136	基礎工事用機械とは、どのようなものでしょうか？	140
Q137	基礎工事用機械の使用にあたり、法令上どのようなことに注意が必要でしょうか？	141
Q138	くい打機、くい抜機とは、どのようなものでしょうか？	141
Q139	くい打機等を使用する場合、法令上どのようなことに注意しなければならないでしょうか？	141

- Q140 くい打機等の倒壊防止措置としては、どのようなことがありますか？ ……………………………………………………………………… 142
- Q141 ガス導管等の損壊防止ですが、埋設物の設置者に聞くことは可能でしょうか？ ……………………………………………………………… 143
- Q142 ボーリングマシンについては、そのほかに注意すべきことがありますか？ ……………………………………………………………… 144
- Q143 場所打ちくい工事では、どのようなことに注意しなければならないでしょうか？ …………………………………………………………… 145
- Q144 移動式クレーンにバイブロハンマーを取り付けてくい打機・くい抜機とした場合、法令上どのような取扱いになるのでしょうか？ …… 145

第5節 締固め用機械
- Q145 締固め用機械とは、どのようなものでしょうか？ ………………… 146
- Q146 締固め用機械には、どのような法規制があるのでしょうか？ …… 146

第6節 コンクリート打設用機械
- Q147 コンクリート打設用機械とは、どのようなものでしょうか？ …… 147
- Q148 コンクリートポンプ車については、法令上どのようなことに注意すべきでしょうか？ …………………………………………………… 147
- Q149 コンクリートポンプ車による災害防止としては、そのほかに、どのようなことをしなければならないのでしょうか？ ………………… 148

第7節 解体用機械
- Q150 解体用機械とは、どのようなものでしょうか？ …………………… 149
- Q151 解体用機械には、どのような法規制があるのでしょうか？ ……… 149
- Q152 解体用機械の作業に係る法規制には、どのようなものがあるのでしょうか？ ……………………………………………………………… 149
- Q153 解体用機械の運転資格については、どのようになっているのでしょうか？ ……………………………………………………………… 150

第8節 車両系荷役運搬機械等
- Q154 車両系荷役運搬機械等とは、どのようなものですか？ …………… 151
- Q155 車両系荷役運搬機械等を使用する際に、どのようなことをしなければならないのでしょうか？ …………………………………………… 151
- Q156 車両系荷役運搬機械等の災害防止措置とは、どのようなことがあ

	るのでしょうか？	152
Q157	何かポイントとなる事項としては、どのようなことがありますか？	153
Q158	安全ブロック等は、どのような場合に用いるのでしょうか？	153
Q159	荷の積卸しで気をつけなければならないことは、どのようなことでしょうか？	154
Q160	荷台への乗車については、何か規制があるのでしょうか？	154
Q161	定期自主検査は、どのようなことをしなければならないのでしょうか？	155

第9節　コンベヤー

Q162	コンベヤーとは、どのようなものですか？	158
Q163	コンベヤーについては、どのようなことをしなければならないのでしょうか？	158

第10節　高所作業車

Q164	高所作業車とは、どのようなものでしょうか？	159
Q165	高所作業車を使用する場合、どのようなことをしなければならないのでしょうか？	160

第11節　ジャッキ式つり上げ機械

Q166	ジャッキ式つり上げ機械とは、どのようなものでしょうか？	161
Q167	ジャッキ式つり上げ機械を使用する際、どのようなことをしなければならないのでしょうか？	162
Q168	ジャッキ式つり上げ機械を使用する際、特に注意すべきことは何でしょうか？	163

第12節　クレーン、移動式クレーン

Q169	クレーンとは、どのようなものでしょうか？	163
Q170	クレーンの就業制限等については、どのようになっているのでしょうか？	164
Q171	クレーンを使用して行う作業において、法令上どのようなことに注意しなければならないでしょうか？	164
Q172	クレーンにより、労働者を運搬したりつり上げて作業をさせることはできないのでしょうか？	165

Q173	クレーン作業時の荷の下への立入禁止は、法令上どのような取扱いになっているのでしょうか？	166
Q174	クレーンの点検は、どのように実施すべきでしょうか？	167
Q175	移動式クレーンとは、どのようなものでしょうか？	168
Q176	移動式クレーンの運転資格は、どのようになっているのでしょうか？	169
Q177	移動式クレーンの検査証について、どのようなことに注意が必要でしょうか？	169
Q178	移動式クレーンを使用するときには、どのようなことをしなければならないのでしょうか？	170
Q179	移動式クレーンの点検はどのように実施すべきでしょうか？	171
Q180	「玉掛けの業務」とは、どのようなものでしょうか？	172
Q181	玉掛け用ワイヤロープについて、法令上規制があるのでしょうか？	173
Q182	「アイスプライス若しくは圧縮止め又はこれらと同等以上の強さを保持する方法」には、どのようなものがありますか？	175
Q183	ワイヤロープの点検では、どのようなことに注意が必要でしょうか？	175
Q184	ワイヤロープの点検色を決めている現場がありますが、どのようなことに注意が必要でしょうか？	176

第13節　エレベーター、建設用リフト、簡易リフト

Q185	エレベーター、建設用リフトと簡易リフトは、どのようなもので、その違いは何でしょうか？	177
Q186	エレベーター、建設用リフトと簡易リフトは、構造についての基準はあるのでしょうか？	178
Q187	エレベーターの使用にあたって、法令上どのようなことに注意しなければならないでしょうか？	178
Q188	エレベーターの安全装置のポイントは、どのようなことでしょうか？	179
Q189	ビル建築工事現場において、本設のエレベーターを工事用に使用することができますか？	179

Q 190 建設用リフトの使用にあたって、法令上どのようなことに注意しなければならないでしょうか? ……………………………… 180

Q 191 簡易リフトの使用にあたって、法令上どのようなことに注意しなければならないでしょうか? ……………………………… 180

Q 192 エレベーター、建設用リフト及び簡易リフトの定期自主検査は、法令上どのようなことに注意しなければならないでしょうか? ……… 180

第14節　巻上げ機

Q 193 巻上げ機とは、どのようなものでしょうか? ………………… 181

Q 194 巻上げ機の使用にあたり、どのようなことに注意しなければならないでしょうか? ………………………………………… 181

第15節　ゴンドラ

Q 195 ゴンドラとは、どのようなものでしょうか? ………………… 183

Q 196 ゴンドラの使用にあたり、法令上どのようなことに注意しなければならないでしょうか? ……………………………………… 184

Q 197 ゴンドラの定期自主検査については、法令上どのようなことに注意しなければならないでしょうか? ……………………… 185

第16節　型枠支保工

Q 198 型枠支保工とは、どのようなものでしょうか? ……………… 187

Q 199 型枠支保工の設計にあたり、どのようなことに注意しなければならないでしょうか? ………………………………………… 187

Q 200 型枠支保工の組立ての際には、どのようなことに注意しなければならないでしょうか? ……………………………………… 188

Q 201 型枠支保工の支柱の根がらみと水平つなぎについて、法令上どのような取扱いとなっているのでしょうか? ………………… 189

Q 202 型枠支保工の組立て等の作業にあたっては、法令上どのようなことに注意しなければならないでしょうか? ……………… 191

Q 203 フラットデッキを使用する場合には、型枠支保工に関する条文の適用はないのでしょうか? ………………………………… 192

Q 204 コンクリート打設の作業については、法令上どのようなことに注意しなければならないでしょうか? ……………………… 193

第17節　明り掘削

Q205	明り掘削とは、どのようなものでしょうか？	193
Q206	明り掘削を行う場合、法令上どのようなことに注意しなければならないでしょうか？	193
Q207	作業箇所等の調査としては、どのようなことをしなければならないのでしょうか？	194
Q208	掘削面の勾配について、法令上の基準があるのでしょうか？	194
Q209	地山掘削作業において、地下にあるガス管等については、法令上どのようなことに注意しなければならないでしょうか？	195
Q210	土止め支保工の設置について、法令上の根拠があるのでしょうか？	196
Q211	土止め支保工の構造等について、法令上どのようなことに注意しなければならないでしょうか？	196
Q212	「土止め先行工法」とは、どのようなものでしょうか？	198

第18節　墜落防止措置

| Q213 | 高所作業とは、どのような場合でしょうか？ | 199 |
| Q214 | 高所作業では、法令上どのようなことに注意が必要でしょうか？ | 199 |

第19節　足場

Q215	足場とは、どのようなものでしょうか？	201
Q216	足場については、どのような法規制がありますか？	202
Q217	足場の倒壊防止措置としては、法令上どのようなことに注意しなければならないでしょうか？	203
Q218	足場の組立等作業主任者には、どのようなことをさせなければならないのでしょうか？	204
Q219	足場の組立等の作業における墜落防止措置は、どのようになっていますか？	204
Q220	足場の点検については、どのようなことをしなければならないのでしょうか？	204
Q221	ローリングタワーについては、法令上どのようなことに注意しなければならないでしょうか？	205
Q222	つり足場については、法令上どのようなことに注意しなければならないでしょうか？	206

- Q223 張出し足場については、法令上どのようなことに注意しなければならないでしょうか？ ……………………………………… 208
- Q224 足場に設ける架設通路については、法令上どのようなことに注意しなければならないでしょうか？ …………………………… 209
- Q225 足場についての元方規制はどのようになっていますか？ ……… 209

第20節 作業構台
- Q226 作業構台とは、どのようなものでしょうか？ …………………… 211
- Q227 作業構台について、法令上どのようなことに注意しなければならないでしょうか？ ……………………………………………… 212

第21節 踏抜き防止措置
- Q228 踏抜きとは、どのようなことでしょうか？ ……………………… 212

第22節 橋梁（上部工と下部工）架設工事
- Q229 橋梁とはどのようなものでしょうか？ …………………………… 213
- Q230 橋梁に関する法令上の規制は、どのようなことでしょうか？ … 214
- Q231 橋梁の下部工についての法規制はどのようになっているのでしょうか？ ………………………………………………………… 216

第23節 土石流危険河川
- Q232 土石流災害とは、どのようなことでしょうか？ ………………… 219
- Q233 土石流危険河川というのは、どのようなことでしょうか？ …… 220
- Q234 土石流災害を防止するため、法令上どのようなことに注意しなければならないでしょうか？ ………………………………… 221
- Q235 「規程」というのは、どのようなものでしょうか？ …………… 221

第24節 管渠内作業
- Q236 管渠内作業とは、どのようなものでしょうか？ ………………… 223
- Q237 管渠内作業については、どのようなことをしなければならないのでしょうか？ ………………………………………………… 223

第25節 ずい道
- Q238 ずい道とは、どのようなものでしょうか？ ……………………… 224
- Q239 ずい道等の建設工事において、法令上どのようなことに注意しなければならないでしょうか？ ……………………………… 224

第26節 軌道装置

- Q240 軌道装置とは、どのようなものでしょうか？ ……………………… 227
- Q241 軌道装置を使用するには、法令上どのようなことに注意しなければならないでしょうか？ ……………………… 227
- Q242 ずい道等の建設工事現場で軌道装置を使用する場合には、どのようなことに注意しなければならないでしょうか？ ……………………… 229

第27節　電気工事
- Q243 電気工事において、法令上どのようなことに注意しなければならないでしょうか？ ……………………… 230

第28節　木造建築物の組立て等
- Q244 法令でいう「木造建築物の組立て等の作業」とは、どのようなものでしょうか？ ……………………… 231
- Q245 木造建築物の組立て等の作業にあたり、法令上どのようなことに注意しなければならないでしょうか？ ……………………… 231
- Q246 「足場先行工法」とは、どのようなものでしょうか？ ……………… 232

第29節　建築物等の鉄骨等の組立て等（解体を含む。）
- Q247 近年鉄骨造のビル建築が増えていますが、法令上どのようなことに注意しなければならないでしょうか？ ……………………… 233

第30節　コンクリート造の工作物の解体等
- Q248 コンクリート造の工作物の解体等の作業を行う場合、法令上どのようなことに注意しなければならないでしょうか？ ……………………… 235
- Q249 コンクリート破砕器とは、どのようなものでしょうか？ ………… 237
- Q250 コンクリート破砕器を使用する作業においては、どのようなことに注意しなければならないでしょうか？ ……………………… 238

第31節　発破の作業
- Q251 発破とは、どのようなことをいうのでしょうか？ ………………… 239
- Q252 発破の作業は、法令上どのようなことに注意しなければならないでしょうか？ ……………………… 239
- Q253 発破の業務は、資格が必要なのでしょうか？ ……………………… 241

第32節　有機溶剤等
- Q254 有機溶剤とは、どのようなものでしょうか？ ……………………… 242
- Q255 有機溶剤を使用するにあたり、法令上どのようなことに注意しな

ければならないでしょうか？ 242

第33節　特定化学物質
- Q256　特定化学物質とは、どのようなものでしょうか？ 243
- Q257　建設工事現場では、どのような場合に特定化学物質を扱うのでしょうか？ 244
- Q258　特定化学物質を取り扱う作業は、法令上どのようなことに注意しなければならないでしょうか？ 244

第34節　石綿
- Q259　石綿について、建設業としては、どのようなことに注意しなければならないでしょうか？ 244
- Q260　建築物等の解体等の作業を行う場合、法令上どのようなことに注意しなければならないでしょうか？ 244

第35節　酸素欠乏等
- Q261　酸素欠乏等とは、どのようなことをいうのでしょうか？ 247
- Q262　酸素欠乏危険作業とは、どのようなものでしょうか？ 247
- Q263　硫化水素濃度が10ppmを超えるおそれのある場所とはどのような場所でしょうか？ 249
- Q264　酸素欠乏危険作業を行う場合には、法令上どのようなことをしなければならないのでしょうか？ 249
- Q265　酸素欠乏危険作業とは、前問と前々問ですべてでしょうか？ 251
- Q266　酸素欠乏危険作業主任者は、どのような職務をしなければならないのですか？ 254

第36節　一酸化炭素中毒の予防
- Q267　建設工事現場で一酸化炭素中毒が発生することがあるのでしょうか？ 255
- Q268　一酸化炭素中毒を予防するため、法令ではどのように定めていますか？ 255
- Q269　一酸化炭素の濃度基準はあるのでしょうか？ 256
- Q270　室内や坑内を換気する場合、風量はどのように計算すればよいでしょうか？ 256

第37節　電離放射線

Q271　建設工事現場で、電離放射線が使用されるのでしょうか？ ……… 257

第38節　高気圧業務

Q272　高気圧業務とは、どのようなものでしょうか？ ……………… 257
Q273　高気圧業務は、安全衛生上どのような問題があるのでしょうか？ …… 257
Q274　高気圧業務の就業制限等は、どのようになっていますか？ …… 258
Q275　高気圧業務は、労働基準監督署への届出が必要でしょうか？ …… 259
Q276　潜函内作業について、法規制はどのようになっているでしょうか？ …………………………………………………………………… 259
Q277　高気圧業務従事者に対する健康診断は、どのようになっていますか？ ……………………………………………………………… 260
Q278　高気圧業務健康診断は、記録や届出はどのようにすべきでしょうか？ ……………………………………………………………… 261
Q279　高気圧業務につかせてはならない場合があるのでしょうか？ …… 261

第39節　除染等業務

Q280　除染等業務とは、どのようなものでしょうか？ ……………… 262
Q281　除染等業務においては、法令上どのようなことに注意しなければならないでしょうか？ ………………………………………… 263
Q282　除染等業務の作業指揮者は、どのように教育すればよいでしょうか？ ……………………………………………………………… 264

第40節　特定線量下業務

Q283　特定線量下業務とは、どのようなものでしょうか？ ………… 265
Q284　特定線量下業務は、法令上どのようなことに注意しなければならないでしょうか？ ………………………………………………… 265

第41節　粉じん作業

Q285　粉じん作業とは、どのようなものでしょうか？ ……………… 266
Q286　粉じんによる障害としては、どのようなものがあるでしょうか？ …… 267
Q287　粉じん作業については、どのようなことをしなければならないのでしょうか？ ………………………………………………… 267
Q288　健康管理面では、どのようなことをしなければならないのでしょうか？ ……………………………………………………… 268

第42節　熱中症予防

Q289	熱中症とは、どのようなものでしょうか？	270
Q290	熱中症予防対策として、どのようなことをしなければならないのでしょうか？	270
Q291	そのほかに、実施すべき事項というのはあるのでしょうか？	271
Q292	WBGTとは、どのようなものでしょうか？	271
Q293	WBGTの測定は、どのようにして行うのでしょうか？	274
Q294	熱中症になりやすい人というのはあるのでしょうか？	276

第43節　振動工具

Q295	振動工具とは、どのようなものでしょうか？	276
Q296	振動工具を取り扱う作業は、どのような健康障害を引き起こすのでしょうか？	277
Q297	振動障害防止対策としては、どのようなことをしなければならないのでしょうか？	278
Q298	作業時間の管理はどのように行うのでしょうか？	278

第44節　引金付工具

Q299	引金付工具とは、どのようなものでしょうか？	278
Q300	引金付工具による健康障害としては、どのようなものがあるのでしょうか？	279
Q301	引金付工具作業者要領の内容は、どのようなものでしょうか？	279

第5章　労働者の退職時や退職後の事項

概説 ……… 286

第1節　作業記録等の交付

| Q302 | 労働者が退職するときに、作業記録を交付しなければならない場合があると聞きましたが、どのような場合でしょうか？ | 286 |
| Q303 | 作業の記録を保存しておかなければならないのは、どのような場合でしょうか？ | 286 |

第2節　離職時健康診断

Q304 労働者が離職するときに、特殊健康診断を実施しなければならない場合があるのでしょうか？ ……287

第3節 健康管理手帳

Q305 健康管理手帳とは、どのようなものでしょうか？ ……287

Q306 離職後疾病を発症した場合、病院に健康管理手帳を出せば治療が受けられるのでしょうか？ ……288

第4節 離職後の労災保険請求

Q307 退職した労働者が、何年かしてから病気が発症したとして労災請求した場合、どのようにすべきでしょうか？ ……289

Q308 前問の疾病以外には、労災補償は認められないのでしょうか？ ……290

第 1 章
労働安全衛生法の基礎

概　説

　建設工事現場では、建設業法のほか、建築基準法や廃棄物処理法等種々の法令が適用されます。なかでも、建設工事現場で働く人々にとって、労働安全衛生法と労災保険法が重要です。前者は、労働災害防止のために元請をはじめとする各企業（請負人）が講ずべき措置について定めています。後者は、万一労働災害が発生した場合における、労災保険の適用（労災補償）等について定めています。

　本書のテーマは、労災事故防止で、労働安全衛生法（以下「安衛法」）を中心に述べていきます。本章では、元請から下請まで、それぞれの立場でどのようなことをしなければならないかを説明していきます。

　安衛法上は、本社、支店等の店社と、建設工事現場に分けて規制をしていますので、それぞれについて説明します。

　なお、本書は、安衛法のすべてを解説するのではなく、建設業に関係するであろう部分を中心に説明していますので、その点はご了解願います。

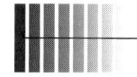

第1節　労働安全衛生法とは

Q1　労働安全衛生法とは、どのような法律ですか？

ANSWER　労働者を使用して事業を行う場所を事業場といいますが、その事業場において、労働災害を防ぐために事業者が実施すべき事項について定めた法律です。

　安衛法第1条では、その目的について、「この法律は、労働基準法（昭和22年法律第49号）と相まつて、労働災害の防止のための危害防止基準の確立、責任体制の明確化及び自主的活動の促進の措置を講ずる等その防止に関する総合的計画的な対策を推進することにより職場における労働者の安全と健康を確保するとともに、快適な職場環境の形成を促進することを目的とする。」と定めています。

　「労働基準法と相まつて」とあるのは、もともと安全衛生に関する事項は労働基準法（以下「労基法」）第42条から第55条までに定められていたのです

が、昭和47年（1972年）に分離独立した法律となったためです。

　この条文の注目点は、労働災害を発生させてはならないとは書いてないことです。企業が自主的活動を実施することにより、労働者の安全と健康を確保し、快適な職場環境の形成を促進する、とあります。

　すなわち、法令の違反があれば、労働災害が発生していなくても処罰の対象となることを意味しています。

Q2　「事業場」とはどのようなものですか？

ANSWER　安衛法や労基法の適用単位です。建設業の場合には、店社と工事現場が典型的です。店社とは、建設会社の本社、支店、営業所等をいいます。

　工事現場については、現場事務所があって、当該現場において労務管理が一体として行われている場合を除き、直近上位の機構に一括して適用すること（昭63.9.16基発第601号の2、平11.3.31基発第168号）とされています。つまり、工事現場は事業場になる場合とならない場合があり、ならない場合には直近上位の店社を事業場として扱うということです。

　安衛法等の法令は、この事業場単位で適用されます。すなわち、事業場の業種と規模により規制が異なり、安全管理者をはじめとする資格者の選任、労働基準監督署への報告や届出などについて、事業場ごとに行わなければならないこととされています。

　その適用単位、すなわち、どの段階で安全管理者等が選任されていなければならないかが問題となりますが、それは事業場ごとに判断されるということです。

Q3　建設業の本社や支店等の店社の業種は建設業ではなく、「その他の事業」ではないのですか？

ANSWER　安衛法と労基法においては、いずれも建設業の事業場となります。

　業種区分については、総務省が発行する日本標準産業分類によるのが一般的です。これによると、「建設工事の行われている現場は事業所とせず、その現場を管理する事務所（個人経営などで事務所を持たない場合は、事業主の住居）に含めて一事業所とする」とされています。つまり、店社こそが建設業の

事業所であるとしています。

　安衛法では、この考え方をもとに、労働災害防止の観点からその概念を拡大し、建設工事現場をも事業場として扱う場合があることを示しています。「事業所」と「事業場」と、言葉が違うのはそのためです。

　労災保険では、店社はその他の事業ではないかとの主張がありますが、労災保険法の業種区分と、安衛法と労基法における業種区分はまったく異なりますから注意が必要です。労災保険では、労災保険料を適正に徴収するとの考え方による業種区分によるものです。適正にとは、労働災害発生率が低いところなど労災保険料を安くできるところは安くするという意味です。

第2節　事業者と元方事業者

 「事業者」とはどのようなものですか？

ANSWER　事業者とは、「事業を行う者で労働者を使用するもの」をいいます（安衛法第2条第3号ほか）。

　この「労働者」とは、労基法第9条に定める労働者をいい、「この法律で「労働者」とは、職業の種類を問わず、事業又は事務所（以下「事業」という。）に使用される者で、賃金を支払われる者をいう。」と定められています。

　事業者とは、法人企業の場合には当該法人そのものをいい、法人の代表者のことではありません。個人企業の場合にはその事業経営主（個人）をいいます（昭47.9.18発基第91号）。

　法人とは、株式会社のみならず、社団法人、財団法人、学校法人、医療法人社団、NPO法人等をいいます。

　建設工事現場では、事業者とは労働者を使用している元請と下請それぞれをいい、法人であるかどうかを問いません。

　事業者は、安衛法における主たる措置義務者です。同法では、多くの条文で「事業者は、…しなければならない」と定めています。そのため、法違反があれば、法人が処罰の対象となります。これは、代表者個人ではなく、法人そのもの、会社そのものが責任を負うという意味です。そのため、安衛法違反があった場合には、当該違反行為をした人とあわせて、法人に対しても罰則が科

されます。これを両罰規定といいます。

なお、「両罰規定」については、P27を参照してください。

Q5 事業者は、どのようなことをしなければならないのですか？

ANSWER 基本的には、次の事項です。

1 次の危険を防止するため必要な事項（安衛法第20条）
　① 機械、器具その他の設備（以下「機械等」という。）による危険
　② 爆発性の物、発火性の物、引火性の物等による危険
　③ 電気、熱その他のエネルギーによる危険
2 掘削、採石、荷役、伐木等の業務における作業方法から生ずる危険を防止するため必要な措置（安衛法第21条第1項）
3 労働者が墜落するおそれのある場所、土砂等が崩壊するおそれのある場所等に係る危険を防止するため必要な措置
4 次の健康障害を防止するため必要な措置（安衛法第22条）
　① 原材料、ガス、蒸気、粉じん、酸素欠乏空気、病原体等による健康障害
　② 放射線、高温、低温、超音波、騒音、振動、異常気圧等による健康障害
　③ 計器監視、精密工作等の作業による健康障害
　④ 排気、排液又は残さい物による健康障害
5 労働者を就業させる建設物その他の作業場について、通路、床面、階段等の保全並びに換気、採光、照明、保温、防湿、休養、避難及び清潔に必要な措置その他労働者の健康、風紀及び生命の保持のため必要な措置（安衛法第23条）
6 労働者の作業行動から生ずる労働災害を防止するため必要な措置（安衛法第24条）
7 労働災害発生の急迫した危険があるときは、直ちに作業を中止し、労働者を作業場から退避させる等必要な措置（安衛法第25条）
8 爆発、火災等が生じたことに伴い労働者の救護に関する措置がとられる場合における労働災害の発生を防止するため、次の措置（安衛法第25条

の2）
　① 労働者の救護に関し必要な機械等の備付け及び管理を行うこと。
　② 労働者の救護に関し必要な事項についての訓練を行うこと。
　③ 前2号に掲げるもののほか、爆発、火災等に備えて、労働者の救護に関し必要な事項を行うこと。
9　総括安全衛生管理者等の資格者の選任（安衛法第10条以下）
10　作業主任者の選任（安衛法第14条）
11　安全衛生推進者等の選任（安衛法第12条の2）
12　安全衛生教育等の実施（安衛法第59条）
13　資格者以外の就業禁止（安衛法第61条）
14　健康診断の実施等（安衛法第66条以下）
15　計画の届出（安衛法第88条）
16　機械等の定期自主検査（安衛法第45条）
17　リスクアセスメントの実施等（安衛法第28条の2）
18　作業環境測定の実施等（安衛法第65条）
19　各種報告（安衛法第100条）

これらの事項を法定どおりに実施していない場合には、現実に労働災害が起きたかどうかにかかわらず、安衛法違反として処罰の対象となることがあります。

なお、上記は主なものだけですから、ほかにも違反がないかどうかの点検は重要です。

Q6 労働安全衛生法では、事業者のほかにどのような立場の者が責任を負うのでしょうか？

ANSWER　「元方事業者」、「関係請負人」、「特定元方事業者」と「注文者」があります。それぞれ、次のように定められています。

1　元方事業者

　元方事業者とは、いわゆる元請です。建設業に限定していません。例えば、製造業の工場で、構内下請企業を使っている場合、その使っている親企業が元方事業者です。

　元方事業者に対しては、安衛法第29条に規定があります。また、建設業

に属する事業の元方事業者に対しては、安衛法第29条の2に規定があります。

2　関係請負人

関係請負人とは、いわゆる下請です。数次の請負関係がある場合には、複数の関係請負人がいることになります。これも建設業に限定していません。安衛法第29条第3項において、「元方事業者から法令違反の改善指示を受けた関係請負人またはその労働者は、当該指示に従わなければならない」と定めています。

3　特定元方事業者

特定元方事業者とは、建設業と造船業の元方事業者をいいます（安衛法第15条、労働安全衛生法施行令（以下「安衛令」）第7条第1項）。

特定元方事業者には、安衛法でさらに一定の事項について実施義務を定めています。それは、同一場所に複数の事業者の労働者が混在して作業をしているという実態があるためです。

事業者は、直接雇用している労働者に対して安衛法上の責任を負っているのであって、他の事業者の雇用する労働者に対する責任を負いません。それでは労働災害を防止することができないので、特定元方事業者に対し、混在作業における労働災害防止のための一定の事項を実施させることとしているものです。

4　注文者

注文者とは、仕事を他人に請け負わせる者のことです（安衛法第3条第3項）。建設工事の場合には、施工方法、工期等について、安全で衛生的な作業の遂行を損なうおそれのある条件を付さないように配慮しなければならない（同）とされています。さらに、安衛法第31条で注文者の講ずべき措置が定められています。

数次の請負関係の場合には、その上位の者はすべて注文者に該当しますが、安衛法第31条では、その最上位の者のみを対象としています。

Q7　元方事業者とはどのようなものですか？

ANSWER　いわゆる元請です。

発注者と下請の関係にある場合の上位の企業等を一般に元請といいますが、これが元方事業者です。数次の請負関係（3次下請、4次下請等）がある場合には、それぞれの上位の会社（注文者）が元方事業者になります。

Q8 元方事業者は、労働安全衛生法上どのようなことをしなければならないのですか？

ANSWER まず、元方事業者は、関係請負人及び関係請負人の労働者が、当該仕事に関し、安衛法又はこれに基づく命令（政省令）の規定に違反しないよう必要な指導を行わなければなりません。

次に、元方事業者は、関係請負人又は関係請負人の労働者が、当該仕事に関し、この法律又はこれに基づく命令の規定に違反していると認めるときは、是正のため必要な指示を行わなければなりません（安衛法第29条）。

また、建設業に属する事業の元方事業者は、土砂等が崩壊するおそれのある場所、機械等が転倒するおそれのある場所その他の厚生労働省令で定める場所において関係請負人の労働者が当該事業の仕事の作業を行うときは、当該関係請負人が講ずべき当該場所に係る危険を防止するための措置が適正に講ぜられるように、技術上の指導その他の必要な措置を講じなければなりません（安衛法第29条の2）。

その対象となるのは、次の場所です（労働安全衛生規則（以下「安衛則」）第634条の2）。

1　土砂等が崩壊するおそれのある場所（関係請負人の労働者に危険が及ぶおそれのある場所に限る。）

1の2　土石流が発生するおそれのある場所（河川内にある場所であって、関係請負人の労働者に危険が及ぶおそれのある場所に限る。）

2　機械等が転倒するおそれのある場所（関係請負人の労働者が用いる車両系建設機械のうち安衛令別表第七第3号に掲げるもの（車両系建設機械）又は移動式クレーンが転倒するおそれのある場所に限る。）

3　架空電線の充電電路に近接する場所であって、当該充電電路に労働者の身体等が接触し、又は接近することにより感電の危険が生ずるおそれのあるもの（関係請負人の労働者により工作物の建設、解体、点検、修理、塗装等の作業若しくはこれらに附帯する作業又はくい打機、くい抜

機、移動式クレーン等を使用する作業が行われる場所に限る。）
4 埋設物等又はれんが壁、コンクリートブロック塀、擁壁等の建設物が損壊する等のおそれのある場所（関係請負人の労働者により当該埋設物等又は建設物に近接する場所において明り掘削の作業が行われる場所に限る。）

Q9 元請には、前問に記載された事項のほかには、実施すべき事項はないのですか？

ANSWER 建設業と造船業の元方事業者を特定元方事業者といいます。特定元方事業者は、さらに、その労働者及び関係請負人の労働者の作業が同一の場所において行われることによって生ずる労働災害を防止するため、次の事項に関する必要な措置を講じなければなりません（安衛法第30条第1項）。

1 協議組織の設置及び運営を行うこと。
　これは、次に定めるところによらなければなりません（安衛則第635条）。
(1) 特定元方事業者及びすべての関係請負人が参加する協議組織を設置すること。
(2) 当該協議組織の会議を定期的に開催すること。
　なお、関係請負人は、この規定により特定元方事業者が設置する協議組織に参加しなければなりません（同条第2項）。
2 作業間の連絡及び調整を行うこと。
　これは、随時、特定元方事業者と関係請負人との間及び関係請負人相互間における連絡及び調整を行わなければならないこととされています（安衛則第636条）。
3 作業場所を巡視すること。
　これは、毎作業日に少なくとも1回、これを行わなければならないこととされています（安衛則第637条）。
　なお、関係請負人は、この規定により特定元方事業者が行う巡視を拒んだり、妨げたり、忌避してはならないとされています（同条第2項）。
4 関係請負人が行う労働者の安全又は衛生のための教育に対する指導及び援助を行うこと。
　これは、当該教育を行う場所の提供、当該教育に使用する資料の提供等

の措置を講ずることです（安衛則第638条）。
5 仕事を行う場所が仕事ごとに異なることを常態とする業種で、厚生労働省令で定めるものに属する事業を行う特定元方事業者にあっては、仕事の工程に関する計画及び作業場所における機械、設備等の配置に関する計画を作成するとともに、当該機械、設備等を使用する作業に関し関係請負人がこの法律又はこれに基づく命令の規定に基づき講ずべき措置についての指導を行うこと。

この業種は、建設業です（安衛則第638条の2）。

そして、工程表等の当該仕事の工程に関する計画並びに当該作業場所における主要な機械、設備及び作業用の仮設の建設物の配置に関する計画を作成しなければならない（安衛則第638条の3）ものです。
6 前各号に掲げるもののほか、当該労働災害を防止するため必要な事項（注文者としての措置を含みます。）

これは、次の事項です。
(1) 車両系建設機械のうち安衛令別表第七各号に掲げるもの（同表第5号に掲げるもの以外のものにあっては、機体重量が3トン以上のものに限る。）を使用する作業に関し第155条第1項の規定に基づき関係請負人が定める作業計画が、5の計画に適合するよう指導すること（安衛則第638条の4）。
(2) つり上げ荷重が3トン以上の移動式クレーンを使用する作業に関しクレーン等安全規則（以下「クレーン則」）第66条の2第1項の規定に基づき関係請負人が定める同項各号に掲げる事項が、5の計画に適合するよう指導すること（安衛則第638条の4）。
(3) クレーン等の運転についての合図の統一（安衛則第639条、第643条の3）
(4) 事故現場等の標識の統一等（安衛則第640条、第643条の4）
(5) 有機溶剤等の容器の集積箇所の統一（安衛則第641条、第643条の5）
(6) 警報灯の統一等（安衛則第642条、第643条の6）
(7) 避難等の訓練の実施方法等の統一等（安衛則第642条の2、第642条の2の2）
(8) 周知のための資料の提供等（安衛則第642条の3）

(9) 作業間の連絡及び調整（安衛則第643条の2）
(10) くい打機及びくい抜機についての措置（安衛則第644条）
(11) 軌道装置についての措置（安衛則第645条）
(12) 型わく支保工についての措置（安衛則第646条）
(13) アセチレン溶接装置についての措置（安衛則第647条）
(14) 交流アーク溶接機についての措置（安衛則第648条）
(15) 電動機械器具についての措置（安衛則第649条）
(16) 潜函（かん）等についての措置（安衛則第650条）
(17) ずい道等についての措置（安衛則第651条）
(18) ずい道型わく支保工についての措置（安衛則第652条）
(19) 物品揚卸口等についての措置（安衛則第653条）
(20) 架設通路についての措置（安衛則第654条）
(21) 足場についての措置（安衛則第655条）
(22) 作業構台についての措置（安衛則第655条の2）
(23) クレーン等についての措置（安衛則第656条）
(24) ゴンドラについての措置（安衛則第657条）
(25) 局所排気装置についての措置（安衛則第658条）
(26) 全体換気装置についての措置（安衛則第659条）
(27) 圧気工法に用いる設備についての措置（安衛則第660条）
(28) エックス線装置についての措置（安衛則第661条）
(29) ガンマ線照射装置についての措置（安衛則第662条）
(30) 化学設備、特定化学設備に関する作業についての措置（安衛則第663条）

Q10 「安全管理は元請の仕事」といわれることがありますが、そうではないのですか？

ANSWER 元請が行うべき事項は限られています。

事業者は、その雇用する労働者に対する責任を負っています。これに対し、元請は、他の事業者（下請等）の労働者に対する労働災害防止について、一定の責任を負うものです。むしろ、労働者を直接雇用している事業者こそが、労働災害防止のために実施すべき事項が多いのです。

安衛法は、基本的に事業者に対する措置義務を定めています。事業者とは、労働者を使用して事業を行う者をいいます。つまり、下請はそれぞれが事業者となりますから、直接雇用する労働者に対する労働災害防止のための事項を実施しなければなりません。

これに対し、元請は、前問記載のとおり、混在作業に係る災害防止のための一定事項についてのみ責任を負うものです。

第3節　共同企業体

Q11 共同企業体とはどのようなもので、労働安全衛生法上どのような点に注意が必要でしょうか？

ANSWER　一の建設工事を、2以上の事業者が共同連帯して施工する施工形態をいい、ジョイント・ベンチャーともいいます。大別して、次の2形態があります。

1　共同施工方式

　　全構成企業がおのおの資金、人員、機械等を拠出して、事実上、新規組織を作り、合同計算により工事を施工する方式。これは、甲型と呼ばれます。

2　分担施工方式

　　各構成企業が工事を分割し、おのおの分担工事について責任を持って施工し、共通経費は拠出するが、損益については合同計算を行わない方式。これは、乙型といわれます。共同企業体として受注した工事をそれぞれの工区に分割して施工する方式です。

共同企業体は、複数の事業者で構成されており、指揮命令系統が複雑で、それぞれの雇用する労働者に対する責任が明確とならないきらいがあります。そこで、安衛法では、各構成企業の間で代表者を選出し、所轄労働基準監督署長を経由して都道府県労働局長あてに「共同企業体代表者（変更）届」（様式第1号）を提出すべきこととしています（安衛法第5条第1項、安衛則第1条）。

この代表者のみを共同企業体全体に関する事業者とみなして、労働災害防止の措置義務を履行すべきこととしています（安衛法第5条）。ただし、乙型の場合には、それぞれの責任範囲が明確であることから、それぞれの構成員が事

業者としての責任を負うものとされています（昭47．9．18基発602号）。

共同企業体の代表者が選出されない場合には、都道府県労働局長が指名することとされています（同条第2項）。代表者を変更する場合には、再度共同企業体代表者届を提出しなければなりません（安衛則第1条第3項、第4項）。

第4節　工事現場の労災保険

Q12 工事現場の労災保険はどこがかけるのでしょうか？

ANSWER 工事現場全体として、特定元方事業者がかけます。

労基法第87条第1項において、「厚生労働省令で定める事業が数次の請負によつて行われる場合においては、災害補償については、その元請負人を使用者とみなす。」と規定しています。この「厚生労働省令で定める事業」とは、建設業をいいます（労基法施行規則第48条の2）。

これを受けて、労働保険の保険料の徴収等に関する法律（以下「徴収法」）では、「厚生労働省令で定める事業が数次の請負によつて行なわれる場合には、この法律の規定の適用については、その事業を一の事業とみなし、元請負人のみを当該事業の事業主とする。」と定めています（第8条第1項）。

しかしながら、「元請負人が書面による契約で下請負人に補償を引き受けさせた場合においては、その下請負人もまた使用者とする。但し、2以上の下請負人に、同一の事業について重複して補償を引き受けさせてはならない。」（同条第2項）と定めており、この要件を満たせば、下請が労災保険をかけることになります。徴収法第8条第2項にも同様の規定があります。

なお、警備員（ガードマン）、資材搬入のトラックやダンプの運転手、オペ付きリースの場合のオペレーターについては、基本的に現場の労災保険ではなく、それぞれの会社の労災保険が適用されます。

労災保険についての詳細は、拙著「建設現場で使える労災保険Q＆A」を参照してください。

第5節　総括安全衛生管理者

Q13 総括安全衛生管理者は、どのような場合に選任しなければならないのでしょうか？

ANSWER　建設業の場合には、常時使用する労働者数が100人以上の事業場において、選任しなければなりません。

　一定の業種と規模の事業場においては、安全衛生管理の責任者として総括安全衛生管理者を選任しなければならないこととされています（安衛法第10条第1項、安衛令第2条）。建設業の場合は労働者数が100人以上の場合です。この人数は、当該店社に在籍する労働者数をいい、正社員に限定しません。工事現場で業務に従事している労働者も含まれます。

　総括安全衛生管理者は、安全管理者、衛生管理者又は安衛法第25条の2第2項の規定により技術的事項を管理する者の指揮をさせるとともに、次の業務を統括管理させなければならない（安衛法第10条）こととされています。

1　労働者の危険又は健康障害を防止するための措置に関すること。
2　労働者の安全又は衛生のための教育の実施に関すること。
3　健康診断の実施その他健康の保持増進のための措置に関すること。
4　労働災害の原因の調査及び再発防止対策に関すること。
5　前各号に掲げるもののほか、労働災害を防止するため必要な業務で、厚生労働省令で定めるもの。

　安衛法第25条の2第2項の規定により技術的事項を管理する者の選任を要するのは、次の仕事を行う場合です（安衛令第9条の2）。

1　ずい道等の建設の仕事で、出入口からの距離が1,000メートル以上の場所において作業を行うこととなるもの及び深さが50メートル以上となるたて坑（通路として用いられるものに限る。）の掘削を伴うもの
2　圧気工法による作業を行う仕事で、ゲージ圧力0.1メガパスカル以上で行うこととなるもの

Q14 総括安全衛生管理者となるのは、資格が必要なのでしょうか？

ANSWER　法令上資格についての定めはありません。

安衛法第10条第2項では、「総括安全衛生管理者は、当該事業場においてその事業の実施を統括管理する者をもつて充てなければならない。」と定めています。

このため、社長、支店長等を充てることとなります。店社によっては、安全衛生担当の取締役ということもありましょう。

なお、選任後遅滞なく「総括安全衛生管理者選任報告」（様式第3号）を所轄労働基準監督署長に提出しなければなりません（安衛則第2条第2項）。

第6節　安全管理者

Q15 安全管理者は、どのような場合に選任しなければならないのでしょうか？

ANSWER　建設業の場合には、常時使用する労働者数が50人以上の事業場において、選任しなければなりません。労働者数に計上する者の範囲は、総括安全衛生管理者の場合と同じです。

一定の業種と規模の事業場においては、安全衛生管理の実務担当者として安全管理者を選任しなければならないこととされています（安衛法第10条第1項、安衛令第2条）。建設業の場合は労働者数が50人以上の場合です。

安全管理者は、総括安全衛生管理者の指揮を受けて、次の業務のうち安全に係る技術的事項を管理させなければなりません（安衛法第11条第2項）。

1　労働者の危険又は健康障害を防止するための措置に関すること。
2　労働者の安全又は衛生のための教育の実施に関すること。
3　健康診断の実施その他健康の保持増進のための措置に関すること。
4　労働災害の原因の調査及び再発防止対策に関すること。
5　前各号に掲げるもののほか、労働災害を防止するため必要な業務で、厚生労働省令で定めるもの。

Q16 安全管理者となるためには、資格が必要なのでしょうか？

ANSWER　必要です。

安全管理者となることができる資格を有するのは、次のいずれかに該当する

者です（安衛則第5条）。このいずれかに該当すれば、理科系の出身者に限らず、文科系出身者でもなることができます。

1 次のいずれかに該当する者で、法第10条第1項各号の業務のうち安全に係る技術的事項を管理するのに必要な知識についての研修であって厚生労働大臣が定めるものを修了したもの

　イ 学校教育法（昭和22年法律第26号）による大学（旧大学令（大正7年勅令第388号）による大学を含む。以下同じ。）又は高等専門学校（旧専門学校令（明治36年勅令第61号）による専門学校を含む。以下同じ。）における理科系統の正規の課程を修めた者（独立行政法人大学評価・学位授与機構（以下「大学評価・学位授与機構」という。）により学士の学位を授与された者（当該課程を修めた者に限る。）又はこれと同等以上の学力を有すると認められる者を含む。）で、その後2年以上産業安全の実務に従事した経験を有するもの

　ロ 学校教育法による高等学校（旧中等学校令（昭和18年勅令第36号）による中等学校を含む。以下同じ。）又は中等教育学校において理科系の正規の学科を修めて卒業した者で、その後4年以上産業安全の実務に従事した経験を有するもの

2 労働安全コンサルタント

3 前2号に掲げる者のほか、厚生労働大臣が定める者

1の研修とは、安全管理者選任時研修のことであり、安全管理者選任時研修講師養成講座を修了した者による9時間の研修です（平18厚生労働省告示第24号）。各地の労働基準協会や建設業労働災害防止協会の各支部で行っています。

3の「厚生労働大臣が定める者」は、次のいずれかに該当する者で、厚生労働大臣が定める研修（安全管理者選任時研修）を修了したものとされています（昭47労働省告示第138号　最終改正平25）。

(1) 学校教育法による大学（旧大学令による大学を含む。）又は高等専門学校（旧専門学校令による専門学校を含む。）における理科系統の課程以外の正規の課程を修めて卒業した者（独立行政法人大学評価・学位授与機構により学士の学位を授与された者（当該課程を修めた者に限る。）又はこれと同等以上の学力を有すると認められる者を含む。）で、その後4年以上産業安全の実務に従事した経験を有するもの

(2) 学校教育法による高等学校（旧中等学校令による中等学校を含む。）において理科系統の学科以外の正規の学科を修めて卒業した者（学校教育法施行規則（昭和22年文部省令第11号）第150条に規定する者又はこれと同等以上の学力を有すると認められる者を含む。）で、その後6年以上産業安全の実務に従事した経験を有するもの

(3) 職業能力開発促進法施行規則（昭和44年労働省令第24号）第9条に定める専門課程の高度職業訓練のうち同令別表第六に定めるところにより行われるもの（職業能力開発促進法施行規則等の一部を改正する省令（平成5年労働省令第1号。以下「平成5年改正省令」という。）による改正前の職業能力開発促進法施行規則（以下「旧能開法規則」という。）別表第三の二に定めるところにより行われる専門課程の養成訓練並びに職業訓練法施行規則及び雇用保険法施行規則の一部を改正する省令（昭和60年労働省令第23号）による改正前の職業訓練法施行規則（以下「訓練法規則」という。）別表第一の専門訓練課程及び職業訓練法の一部を改正する法律（昭和53年法律第40号）による改正前の職業訓練法（昭和44年法律第64号。以下「旧訓練法」という。）第9条第1項の特別高等訓練課程の養成訓練を含む。）（当該訓練において履習すべき専攻学科又は専門学科の主たる学科が工学に関する科目であるものに限る。）を修了した者で、その後2年以上産業安全の実務に従事した経験を有するもの

(4) 職業能力開発促進法施行規則第9条に定める普通課程の普通職業訓練のうち同令別表第二に定めるところにより行われるもの（旧能開法規則別表第三に定めるところにより行われる普通課程の養成訓練並びに訓練法規則別表第一の普通訓練課程及び旧訓練法第9条第1項の高等訓練課程の養成訓練を含む。）（当該訓練において履習すべき専攻学科又は専門学科の主たる学科が工学に関する科目であるものに限る。）を修了した者で、その後4年以上産業安全の実務に従事した経験を有するもの

(5) 職業訓練法施行規則の一部を改正する省令（昭和53年労働省令第37号）附則第2条第1項に規定する専修訓練課程の普通職業訓練（平成5年改正省令による改正前の同項に規定する専修訓練課程及び旧訓練法第9条第1項の専修訓練課程の養成訓練を含む。）（当該訓練において履習すべき専門学科の主たる学科が工学に関する科目であるものに限る。）を修了

した者で、その後5年以上産業安全の実務に従事した経験を有するもの
(6) 7年以上産業安全の実務に従事した経験を有するもの

つまり、学歴により実務経験年数が異なりますが、文系の学校の出身者であっても、受講要件を満たした者が安全管理者選任時研修を修了すれば、安全管理者として選任することができます。

この「産業安全の実務」とは、必ずしも安全関係専門の業務に限定する趣旨ではなく、生産ラインにおける管理業務を含めて差し支えない（昭47.9.18基発第601号の1）とされていますので、工事現場での管理業務が該当します。

なお、選任後遅滞なく「安全管理者選任報告」（様式第3号）を所轄労働基準監督署長に提出しなければなりません（安衛則第2条第2項）。

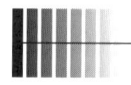

第7節　衛生管理者

Q17 衛生管理者の選任は、どのような場合にしなければならないのでしょうか？

ANSWER　建設業の場合には、常時使用する労働者数が50人以上の事業場において、選任しなければなりません（安衛法第12条第1項、安衛令第4条、安衛則第7条）。

一定規模の事業場においては、衛生管理の実務担当者として衛生管理者を選任しなければならないこととされており、それがこの人数です。労働者数に計上する者の範囲は、総括安全衛生管理者の場合と同じです。

衛生管理者は、総括安全衛生管理者の指揮を受けて、次の業務のうち衛生に係る技術的事項を管理させなければなりません（安衛法第12条第2項）。

1　労働者の危険又は健康障害を防止するための措置に関すること。
2　労働者の安全又は衛生のための教育の実施に関すること。
3　健康診断の実施その他健康の保持増進のための措置に関すること。
4　労働災害の原因の調査及び再発防止対策に関すること。
5　前各号に掲げるもののほか、労働災害を防止するため必要な業務で、厚生労働省令で定めるもの。

なお、「衛生」というのは occupational health（職業上の健康）の翻訳であり、労働衛生すなわち勤労者の健康を意味しています。

Q18 衛生管理者となるためには、資格が必要なのでしょうか？

ANSWER 必要です。

建設業において衛生管理者となることができる資格を有するのは、次のいずれかに該当する者です（安衛則第10条、衛生管理者規程第1条）。

1 衛生管理者免許を有する者（第一種衛生管理者免許又は衛生工学衛生管理者免許に限る。）
2 医師
3 歯科医師
4 労働衛生コンサルタント
5 1から4までに掲げる者のほか、厚生労働大臣が定める者
　(1) 教職員免許法第4条の規定に基づく保健体育若しくは保健の教科についての中学校教諭免許状若しくは高等学校教諭免許状又は養護教諭免許状を有する者で、学校教育法第1条の学校に在職する者（常時勤務に服する者に限る。）
　(2) 学校教育法による大学又は高等専門学校において保健体育に関する科目を担当する教授、准教授又は講師（常時勤務に服する者に限る。）

2から5までの者は、衛生管理者免許を有していなくても衛生管理者となることができるものです。ただし、5の(1)と(2)は建設業では選任できません。

このほか、保健師免許、薬剤師免許を受けたもの等一定のものについては、都道府県労働局長に申請することにより第一種衛生管理者免許を受けることができます（同規程第2条）。

なお、選任後遅滞なく「衛生管理者選任報告」（様式第3号）を所轄労働基準監督署長に提出しなければなりません（安衛則第7条第2項）。

第8節　産業医

Q19 産業医は、どのような場合に選任しなければならないのでしょうか？

ANSWER 衛生管理者を選任すべき場合と同じです（安衛法第13条第1項、安衛令第5条、安衛則第13条第1項）。すなわち、常時使用する労働者数

が50人以上の事業場の場合です。

　産業医には、労働者の健康管理その他の厚生労働省令で定める事項（以下「労働者の健康管理等」という。）を行わせなければなりません（安衛法第13条第1項）。

　産業医の職務は、次の事項で医学に関する専門的知識を必要とするものです（安衛則第14条第1項）。

1. 健康診断及び面接指導等（安衛法第66条の8第1項に規定する面接指導（以下「面接指導」という。）及び安衛法第66条の9に規定する必要な措置をいう。）の実施並びにこれらの結果に基づく労働者の健康を保持するための措置に関すること。
2. 作業環境の維持管理に関すること。
3. 作業の管理に関すること。
4. 前3号に掲げるもののほか、労働者の健康管理に関すること。
5. 健康教育、健康相談その他労働者の健康の保持増進を図るための措置に関すること。
6. 衛生教育に関すること。
7. 労働者の健康障害の原因の調査及び再発防止のための措置に関すること。

Q20 産業医として選任できるのは、医師でありさえすればよいのでしょうか？

ANSWER 違います。次のいずれかに該当する医師に限られます（安衛法第13条第2項、安衛則第13条第2項）。

1. 産業医の職務である労働者の健康管理等を行うのに必要な医学に関する知識についての研修であって厚生労働大臣の指定する者（法人に限る。）が行うものを修了した者（日本医師会が行う産業医研修）
2. 産業医の養成等を行うことを目的とする医学の正規の課程を設置している産業医科大学その他の大学であって厚生労働大臣が指定するものにおいて当該課程を修めて卒業した者であって、その大学が行う実習を履修したもの
3. 労働衛生コンサルタント試験に合格した者で、その試験の区分が保健衛

生であるもの
4　学校教育法による大学において労働衛生に関する科目を担当する教授、准教授又は講師（常時勤務する者に限る。）の職にあり、又はあった者
5　前各号に掲げる者のほか、厚生労働大臣が定める者

　一般的には、開業医等で1又は3である医師を委嘱することとなりましょう。

　なお、選任後遅滞なく「産業医選任報告」（様式第3号）を所轄労働基準監督署長に提出しなければなりません（安衛則第13条第2項）。

第9節　安全衛生推進者

Q21 安全衛生推進者は、どのような場合に選任しなければならないのでしょうか？

ANSWER　常時使用する労働者数が10人以上50人未満の事業場です（安衛法第12条の2、安衛則第12条の2）。労働者数に計上する者の範囲は、総括安全衛生管理者の場合と同じです。

　安全衛生推進者は、労働者数50人未満の事業場において、安全管理者や衛生管理者の職務に該当する事項を担当する者です。

　なお、労働基準監督署への報告は必要ありません。

Q22 安全衛生推進者は、資格が必要なのでしょうか？

ANSWER　必要です。

　「安全衛生推進者等の選任に関する基準」（昭63労働省告示第80号　最終改正平25）において、次のいずれかに該当する者と定められています。
1　学校教育法による大学（旧大学令による大学を含む。）又は高等専門学校（旧専門学校令による専門学校を含む。）を卒業した者（独立行政法人大学評価・学位授与機構により学士の学位を授与された者又はこれと同等以上の学力を有すると認められる者を含む。）で、その後1年以上安全衛生の実務に従事した経験を有するもの
2　学校教育法による高等学校（旧中等学校令による中等学校を含む。）又

は中等教育学校を卒業した者（学校教育法施行規則第150条に規定する者又はこれと同等以上の学力を有すると認められる者を含む。）で、その後3年以上安全衛生の実務に従事した経験を有するもの
3　5年以上安全衛生の実務に従事した経験を有する者
4　前3号に掲げる者と同等以上の能力を有すると認められる者

これは、安全衛生推進者養成講習を修了した者です。安全衛生推進者養成講習は、都道府県労働局長に登録した講習機関（労働基準協会等）が実施しています。

なお、安全管理者になる資格を有する者が衛生推進者養成講習を修了した場合でもかまいません。

第10節　安全衛生委員会

Q23　安全衛生委員会とは、どのようなものですか？

ANSWER　建設業の事業場においては、常時使用する労働者数が50人以上の場合に、設置しなければならないものです。

建設業の場合、常時使用する労働者数が50人以上の事業場には、安全委員会と衛生委員会を設けるか、一体として安全衛生委員会を設けなければなりません（安衛法第17条～第19条）。一般的には、店社ごとに設けられています。

安全衛生委員会は次の事項について審議します（安衛法第17条第1項、第18条第1項）。

1　安全に関する事項
　① 労働者の危険を防止するための基本となるべき対策に関すること。
　② 労働災害の原因及び再発防止対策で、安全に係るものに関すること。
　③ 前2号に掲げるもののほか、労働者の危険の防止に関する重要事項
2　衛生に関する事項
　① 労働者の健康障害を防止するための基本となるべき対策に関すること。
　② 労働者の健康の保持増進を図るための基本となるべき対策に関すること。
　③ 労働災害の原因及び再発防止対策で、衛生に係るものに関すること。

④ 前3号に掲げるもののほか、労働者の健康障害の防止及び健康の保持増進に関する重要事項

安全衛生委員会は毎月1回開催し、結果を記録して3年間保存するほか、議事の概要を職場に掲示するか、イントラネット等で閲覧できるようにするなど、労働者に周知する必要があります。

Q24 安全衛生委員会はどのように構成するのですか？

ANSWER 議長と会社側委員と労働者側委員で構成されます。

議長は、総括安全衛生管理者又はこれに準ずる者で、事業者の指名を受けたものがなります。

議長以外の委員は、次の構成となります。

1 安全管理者のうちから事業者が指名した者
2 衛生管理者のうちから事業者が指名した者
3 当該事業場の労働者で、安全に関し経験を有するもののうちから事業者が指名した者
4 産業医のうちから事業者が指名した者
5 当該事業場の労働者で、衛生に関し経験を有するもののうちから事業者が指名した者

これらの委員の半数は、当該事業場の労働者の過半数を組織する労働組合がある場合にはその労働組合の推せんにより委員を指名します。そのような労働組合がない場合には、労働者の過半数を代表する者の推せんにより指名します。

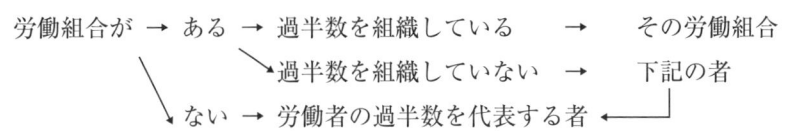

労働組合が → ある → 過半数を組織している → その労働組合
　　　　　　　　　　　→ 過半数を組織していない → 下記の者
　　　　　　→ ない → 労働者の過半数を代表する者

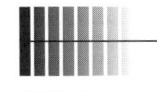

第11節　健康診断

Q25 健康診断の実施は義務づけられているのでしょうか？

ANSWER 安衛法第66条で義務づけられています。

　事業者は、労働者の雇入れの際及びその後１年以内ごとに１回、定期に医師による健康診断を受診させなければなりません。深夜労働など、一定の健康に有害な業務に従事する労働者には、６か月ごとに実施しなければなりません。その業務は安衛則第13条に規定される次のもので、これに従事する労働者を特定業務従事者と呼んでいます。

- イ　多量の高熱物体を取り扱う業務及び著しく暑熱な場所における業務
- ロ　多量の低温物体を取り扱う業務及び著しく寒冷な場所における業務
- ハ　ラジウム放射線、エックス線その他の有害放射線にさらされる業務
- ニ　土石、獣毛等のじんあい又は粉末を著しく飛散する場所における業務
- ホ　異常気圧下における業務
- ヘ　さく岩機、鋲（びょう）打機等の使用によって、身体に著しい振動を与える業務
- ト　重量物の取扱い等重激な業務
- チ　ボイラー製造等強烈な騒音を発する場所における業務
- リ　坑内における業務
- ヌ　深夜業を含む業務
- ル　水銀、砒（ひ）素、黄りん、弗（ふっ）化水素酸、塩酸、硝酸、硫酸、青酸、か性アルカリ、石炭酸その他これらに準ずる有害物を取り扱う業務
- ヲ　鉛、水銀、クロム、砒素、黄りん、弗化水素、塩素、塩酸、硝酸、亜硫酸、硫酸、一酸化炭素、二硫化炭素、青酸、ベンゼン、アニリンその他これらに準ずる有害物のガス、蒸気又は粉じんを発散する場所における業務
- ワ　病原体によって汚染のおそれが著しい業務
- カ　その他厚生労働大臣が定める業務（現在のところ定められていない。）

チの「強烈な騒音を発する場所」ですが、等価騒音レベルが90デシベル以上の場所をいいます（平4.8.24基発第480号）。

リの「坑内における業務」ですが、坑とは、一般に地下の穴をいいます。例えば鉱山では、地下にある鉱物を試掘、採掘する場所及び地表に出ることなしにこの場所に達するために作られる地下の通路をいいます。建設業では、ダム

工事現場の近くで骨材採取のために設けられることがあります。

また、ずい道建設工事の坑、地下発電所建設のためのたて坑、シールド工法の作業室も坑に該当します。横坑のみならず、たて坑や斜坑も含まれます。近年では、都市部の地下に構築される雨水貯留管の内部や、逆打ち工法における地下の工事現場も該当すると解されます。

Q26 特殊健康診断とはどのようなものでしょうか？

ANSWER 有機溶剤業務に従事する労働者に対する有機溶剤健康診断等、特に健康に有害な業務に関し、当該有害性に着目した項目について実施するものです。原則として6か月ごとに実施し、その結果を遅滞なく労働基準監督署に提出しなければなりません。

建設業に関係するものとしては、次のようなものがあげられます。

1 有機溶剤健康診断（塗料、接着剤等の取扱い作業）
2 石綿健康診断（建築物等の解体、石綿除去、封じ込め作業等）
3 特定化学物質健康診断（塗料、接着剤等の取扱い作業）
4 高気圧作業健康診断（潜水業務、圧気工法）
5 じん肺健康診断（粉じん作業）
6 除染等業務健康診断（放射線被ばく）

また、行政通達により特殊健康診断の実施が勧奨され、その結果報告の提出が求められているものとして、次のものがあります。

7 チェーンソーの取扱い等の業務
8 振動工具（チェーンソー等を除く。）の取扱い等の業務
9 VDT作業（パソコン、CADを扱う業務）

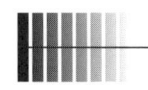

第12節 作業環境測定

Q27 作業環境測定とはどのようなものですか？

ANSWER 作業を行っている場所における気温、湿度、騒音その他の状況を、温度計をはじめとする機器を用いて測定することです。

作業環境とは、労働者が作業をしている場所における温熱条件やその空気中の有害物の分布状況をいいます。

具体的には、次のようになっています（安衛令第21条）。

	作業の種類 （安衛令第21条）	関係規則	測定項目	測定回数	記録の保存年
①	土石、岩石、鉱物、金属又は炭素の粉じんを著しく発散する屋内作業場	粉じん則 26条	空気中の粉じん濃度、遊離けい酸含有率	6月以内ごとに1回	7
2	暑熱、寒冷又は多湿の屋内作業場	安衛則 607条	気温、湿度、輻射熱	半月以内ごとに1回	3
3	著しい騒音を発する屋内作業場	安衛則 590、591条	等価騒音レベル	6月以内ごとに1回	3
4	坑内作業場 (1) 炭酸ガスの停滞場所	安衛則 592条	空気中の炭酸ガス濃度	1月以内ごとに1回	3
	(2) 通気設備のある坑内	603条	通気量	半月以内ごとに1回	3
	(3) 28℃を超える場所	612条	気温	半月以内ごとに1回	3
5	空気調和設備で中央管理方式のものを設けている建築物の室で、事務所の用に供されるもの	事務所則 7条	空気中の一酸化炭素及び二酸化炭素の含有率、室温及び外気温、相対湿度	2月以内ごとに1回	3
6	放射線業務を行う作業場 (1) 放射線業務を行う管理区域	電離則 53条	外部放射線による線量当量率	1月以内ごとに1回	5
	(2) 放射性物質取扱室◎ (3) 坑内核原料物質掘削場所	54条 55条	空気中の放射性物質の濃度	1月以内ごとに1回	5
⑦	第一類物質又は第二類物質を製造し、又は取扱う屋内作業場	特化則 36条	空気中の第一類物質又は第二類物質の濃度	6月以内ごとに1回	3（特別管理物質は30年間）
	石綿等を取扱い、又は試験研究のため製造する屋内作業場	石綿則 36条	空気中の石綿の濃度	6月以内ごとに1回	40
⑧	一定の鉛業務を行う屋内作業場	鉛則 52条	空気中の鉛濃度	1年以内ごとに1回	3
9*	酸素欠乏危険場所において作業を行う場合の当該作業場	酸欠則 3条	空気中の酸素濃度（硫化水素中毒危険場所においては、合わせて硫化水素濃度）	その日の作業を開始するとき	3
⑩	有機溶剤を製造し、又は取扱う屋内作業場	有機則 28条	空気中の有機溶剤濃度	6月以内ごとに1回	3

注　丸数字と◎の付いたものは、作業環境測定士に測定させなければなりません。
　　＊は、酸素欠乏作業主任者に実施させなければなりません。

第13節　罰則

Q28 労働安全衛生法には罰則があるそうですが、どのようなものですか？

ANSWER　懲役、禁錮と罰金が定められています。

　安衛法は、労基法同様に罰則があります。なかには、事業者等の努力義務として罰則を設けていないものもあります。
　厚生労働省の出先機関である労働基準監督署には、署長以下労働基準監督官と厚生労働技官が配置されており、建設工事現場等への立入調査や計画届の審査等を行っています。
　労働基準監督署長及び労働基準監督官は、厚生労働省令で定めるところにより、この法律の施行に関する事務をつかさどる（安衛法第90条）とされています。そして、労働基準監督官の権限として、「労働基準監督官は、この法律を施行するため必要があると認めるときは、事業場に立ち入り、関係者に質問し、帳簿、書類その他の物件を検査し、若しくは作業環境測定を行い、又は検査に必要な限度において無償で製品、原材料若しくは器具を収去することができる。」（安衛法第91条第1項）とされています。
　加えて、「労働基準監督官は、この法律の規定に違反する罪について、刑事訴訟法の規定による司法警察員の職務を行なう。」（安衛法第92条）と規定されており、自ら直接捜査を行うことが定められています。
　これらの罰則は、労働基準監督署から検察庁に事件送致され、裁判所で確定します。罰則が確定すると、人も法人も前科が付くこととなります。

Q29 両罰規定とは、どのようなものですか？

ANSWER　安衛法違反の行為について、そのような行為をした人を処罰すると同時に、事業者も同額の罰金刑に処するものです。

　安衛法第122条では、「法人の代表者又は法人若しくは人の代理人、使用人その他の従業者が、その法人又は人の業務に関して、第116条、第117条、第119条又は第120条の違反行為をしたときは、行為者を罰するほか、その法人又は人に対しても、各本条の罰金刑を科する。」と規定しています。

ところで、労基法にも同様の規定があるのですが、安衛法にはない規定があります。労基法第121条第1項ただし書には、「ただし、事業主（事業主が法人である場合においてはその代表者、事業主が営業に関し成年者と同一の行為能力を有しない未成年者又は成年被後見人である場合においてはその法定代理人（法定代理人が法人であるときは、その代表者）を事業主とする。次項において同じ。）が違反の防止に必要な措置をした場合においては、この限りでない。」と定めています。

　労基法が施行された昭和22年から、安衛法が施行された昭和47年までの間において、行政罰則に関する考え方として、このただし書は当然のことであり、明文化するまでもないということになったことから、安衛法には規定がないものです。

第2章
元請として行うべき事項

概　説

　建設業の元方事業者は、特定元方事業者として特別の規制が設けられています。また、注文者として講ずべき措置も定められています。

　本章では、これらの事項について説明します。

第1節　店社における管理と工事現場における管理

　総括安全衛生管理者、安全管理者、衛生管理者、産業医の選任と、安全衛生委員会の設置・運営は、**第1章**を参照してください。

　元請は、そのほか、工事の種類と規模により、統括安全衛生責任者、元方安全衛生管理者と店社安全衛生管理者の選任を要する場合があります。

Q30　統括安全衛生責任者を選任しなければならないのは、どのような場合でしょうか？

ANSWER　工事の種類と規模が一定のものの場合です。建設業界では略して「統責者」と呼んでいます。これは、工事現場で選任します。

　安衛法第15条第1項では、「事業者で、一の場所において行う事業の仕事の一部を請負人に請け負わせているもの（当該事業の仕事の一部を請け負わせる契約が2以上あるため、その者が2以上あることとなるときは、当該請負契約のうちの最も先次の請負契約における注文者とする。以下「元方事業者」という。）のうち、建設業その他政令で定める業種に属する事業（以下「特定事業」という。）を行う者（以下「特定元方事業者」という。）は、その労働者及びその請負人（元方事業者の当該事業の仕事が数次の請負契約によって行われるときは、当該請負人の請負契約の後次のすべての請負契約の当事者である請負人を含む。以下「関係請負人」という。）の労働者が当該場所において作業を行うときは、これらの労働者の作業が同一の場所において行われることによって生ずる労働災害を防止するため、統括安全衛生責任者を選任し、その者に元方安全衛生管理者の指揮をさせるとともに、第30条第1項各号の事項を統括管理させなければならない。ただし、これらの労働者の数が政令で定める数未満であるときは、この限りでない。」と定めています。

つまり、建設工事の請負契約で、最先次の請負契約における注文者に選任義務があります。これを元方事業者と呼んでいます。そして、特定事業とは、建設業と造船業をいいます（安衛令第7条第1項）。特定事業の元方事業者を特定元方事業者と呼びます。この2つの業種の特徴は、複数の事業者の労働者が同一場所に混在して作業を行っていることです。

工事の種類では、次の区分によります。

工事の種類	労働者数（下請の労働者をすべて含む。）
ずい道等の建設の仕事	常時30人以上
橋梁（りょう）の建設の仕事（作業場所が狭いこと等により安全な作業の遂行が損なわれるおそれのある場所として厚生労働省令で定める場所において行われるものに限る。）	
圧気工法による作業を行う仕事	
上記に掲げる仕事以外の仕事	常時50人以上

ここで「常時50人」の意味ですが、建築工事においては、初期の準備工事（準備工）、終期の手直し工事等の工事を除く期間、平均1日当たり50人であることをいいます（昭47.9.18基発第602号）。

また、元方事業者又は下請で派遣労働者を受け入れている場合には、その人数はこの労働者数に含まれます（昭61.6.6基発第333号）。

「厚生労働省令で定める場所」とは、人口が集中している地域内における道路上若しくは道路に隣接した場所又は鉄道の軌道上若しくは軌道に隣接した場所をいいます（安衛則第18条の2）。

「人口が集中している地域」とは、最新の国勢調査における「人口集中地区」をいいます。

なお、国勢調査における「人口集中地区」とは、次の当該地域をいうものとされています（平4.8.24基発第480号）。

1　各調査年の国政調査区を基礎単位として用いること。
2　市町村の境界域で人口密度の高い調査区（原則として人口密度が1平方キロメートル当たり4,000人以上）が隣接していること。
3　各調査年の国政調査時に人口5,000人以上を有する場合であること。

Q31 統括安全衛生責任者は、どのような職務をしなければならないのですか？

ANSWER 　工事現場において、すべての請負人の労働者に関し、これらの労働者の作業が同一の場所において行われることによって生ずる労働災害を防止するため、元方安全衛生管理者の指揮をさせるとともに、安衛法第30条第1項各号の事項を統括管理させなければならないものとされています（安衛法第15条第3項）。

　安衛法第30条第1項の事項とは、次のものをいいます。
1　協議組織の設置及び運営を行うこと。
2　作業間の連絡及び調整を行うこと。
3　作業場所を巡視すること。
4　関係請負人が行う労働者の安全又は衛生のための教育に対する指導及び援助を行うこと。
5　仕事を行う場所が仕事ごとに異なることを常態とする業種で、厚生労働省令で定めるものに属する事業を行う特定元方事業者にあっては、仕事の工程に関する計画及び作業場所における機械、設備等の配置に関する計画を作成するとともに、当該機械、設備等を使用する作業に関し関係請負人がこの法律又はこれに基づく命令の規定に基づき講ずべき措置についての指導を行うこと。
6　前各号に掲げるもののほか、当該労働災害を防止するため必要な事項

　これは、安衛則第639条から第642条の3と第664条に掲げる次の事項です。
　第639条　クレーン等の運転についての合図の統一
　第640条　事故現場等の標識の統一等
　第641条　有機溶剤等の容器の集積箇所の統一
　第642条　警報の統一等
　第642条の2、第642条の2の2　避難等の訓練の実施方法等の統一等
　第642条の3　周知のための資料の提供等
　第664条　特定元方事業報告の提出

Q32 統括安全衛生責任者は、資格等が定められているのでしょうか？

ANSWER 統括安全衛生責任者は、当該場所においてその事業の実施を統括管理する者をもって充てなければならない（安衛法第15条第2項）とされています。したがって、一般的には現場所長がなります。

なお、工事現場に働く労働者が1,000人に及ぶような大規模現場では、副所長がなることもありましょう。

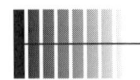

第2節　元方安全衛生管理者

Q33 元方安全衛生管理者を選任しなければならないのは、どのような場合でしょうか？

ANSWER 統括安全衛生責任者を選任しなければならない元方事業者です（安衛法第15条の2第1項）。

したがって、統責者を選任しなければならない工事の種類と労働者数の工事現場では、元方安全衛生管理者を選任しなければならないこととなります。

Q34 元方安全衛生管理者は、資格が必要なのでしょうか？

ANSWER 必要です。

安衛則第18条の4において、次のいずれかに該当する者でなければならないと定めています。

1　学校教育法による大学又は高等専門学校における理科系統の正規の課程を修めて卒業した者で、その後3年以上建設工事の施工における安全衛生の実務に従事した経験を有するもの
2　学校教育法による高等学校又は中等教育学校において理科系統の正規の学科を修めて卒業した者で、その後5年以上建設工事の施工における安全衛生の実務に従事した経験を有するもの
3　前2号に掲げる者のほか、厚生労働大臣が定める者
　　これは、「労働安全衛生規則第18条の4第3号の規定に基づく厚生労働大臣が定める者」（昭55労働省告示第82号）において、次のように定めて

います。
(1) 学校教育法による大学（旧大学令による大学を含む。）又は高等専門学校（旧専門学校令による専門学校を含む。）における理科系統の課程以外の正規の課程を修めて卒業した者（独立行政法人大学評価・学位授与機構により学士の学位を授与された者（当該課程を修めた者に限る。）又はこれと同等以上の学力を有すると認められる者を含む。）で、その後5年以上建設工事の施工における安全衛生の実務に従事した経験を有するもの
(2) 学校教育法による高等学校（旧中等学校令による中等学校を含む。）において理科系統の学科以外の正規の学科を修めて卒業した者（学校教育法施行規則第150条に規定する者又はこれと同等以上の学力を有すると認められる者を含む。）で、その後8年以上建設工事の施工における安全衛生の実務に従事した経験を有するもの
(3) 職業能力開発促進法施行規則第9条に定める普通課程の普通職業訓練のうち同令別表第二に定めるところにより行われるもの（職業能力開発促進法施行規則等の一部を改正する省令（平成5年労働省令第1号。以下「平成5年改正省令」という。）による改正前の職業能力開発促進法施行規則（以下「旧能開法規則」という。）別表第三に定めるところにより行われる普通課程の養成訓練並びに職業訓練法施行規則及び雇用保険法施行規則の一部を改正する省令による改正前の職業訓練法施行規則（以下「訓練法規則」という。）別表第一の普通訓練課程及び職業訓練法の一部を改正する法律（昭和53年法律第40号）による改正前の職業訓練法（昭和44年法律第64号。以下「旧訓練法」という。）第9条第1項の高等訓練課程の養成訓練を含む。）（当該訓練において履習すべき専攻学科又は専門学科の主たる学科が工学に関する科目であるものに限る。）を修了した者で、その後5年以上建設工事の施工における安全衛生の実務に従事した経験を有するもの
(4) 職業能力開発促進法施行規則第9条に定める専門課程の高度職業訓練のうち同令別表第六に定めるところにより行われるもの（旧能開法規則別表第三の二に定めるところにより行われる専門課程の養成訓練並びに訓練法規則別表第一の専門訓練課程及び旧訓練法第9条第1項の

特別高等訓練課程の養成訓練を含む。）（当該訓練において履習すべき専攻学科又は専門学科の主たる学科が工学に関する科目であるものに限る。）を修了した者で、その後3年以上建設工事の施工における安全衛生の実務に従事した経験を有するもの
(5) 職業訓練法施行規則の一部を改正する省令（昭和53年労働省令第37号）附則第2条第1項に規定する専修訓練課程の普通職業訓練（平成5年改正省令による改正前の同項に規定する専修訓練課程及び旧訓練法第9条第1項の専修訓練課程の養成訓練を含む。）（当該訓練において履習すべき専門学科の主たる学科が工学に関する科目であるものに限る。）を修了した者で、その後6年以上建設工事の施工における安全衛生の実務に従事した経験を有するもの
(6) 10年以上建設工事の施工における安全衛生の実務に従事した経験を有する者（学歴不問）

Q35 元方安全衛生管理者は、どのような仕事をするのでしょうか？

ANSWER 統括安全衛生責任者の指揮を受け、同じ工事現場内で複数の事業者の労働者が混在して作業をしていることによる災害防止のための措置を講じることです。統括安全衛生責任者は、当該工事現場の現場所長もしくはこれに準ずる者がなりますので、実務を実行するのが困難な場合があり得ます。そこで、具体的な実務担当者として元方安全衛生管理者を選任し、その者に実施させることが必要なわけです。

具体的には、次の事項のうち技術的事項を実施することとなります。
1 協議組織の設置及び運営を行うこと。
2 作業間の連絡及び調整を行うこと。
3 作業場所を巡視すること。
4 関係請負人が行う労働者の安全又は衛生のための教育に対する指導及び援助を行うこと。
5 仕事を行う場所が仕事ごとに異なることを常態とする業種で、厚生労働省令で定めるものに属する事業を行う特定元方事業者にあっては、仕事の工程に関する計画及び作業場所における機械、設備等の配置に関する

計画を作成するとともに、当該機械、設備等を使用する作業に関し関係請負人がこの法律又はこれに基づく命令の規定に基づき講ずべき措置についての指導を行うこと。
6 前各号に掲げるもののほか、当該労働災害を防止するため必要な事項
この事項の詳細は、統括安全衛生責任者のＱ＆Ａを参照してください。

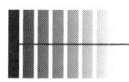

第3節 店社安全衛生管理者

Q36 店社安全衛生管理者は、どのような場合に選任しなければならないのでしょうか？

ANSWER 建設業において、統括安全衛生責任者の選任を要しない場合であって、一定の工事を行う場合に、その工事についての請負契約を締結している事業場（店社）ごとに選任しなければなりません（安衛法第15条の3第1項）。

これは、次の表の工事区分ごとに、その店社に置かなければならないものです。ただし、当該工事現場において統括安全衛生責任者（統責者）を選任する場合を除きます。

工事の種類	常時使用する労働者数 （下請の労働者を含む。）
1　ずい道等の建設の仕事	20人以上
2　圧気工法による作業を行う仕事	20人以上
3　橋梁の建設の仕事（人口が集中している地域内における道路上もしくは道路に隣接した場所又は鉄道の軌道上もしくは軌道に隣接した場所において行われるものに限る。）	20人以上
4　主要構造部分が鉄骨造（S造）又は鉄骨鉄筋コンクリート造（SRC造）の建築物の建設の仕事	20人以上
5　1から4までに掲げる仕事以外の仕事	50人以上

Q37 店社安全衛生管理者は、資格が必要なのでしょうか？

ANSWER 資格が定められています（安衛法第15条の3第1項）。

店社安全衛生管理者になることができるのは、次のいずれかに該当する者です（安衛則第18条の7）。

1 学校教育法による大学又は高等専門学校を卒業した者(大学評価・学位授与機構により学士の学位を授与された者又はこれと同等以上の学力を有すると認められる者を含む。)で、その後3年以上建設工事の施工における安全衛生の実務に従事した経験を有するもの
2 学校教育法による高等学校又は中等教育学校を卒業した者(学校教育法施行規則(昭和22年文部省令第11号)第150条に規定する者又はこれと同等以上の学力を有すると認められる者を含む。)で、その後5年以上建設工事の施工における安全衛生の実務に従事した経験を有するもの
3 8年以上建設工事の施工における安全衛生の実務に従事した経験を有する者(学歴不問)
4 前3号に掲げる者のほか、厚生労働大臣が定める者(現在のところ定められていない。)

Q38 店社安全衛生管理者は、どのような職務をしなければならないのですか?

ANSWER 法令で次の職務が定められています(安衛則第18条の8)。

1 少なくとも毎月1回、選任が必要とされる工事現場の労働者が作業を行う場所を巡視すること。
2 1の労働者の作業の種類その他作業の実施の状況を把握すること。
3 すべての下請が参加する安全衛生協議組織の会議に随時参加すること。
4 仕事の工程に関する計画及び作業場所における機械、設備等の配置に関する計画に関し、当該機械、設備等を使用する作業に関し関係請負人が安衛法又はこれに基づく命令(安衛則等)の規定に基づき講ずべき措置が講ぜられていることについて確認すること。

Q39 元方安全衛生管理者や店社安全衛生管理者は、下請の協力がなければ職務を進められないと思いますが、その点はどうすればよいでしょうか?

ANSWER 下請は、各社で安全衛生責任者を選任し、その者に安全衛生協議会への出席その他の事項を行わせなければならないこととされています(安衛法第16条第1項、安衛則第19条)。詳細は第3章を参照してください。

第4節　元請の提出書類等

Q40 元請が工事を始めるときに労働基準監督署に届け出なければならない事項には、どのようなものがあるでしょうか？

ANSWER 安全衛生法関係としては、次のものがあります。

1　特定元方事業者等の事業開始報告（安衛法第100条第1項、安衛則第664条。様式不定）

2　作業所安全衛生管理計画書（行政指導による。様式不定）

3　共同企業体代表者（変更）届（安衛法第5条、安衛則第1条。様式第1号）

　仕事を共同企業体（JV）で行うときに、所轄労働基準監督署長を経由して都道府県労働局長に提出しなければなりません。

4　施工計画の届出（安衛法第88条第2項～第4項、安衛則第88条、同則別表第七、同則第89条の2、第90条、第91条）

(1) これは、次の機械等を設置しようとするときに、当該工事開始の30日前までに所轄労働基準監督署長にその計画を届け出なければなりません。

　① 型枠支保工（支柱の高さが3.5メートル以上のものに限る。）
　② 架設通路（高さ及び長さがそれぞれ10メートル以上のものに限る。）
　③ 足場（つり足場、張出し足場以外の足場にあっては、高さが10メートル以上の構造のものに限る。）

　なお、②と③は、組立てから解体までの期間が60日未満のものは、届出を要しません（安衛則第89条）。

(2) 次のいずれかに該当する仕事は、当該工事開始の30日前までに厚生労働大臣あてにその計画を届け出なければなりません。

　① 高さが300メートル以上の塔の建設の仕事
　② 堤高（基礎地盤から堤頂までの高さをいう。）が150メートル以上のダムの建設の仕事
　③ 最大支間500メートル（つり橋にあっては、1,000メートル）以上の橋梁（りょう）の建設の仕事
　④ 長さが3,000メートル以上のずい道等の建設の仕事

⑤ 長さが1,000メートル以上3,000メートル未満のずい道等の建設の仕事で、深さが50メートル以上のたて坑（通路として使用されるものに限る。）の掘削を伴うもの

⑥ ゲージ圧力が0.3メガパスカル以上の圧気工法による作業を行う仕事

(3) 次のいずれかに該当する仕事は、当該工事開始の14日前までに所轄労働基準監督署長にその計画を届け出なければなりません。

① 高さ31メートルを超える建築物又は工作物（橋梁（りょう）を除く。）の建設、改造、解体又は破壊（以下「建設等」という。）の仕事

② 最大支間50メートル以上の橋梁（りょう）の建設等の仕事

②の2 最大支間30メートル以上50メートル未満の橋梁（りょう）の上部構造の建設等の仕事（人口が集中している地域内における道路上若しくは道路に隣接した場所又は鉄道の軌道上若しくは軌道に隣接した場所において行われるものに限る。）

③ ずい道等の建設等の仕事（ずい道等の内部に労働者が立ち入らないものを除く。）

④ 掘削の高さ又は深さが10メートル以上である地山の掘削（ずい道等の掘削及び岩石の採取のための掘削を除く。以下同じ。）の作業（掘削機械を用いる作業で、掘削面の下方に労働者が立ち入らないものを除く。）を行う仕事

⑤ 圧気工法による作業を行う仕事

⑤の2 建築基準法第2条第9号の2に規定する耐火建築物又は同法第2条第9号の3に規定する準耐火建築物で、石綿等が吹き付けられているものにおける石綿等の除去の作業を行う仕事

⑤の3 ダイオキシン類対策特別措置法施行令別表第一第5号に掲げる廃棄物焼却炉（火格子面積が2平方メートル以上又は焼却能力が1時間当たり200キログラム以上のものに限る。）を有する廃棄物の焼却施設に設置された廃棄物焼却炉、集じん機等の設備の解体等の仕事

⑥ 掘削の高さ又は深さが10メートル以上の土石の採取のための掘削の

作業を行う仕事
　　⑦ 坑内掘りによる土石の採取のための掘削の作業を行う仕事
　⑥と⑦は、土石採取業の場合ですが、ダム建設工事においては、打設コンクリートの骨材を採取するために工事現場の近くでこれらを行う場合がありますので、注意が必要です。
5　石綿作業届（安衛法第100条、石綿則第5条。様式第1号）
　　次に掲げる作業を行うときは、あらかじめ、様式第1号による届書に当該作業に係る建築物、工作物又は船舶の概要を示す図面を添えて、所轄労働基準監督署長に提出しなければなりません。ただし、4の(3)の⑤の2の計画届を提出する場合には、必要ありません。
　(1) 壁、柱、天井等に石綿等が使用されている保温材、耐火被覆材（耐火性能を有する被覆材をいう。以下同じ。）等が張り付けられた建築物、工作物又は船舶の解体等の作業（石綿等の粉じんを著しく発散するおそれがあるものに限る。）を行う場合における当該保温材、耐火被覆材等を除去する作業
　(2) 石綿則第10条第1項の規定による石綿等の封込め又は囲込みの作業
　(3) 前2号に掲げる作業に類する作業
6　除染等業務に係る作業届（安衛法第100条、除染電離則第10条。様式第1号）
　　これは、除染特別地域等内において土壌等の除染等の業務又は特定汚染土壌等取扱業務を行おうとするときに、あらかじめ提出しなければなりません。
　なお、労災保険関係については拙著「建設現場で使える労災保険Q＆A」を、労働基準法関係については「建設業の労務知識Q＆A」を、計画届については「労働安全衛生法の計画届A to Z」を参照してください。

様式第1号（第10条関係）

土壌等の除染等の業務
特定汚染土壌等取扱業務　作業届

作 業 件 名	
作 業 の 場 所	
事業者の名称 所　在　地	（〒　　－　　　）
発注者の名称 所　在　地	（〒　　－　　　）

作業の実施期間	年　月　日　～　　年　月　日	作業指揮者 氏　　　　名	

作業を行う場所の 平均空間線量率	

関係請負人一覧 及　　　　び 労働者数の概数		人		人
		人		人
		人		人
		人		人
		人		人

　　　年　　　月　　　日

事業者職氏名　　　　　　　　　　　印

＿＿＿＿＿＿労働基準監督署長　殿

〔備考〕
1．標題の「土壌等の除染等の業務」及び「特定汚染土壌等取扱業務」のうち、該当しない文字を抹消すること。
2．本届は、発注単位で届け出ることを原則とするが、発注が複数の離れた作業を含む場合には、作業場所ごとに提出すること。
3．「作業の場所」の欄には、作業を行う範囲を具体的に記載すること。地図等を用いる場合には別添として添付すること。
4．「作業を行う場所の平均空間線量率」の欄には、事前調査により把握した除染等作業の場所の平均空間線量率を記載すること。欄が不足する場合には、別添として添付すること。
5．「関係請負人一覧及び労働者数の概数」の欄には、関係請負人ごとの名称と、当該作業に従事する労働者数を記載すること。欄が不足する場合には、別添として添付すること。
6．氏名を記載し、押印することに代えて、署名することができること。

第5節　安全衛生協議会

Q41 安全衛生協議会（災害防止協議会）は、どのようにして開催するのでしょうか？

ANSWER　毎月1回以上定期にすべての下請の参加を求めて行います。

　元請は、工事の進捗状況に応じて現場に入ってくる下請に対し、災害防止協議会（災防協）への加入を求め、その会費を請負代金から天引きする旨の規約に賛同を得ます。

　災防協は、毎週実施している定例の工事打合せ会議の日に、その前後に行うことが多いようです。毎月第3○曜日、といった決め方が一般的です。

　すべての下請から責任者の参加を求め、1次下請だけとか、2次下請までといった形で行うと法違反となります。

　工事現場の警備員（ガードマン）と建設重機の運転手（オペレーター）は、下請ではない（請負契約ではないから）のですが、災害防止のためには出席を求めるのが通例です。なお、後者は、建設業法上は下請の扱いとされています。

　元請は、統責者が選任されている場合には、統責者と元方安全衛生管理者が出席します。統責者の選任を要しない場合には、現場所長とその補佐役、店社安全管理者が出席します。いずれの場合も下請は安全衛生責任者（職長）が出席します。

　なお、労働基準監督署の立入調査においては、安全衛生協議会の議事録は必ずチェックされますので、記録の作成と保存は重要です。

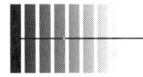

第6節　下請に対する指導援助

Q42 下請に対する指導援助とは、具体的にどのようなことを実施すればよいのでしょうか？

ANSWER　下請の労働者の新規入場時教育の実施、特別教育等の機会を提供する、技能講習等の資格取得の援助、健康診断の共同受診、法令違反防止のための必要事項の教示等があります。

1　新規入場時教育の実施

法令上義務づけられているわけではないのですが、下請の労働者がその現場に入場したときに、新規入場者教育を行うのが通例です。
　というのは、建設業では、当該現場に入って最初の1週間に被災する例が非常に多いのです。経験年数はあまり関係ありません。
　しかも、安衛則第638条には、「特定元方事業者は、法第30条第1項第4号の教育に対する指導及び援助については、当該教育を行う場所の提供、当該教育に使用する資料の提供等の措置を講じなければならない。」と定めています。
　新規入場者教育は、当該現場の状況をよく理解していないために被災することを防ごうというものです。詳細は、**次問**を参照してください。

2　特別教育等の機会の提供

　安衛法第59条第3項、安衛則第36条で、一定の危険・有害業務に対する安全衛生に係る特別の教育を実施すべきことが事業者に義務づけられています。
　厚生労働省告示でそのカリキュラムが定められていますので、それに沿って実施することになります。外部の団体が実施しているものを受講させてもかまいません。ゼネコンによっては、自社で実施して特別教育の修了証を発行している会社もあります。

3　技能講習等の資格取得の援助

　移動式クレーンの運転や玉掛け作業あるいは有機溶剤の取扱いのように、免許や技能講習の修了が必要な業務が工事現場には多々あります。
　免許は国家試験ですし、技能講習は、都道府県労働局長に登録した講習機関でなければ行うことができません。そのため、そのような機会が得られるように下請を指導することとなります。

4　健康診断の共同受診

　一般健康診断や特殊健康診断は、当該業務に従事する労働者を雇用している事業者、すなわち下請に実施義務があります。
　しかし、工事現場に複数の下請の労働者がいることから、共通する健康診断について診療機関と打合せをし、検診車を現場近くに呼んで一斉に受診させると、受診漏れが生じにくくなります。

5　違反防止のための必要事項の教示

特別教育を必要とする作業、技能講習等の資格を必要とする業務や健康診断を必要とする業務については、第3章下請が行うべき事項で述べます。無資格就労や、作業主任者が選任されていないという事態を避けるためには、第3章に記載された事項について、元方安全衛生管理者等がよく理解していることが必要です。

Q43 新規入場者教育とは、具体的にどのようなことを実施するのでしょうか？

ANSWER　新規入場者教育は、次の項目について実施するとよいでしょう。
1　工事の概要、工程表
2　現場としての安全衛生方針
3　現場内の危険箇所と立入禁止箇所
4　当該下請が担当する作業内容に関する危険性と有害性及びそれらに対する対策
5　現場の規律と安全衛生心得
6　現場における安全衛生行事と実施事項
7　緊急時等における避難に関する事項等

これらは、朝の職場体操と朝礼終了後に現場事務所の会議室等に新規入場者を集めて行います。
　「新規入場者教育アンケート」に、氏名、生年月日、職種、経験年数、所持する資格、健康診断の実施日等、家族や近親者の緊急連絡先、実際に給与を支払っている者の名前、一人親方でないことの確認などを記載させます。
　必要に応じて教育用ビデオなどを使うとよいでしょう。

Q44 下請に対する指導援助を怠った場合、法違反となるのでしょうか？

ANSWER　なります。
　安衛法第29条第1項では、「元方事業者は、関係請負人及び関係請負人の労働者が、当該仕事に関し、この法律又はこれに基づく命令の規定に違反しないよう必要な指導を行なわなければならない。」と定めており、同条第2項では、「元方事業者は、関係請負人又は関係請負人の労働者が、当該仕事に関

し、この法律又はこれに基づく命令の規定に違反していると認めるときは、是正のため必要な指示を行なわなければならない。」と規定しています。

したがって、労働基準監督署の立入調査が行われ、下請に法違反が認められると、ほぼ自動的に元請に対してこの違反を指摘する是正勧告書が交付されます。

この条文には、実は罰則がありません。しかし、元請の違反件数としてカウントされます。その結果違反が多い店社と認められると、都道府県労働局長から局指定店社としての指定を受けることがあります。

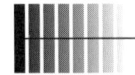

第7節　下請の寄宿舎

Q45 下請が寄宿舎を有している場合も、元請は管理責任を問われるのでしょうか？

ANSWER 問われます。

もっぱら下請としての業務のみを行い、寄宿舎の賄いや管理を専門業者に委託している場合には、当該下請は労災保険に独自に加入していないことがあります。

このような場合には、寄宿舎で発生した災害は、被災労働者が通っていた工事現場の労災事故として扱われることがあります。典型的な例としては、食中毒、火災、一酸化炭素中毒、降雪による転倒等の災害があります。

また、寄宿舎については、労基法と建設業附属寄宿舎規程により、その構造等が定められていますが、それらに違反していて災害が発生すると重大な違反として取り扱われます。

ですから、下請に対し、寄宿舎を有しているかどうかの確認をすることは重要です。

Q46 寄宿舎の有無はどのようにして確認すればよいでしょうか？

ANSWER 下請が提出した「作業員名簿」の現住所を見ます。

全建統一様式第5号の作業員名簿には、現住所と家族連絡先を記載することとなっています。これが同一の場合には、自宅と考えられます。

一方、家族連絡先が遠隔地で、しかも数人のものが近所のときは、出稼ぎ労働者である可能性が高いものです。その場合の現住所が同一であると、そこは寄宿舎である可能性が高いので、下請の事業主に確認をすることになります。
　確認すべき事項は、建設業附属寄宿舎に該当するものかどうか、該当する場合には、労働基準監督署に寄宿舎設置届と寄宿舎規則届を提出済みであるかどうか、です。寄宿舎設置届が提出済みであれば、構造等については労働基準監督署が立入調査をして確認済みと考えられます。

第8節　労働者の救護に関する措置

Q47　労働者の救護に関する措置とはどのようなものでしょうか？

ANSWER　工事現場で爆発、火災等が発生した場合に、そこで働く労働者を救護するためにあらかじめ準備しておくべきものです。

1　準備すべき場合

　　建設業に属する事業の仕事で、政令で定めるものを行う事業者は、爆発、火災等が生じたことに伴い労働者の救護に関する措置がとられる場合における労働災害の発生を防止するため、一定の措置を講じなければならない（安衛法第25条の2第1項）と定められています。

　　政令で定める仕事とは、次のものです（安衛令第9条の2）。

(1) ずい道等の建設の仕事で、出入口からの距離が1,000メートル以上の場所において作業を行うこととなるもの及び深さが50メートル以上となるたて坑（通路として用いられるものに限る。）の掘削を伴うもの

(2) 圧気工法による作業を行う仕事で、ゲージ圧力0.1メガパスカル以上で行うこととなるもの

　　これらはいずれも、爆発・火災等が発生した場合に待避が難しく、救護（被災労働者の救出）も困難な場合が多いことから、特に定められているものです。

2　実施すべき措置

　　1で述べた実施すべき措置は、次のものです。

(1) 労働者の救護に関し必要な機械等の備付け及び管理を行うこと。

(2) 労働者の救護に関し必要な事項についての訓練を行うこと。
(3) 前2号に掲げるもののほか、爆発、火災等に備えて、労働者の救護に関し必要な事項を行うこと。

なお、安衛法第25条の2第2項では、「前項に規定する事業者は、厚生労働省令で定める資格を有する者のうちから、厚生労働省令で定めるところにより、同項各号の措置のうち技術的事項を管理する者を選任し、その者に当該技術的事項を管理させなければならない。」と定めています。

Q48 救護に関する措置として実施すべき事項をもう少し具体的に説明してください。

ANSWER 安衛則第24条の3から第24条の9までに、次のように定められています。

1　救護に関し必要な機械等

まず、次の各号に掲げる機械、器具その他の設備（以下「機械等」という。）を備え付けなければなりません（安衛則第24条の3第1項）。ただし、メタン又は硫化水素が発生するおそれのないときは、②に掲げるメタン又は硫化水素に係る測定器具については、この限りでないとされています。

① 空気呼吸器又は酸素呼吸器（以下、本Q＆Aにおいて「空気呼吸器等」という。）
② メタン、硫化水素、一酸化炭素及び酸素の濃度を測定するため必要な測定器具
③ 懐中電燈等の携帯用照明器具
④ 前3号に掲げるもののほか、労働者の救護に関し必要な機械等

次に、事業者は、①から④の機械等については、次の仕事の区分に応じ、当該各号に掲げる時までに備え付けなければなりません（同条第2項）。

仕事の区分	期限
1　安衛令第9条の2第1号に掲げる仕事（ずい道等の建設の仕事）	出入口からの距離が1,000メートルの場所において作業を行うこととなる時又はたて坑（通路として用いられるものに限る。）の深さが50メートルとなる時
2　安衛令第9条の2第2号に掲げる仕事（圧気工法による仕事）	ゲージ圧力が0.1メガパスカルの圧気工法による作業を行うこととなる時

　さらに、事業者は、これらの機械等については、常時有効に保持するとともに、空気呼吸器等については常時清潔に保持しなければなりません（同条第3項）。

2　救護に関する訓練

　事業者は、次に掲げる事項についての訓練を行わなければなりません（安衛則第24条の4第1項）。

① 1に掲げる機械等の使用方法に関すること。
② 救急そ生の方法その他の救急処置に関すること。
③ 前2号に掲げるもののほか、安全な救護の方法に関すること。

　次に、事業者は、この訓練については、1仕事の区分に応じ、その表の右欄に掲げる時までに1回、及びその後1年以内ごとに1回行わなければなりません（同条第2項）。

　さらに、事業者は、この訓練を行ったときは、次の事項を記録し、これを3年間保存しなければなりません（同条第3項）。

① 実施年月日
② 訓練を受けた者の氏名
③ 訓練の内容

3　救護の安全に関する規程

　事業者は、1の表の区分に応じ、当該表の右欄に掲げる時までに、労働者の救護の安全に関し次の事項を定めなければなりません（安衛則第24条の5）。

① 救護に関する組織に関すること。
② 救護に関し必要な機械等の点検及び整備に関すること。
③ 救護に関する訓練の実施に関すること。
④ 前3号に掲げるもののほか、救護の安全に関すること。

4　人員の確認

　事業者は、1の表の仕事の区分に応じ、当該表の右欄に掲げる時までに、ずい道等（ずい道及びたて坑以外の坑（採石法第2条に規定する岩石の採取のためのものを除く。）をいう。以下同じ。）の内部又は高圧室内（潜かん工法その他の圧気工法による作業を行うための大気圧を超える気圧下の作業室又はシャフトの内部をいう。）において作業を行う労働者の人数及び氏名を常時確認することができる措置を講じなければなりません（安衛則第24条の6）。

　一般的には、その入口に名札を設け、労働者は内部に入る際に名札を裏返し、出るときに元に戻すようにしています。

5　救護に関する技術的事項を管理する者の選任

　事業者は、救護に関する技術的事項を管理する者の選任は、次に定めるところにより行わなければなりません（安衛則第24条の7）。

① 1の表の仕事の区分に応じ、当該表の右欄に掲げる時までに選任すること。

② その事業場に専属の者を選任すること。

　救護に関する技術的事項を管理する者については、旅行、疾病、事故その他やむを得ない事由によって職務を行うことができないときは、代理者を選任しなければなりません（同条第2項）。

　なお、この者を選任することができないやむを得ない事由がある場合、所轄都道府県労働局長の許可を受けたときは、選任しないことができます（同条第2項）。

6　救護に関する技術的事項を管理する者の資格

　救護に関する技術的事項を管理する者の資格を有する者は、次の表の区分に応じ、表の右欄に掲げる者であって、厚生労働大臣の定める研修を修了したものでなければなりません（安衛則第24条の8）。

仕事の区分	期　　限
1　安衛令第9条の2第1号に掲げる仕事（ずい道等の建設の仕事）	3年以上ずい道等の建設の仕事に従事した経験を有する者
2　安衛令第9条の2第2号に掲げる仕事（圧気工法による仕事）	3年以上圧気工法による作業を行う仕事に従事した経験を有する者

この研修は、建設業労働災害防止協会で実施しています。
7　権限の付与
　事業者は、救護に関する技術的事項を管理する者に対し、労働者の救護の安全に関し必要な措置をなし得る権限を与えなければなりません（安衛則第24条の9）。

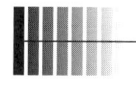

第9節　オペ付きリースによる重機等

Q49　オペ付きリースとはどのようなものでしょうか？

ANSWER　移動式クレーンをリースすると、リース業者の運転手（オペレーター）が移動式クレーンを運転して現場にきて、移動式クレーンの運転業務を行います。この場合のリース形態をいいます。

　機械等で政令で定めるものを、相当の対価を得て業として他の事業者に貸与する者で、厚生労働省令で定めるものを「機械等貸与者」といいます（安衛法第33条第1項、安衛則第665条）。

　政令で定める機械等とは、次のものです（安衛令第10条）。
① つり上げ荷重（クレーン（移動式クレーンを除く。以下同じ。）、移動式クレーン又はデリックの構造及び材料に応じて負荷させることができる最大の荷重をいう。以下同じ。）が0.5トン以上の移動式クレーン
② 安衛令別表第七に掲げる建設機械で、動力を用い、かつ、不特定の場所に自走することができるもの（車両系建設機械）
③ 不整地運搬車
④ 作業床の高さ（作業床を最も高く上昇させた場合におけるその床面の高さをいう。以下同じ。）が2メートル以上の高所作業車

　これらのうち、移動式クレーンは、特に高額なものが多いこともあり、借り手が有資格者（移動式クレーン運転士免許を有する者）に運転させたとしても、万一の場合には高額な修理費が必要となることがあります。

　そこで、機械等貸与者のうち移動式クレーンのリース業者は、当該移動式クレーンの運転に習熟した免許所持者（オペレーター）を付けてリースします。これがオペ付きリースです。

Q50 オペ付きリースでは、元請はどのようなことに注意すべきでしょうか?

ANSWER 当該機械等の操作による労働災害を防止するため必要な措置を講じなければなりません(安衛法第33条第2項)。

同項は、「機械等貸与者から機械等の貸与を受けた者は、当該機械等を操作する者がその使用する労働者でないときは、当該機械等の操作による労働災害を防止するため必要な措置を講じなければならない。」と定めています。

これを受けて安衛則第667条において、次のように定めています。

　機械等貸与者から機械等の貸与を受けた者は、当該機械等を操作する者がその使用する労働者でないときは、次の措置を講じなければならない。
(1) 機械等を操作する者が、当該機械等の操作について法令に基づき必要とされる資格又は技能を有する者であることを確認すること。
(2) 機械等を操作する者に対し、次の事項を通知すること。
　　イ　作業の内容
　　ロ　指揮の系統
　　ハ　連絡、合図等の方法
　　ニ　運行の経路、制限速度その他当該機械等の運行に関する事項
　　ホ　その他当該機械等の操作による労働災害を防止するため必要な事項

この条文を読むと、「機械等の貸与を受けた者」は、下請も該当するように読めますが、元請だけに対する規定です。

なぜなら、「当該機械等を操作する者」が自社の労働者であるときは、事業者として、安衛法第61条第1項に基づき、有資格者をあたらせなければならないものです。

一方、自社の労働者でない場合には、元請から下請各社までどの事業主も該当します。ここは、条文の文言だけではわかりませんが、この条文の成立したときの事情から、元方事業者に対してのみの規定であるとされています。

なお、安衛法第33条第3項では、「前項の機械等を操作する者は、機械等の貸与を受けた者が同項の規定により講ずる措置に応じて、必要な事項を守らなければならない。」と定めており、これを受けた安衛則第668条では、「前条の機械等を操作する者は、機械等の貸与を受けた者から同条第2号に掲げる事項

について通知を受けたときは、当該事項を守らなければならない。」と定めていますから、オペ付きリースの運転手は、元請の指示に従わなければなりません。

Q51 機械等貸与者は、何かしなければならないことがあるのでしょうか？

ANSWER あります。

安衛則第666条では、次のように定めています。

前条に規定する者（以下「機械等貸与者」という。）は、当該機械等を他の事業者に貸与するときは、次の措置を講じなければならない。

(1) 当該機械等をあらかじめ点検し、異常を認めたときは、補修その他必要な整備を行なうこと。

(2) 当該機械等の貸与を受ける事業者に対し、次の事項を記載した書面を交付すること。

イ　当該機械等の能力

ロ　当該機械等の特性その他その使用上の注意すべき事項

なお、移動式クレーンの検査証の備付けや、性能検査の受検、定期自主検査の実施等は当然のことですし、車両系建設機械、不整地運搬車や高所作業車の定期自主検査や特定自主検査の実施も同様です。

Q52 都道府県の設備貸与事業で貸与された機械についても、機械等貸与者に関するこれまでの規定は適用があるのでしょうか？

ANSWER その場合は適用がありません。

安衛則第666条第2項では、「前項の規定は、機械等の貸与で、当該貸与の対象となる機械等についてその購入の際の機種の選定、貸与後の保守等当該機械等の所有者が行うべき業務を当該機械等の貸与を受ける事業者が行うもの（小規模企業者等設備導入資金助成法第2条第6項に規定する都道府県の設備貸与機関が行う設備貸与事業を含む。）については、適用しない。」と規定しています。

中小企業が機械設備を導入する際に、リース形式で割賦販売を利用する制度があり、この場合には、法に規定する機械等貸与者に関する規定の適用はあり

ません。

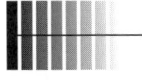

第10節　違法な指示の禁止

Q53 元方事業者が下請に対し、法令違反をするように指示をした場合にはどうなりますか？

ANSWER　法違反となります。

　安衛法第29条第1項では、「元方事業者は、関係請負人及び関係請負人の労働者が、当該仕事に関し、この法律又はこれに基づく命令の規定に違反しないよう必要な指導を行なわなければならない。」と規定しています。

　したがって、下請に法令違反が認められると、元方事業者に対し、本条違反の是正勧告書が交付されます。

Q54 前問の条文には罰則がありませんが、元請が違法な指示をしても処罰はされないのでしょうか？

ANSWER　処罰の対象となります。

　安衛法には直接の規定はありません。しかし、刑法総則に共犯（共謀共同正犯。第60条）と教唆犯（第61条）に関する規定があります。

　このため、元請の労働者等が下請に違法な指示をした場合には、共犯又は教唆犯として、安衛法上の刑罰の対象となります。

　なお、この場合、元方事業者の労働者が個人として対象になるのみであり、その雇用主である法人には罰則が及びません。

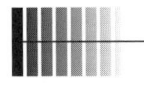

第11節　悪天候時の措置

Q55 悪天候とは、どのような場合をいうのでしょうか？

ANSWER　強風、大雨、大雪等の場合をいいます。

1　「強風」とは、10分間の平均風速が毎秒10メートル以上の場合をいいます。

2　「大雨」とは、一降りの降雨量が50ミリメートル以上の場合をいいます。

3 「大雪」とは、一降りの積雪量が25センチメートル以上の場合をいいます。

（昭44.10.23基発第706号ほか）

また、「強風、大雨、大雪等の悪天候のため」には、当該地域が実際にこれらの悪天候となった場合のほか、当該地域に強風、大雨、大雪等の気象注意報又は気象警報が発せられ、悪天候となることが予想される場合を含む趣旨である（昭46.4.15基発第309号、昭53.2.10基発第78号ほか）とされています。

また、場合によっては、暴風の場合や中震以上の地震の場合の規制もあります。

「暴風」とは、瞬間風速が毎秒30メートルを超える風をいいます（クレーン則第31条、第116条）。

Q56 悪天候の場合には、法令上どのようなことに注意しなければならないでしょうか？

ANSWER 作業の中止、足場の倒壊防止、足場や土止め支保工等の点検等が必要です。

具体的には、次の一覧表を参照してください。

規制（条文）	強風	暴風	大雨	大雪	中震以上の地震	備考
ブレーカを用いて行う工作物の解体等の作業の中止（安衛則171の4）			○	○		
ジャッキ式つり上げ機械を用いて行う荷のつり上げ、つり下げ等の作業（同194の4）	○		○	○		
型枠支保工の組立て等の作業の中止（同245）	○		○	○		
明り掘削前の点検（同358）			◎		◎	
土止め支保工の点検（同373）			□		◎	
ずい道等の建設の作業前の点検（同382）					◎	
ずい道等の建設の作業における可燃性ガスの濃度測定（同382の2）					◎	
ずい道支保工の点検（同396）					◎	
建築物の鉄骨の組立て等の作業の中止（同517の3）	○		○	○		
鋼橋架設等の作業の中止（同517の7）	○		○	○		

作業等					
木造建築物の組立て等の作業の中止（同517の11）	○		○	○	
コンクリート造の工作物の解体等の作業の中止（同517の15）	○		○	○	
コンクリート橋等の作業の中止（同517の21）	○		○	○	
高さ2メートル以上の箇所での作業禁止（同522）	○		○	○	
足場の組立て等の作業の禁止（同564）	○		○	○	
足場の点検（同567、655）	◎		◎	◎	◎
作業構台の組立て等の作業の中止（同575の7）	○		○	○	
作業構台の点検（同575の8、655の2）	◎		◎	◎	◎
走行クレーンの逸走の防止（クレーン則31）		○			
クレーンに係る作業の中止（同31の2）	○				
ジブクレーンの損壊防止措置（同31の3）	○				
クレーンの組立て等の作業の禁止（同33）	○		○	○	
屋外のクレーンの点検（同37）		◎		◎	
移動式クレーンに係る作業の中止（同74の3）	○				
移動式クレーンの転倒防止措置（同74の4）	○				
屋外のエレベーターの倒壊防止措置（同152）		○			※
屋外のエレベーターの組立て等の禁止（同153）	○		○	○	
屋外のエレベーターの点検（同156）		◎		◎	
建設用リフトの倒壊防止措置（同189）		○			※、●
建設用リフトの組立て等の禁止（同191）	○		○	○	
建設用リフトの点検（同194）		◎		◎	●
ゴンドラを使用する作業の禁止（ゴンドラ則19）	○		○	○	
ゴンドラの点検（同22）	◎		◎	◎	

注　○印は、悪天候が予想されるときも含む。
　　◎印は、悪天候後の措置。
　　□印は、大雨等の場合。「等」には、水道管の破裂による水の流入等が含まれる（昭40．2．10基発第139号）。
　　※印は、風速が毎秒35メートルを超えた場合。
　　●印は、地下に設置されているものを除く。

　これらの規制は、太字は元方規制がありますが、それ以外は事業者の責任です。したがって、当該作業を請け負う下請業者の責任となるわけですが、当日の作業を実施するかどうかは元請が決めるのがほとんどですから、上記の規制に留意して災害につながらないようにすべきです。

Q57 天候により、労働基準監督署から指示が出ることがあるでしょうか？

ANSWER あります。緊急措置命令又は退避命令が出ることがあります。

　安衛法第98条では、都道府県労働局長、労働基準監督署長又は労働基準監督官の使用停止命令等を定めています。

　安衛法第99条では、さらに、「都道府県労働局長又は労働基準監督署長は、前条第１項の場合（注＝一定の法違反が認められた場合）以外の場合において、労働災害発生の急迫した危険があり、かつ、緊急の必要があるときは、必要な限度において、事業者に対し、作業の全部又は一部の一時停止、建設物等の全部又は一部の使用の一時停止その他当該労働災害を防止するため必要な応急の措置を講ずることを命ずることができる。」と定めています。これが緊急措置命令です。退避命令はその一種として行われることがあります。

　これは、行政処分ですから、不服がある場合には、厚生労働大臣又は都道府県労働局長への審査請求を行うことができます。

　しかし、悪天候により労働者に急迫した危険があると行政官庁が判断した場合に、それに異議を唱えることは控えたいものです。

　一般的には地滑り、土砂崩壊、土石流、堤防の決壊などが差し迫っていると認められる場合に発せられます。

第3章
下請が行うべき事項

概　説

　建設業の下請は、安衛法における事業者としてその雇用する労働者に対する危害防止措置等の義務を負っています。そして、事業者として実施すべき事項は元方事業者とは比較にならないほど多岐にわたっています。

　本章では、下請が事業者として行うべき事項について説明し、事項別の実施すべき事項等については第4章で詳述します。

第1節　安全衛生管理体制

　安全衛生管理体制については、元方事業者の場合と同様です。事業場単位で、労働者数が一定数以上の場合に安全管理者、衛生管理者及び産業医を選任しなければなりません。安全衛生推進者も同様です。その要件等については、第2章を参照してください。100名以上の労働者を使用している場合には、総括安全衛生管理者の選任も必要です。

　また、安全衛生委員会の設置・運営についても、下請各社の店社単位となりますが、これの設置・運営についても元方事業者の場合と同様です。詳細は**第2章**を参照してください。

Q58　作業主任者とはどのようなものでしょうか？

ANSWER　一定の危険・有害業務に労働者を従事させるとき、その業務の区分に応じた免許又は技能講習を修了した者を配置し、その者に一定の事項を行わせなければならないものです（安衛法第14条、安衛令第6条）。

　建設業で作業主任者を選任すべきものは、次の業務です（安衛則第6条、安衛則別表第一）。

業務の種類	作業主任者の名称	免許又は技能講習
高圧室内作業（潜函（かん）工法その他の圧気工法により、大気圧を超える気圧下の作業室又はシャフトの内部において行う作業に限る。）	高圧室内作業主任者	免許
安衛令別表第二第1号又は第3号に掲げる放射線業務に係る作	エックス線作業主任	免許

業（医療用又は波高値による定格管電圧が1,000キロボルト以上のエックス線を発生させる装置（同表第2号の装置を除く。以下「エックス線装置」という。）を使用するものを除く。非破壊検査のこと。）	者	
ガンマ線照射装置を用いて行う透過写真の撮影の作業（特殊な機械等や橋脚などの非破壊検査）	ガンマ線透過写真撮影作業主任者	免許
コンクリート破砕器を用いて行う破砕の作業	コンクリート破砕器作業主任者	技能講習
掘削面の高さが2メートル以上となる地山の掘削（ずい道及びたて坑以外の坑の掘削を除く。）の作業（採石法第2条に定める岩石の採取のための掘削の作業を除く。）	地山の掘削作業主任者	技能講習
土止め支保工の切りばり又は腹起こしの取付け又は取外しの作業	土止め支保工作業主任者	技能講習
ずい道等（ずい道及びたて坑以外の坑（採石法第2条に規定する岩石の採取のためのものを除く。）をいう。以下同じ。）の掘削の作業（掘削用機械を用いて行う掘削の作業のうち労働者が切羽に近接することなく行うものを除く。）又はこれに伴うずり積み、ずい道支保工（ずい道等における落盤、肌落ち等を防止するための支保工をいう。）の組立て、ロックボルトの取付け若しくはコンクリート等の吹付けの作業	ずい道等の掘削等作業主任者	技能講習
ずい道等の覆工（ずい道型枠支保工（ずい道等におけるアーチコンクリート及び側壁コンクリートの打設に用いる型枠並びにこれを支持するための支柱、はり、つなぎ、筋かい等の部材により構成される仮設の設備をいう。）の組立て、移動若しくは解体又は当該組立て若しくは移動に伴うコンクリートの打設をいう。）の作業	ずい道等の覆工作業主任者	技能講習
掘削面の高さが2メートル以上となる採石法第2条に規定する岩石の採取のための掘削の作業	採石のための掘削作業主任者	技能講習
高さが2メートル以上のはい（倉庫、上屋又は土場に積み重ねられた荷（小麦、大豆、鉱石等のばら物の荷を除く。）の集団をいう。）のはい付け又ははい崩しの作業（荷役機械の運転者のみによって行われるものを除く。）	はい作業主任者	技能講習
型枠支保工（支柱、はり、つなぎ、筋かい等の部材により構成され、建設物におけるスラブ、桁等のコンクリートの打設に用いる型枠を支持する仮設の設備をいう。以下同じ。）の組立て又は解体の作業	型枠支保工の組立て等作業主任者	技能講習
つり足場（ゴンドラのつり足場を除く。以下同じ。）、張出し足場又は高さが5メートル以上の構造の足場の組立て、解体又は変更の作業	足場の組立て等作業主任者	技能講習
建築物の骨組み又は塔であって、金属製の部材により構成されるもの（その高さが5メートル以上であるものに限る。）の組立て、解体又は変更の作業	建築物等の鉄骨の組立て等作業主任者	技能講習
橋梁（りょう）の上部構造であって、金属製の部材により構成されるもの（その高さが5メートル以上であるもの又は当該上	鋼橋架設等作業主任者	技能講習

部構造のうち橋梁（りょう）の支間が30メートル以上である部分に限る。）の架設、解体又は変更の作業		
建築基準法施行令第2条第1項第7号に規定する軒の高さが5メートル以上の木造建築物の構造部材の組立て又はこれに伴う屋根下地若しくは外壁下地の取付けの作業	木造建築物の組立て等作業主任者	技能講習
コンクリート造の工作物（その高さが5メートル以上であるものに限る。）の解体又は破壊の作業	コンクリート造の工作物の解体等作業主任者	技能講習
橋梁（りょう）の上部構造であって、コンクリート造のもの（その高さが5メートル以上であるもの又は当該上部構造のうち橋梁（りょう）の支間が30メートル以上である部分に限る。）の架設又は変更の作業	コンクリート橋架設等作業主任者	技能講習
安衛令別表第三に掲げる特定化学物質を製造し、又は取り扱う作業のうち一定のもの	特定化学物質作業主任者	技能講習
エチルベンゼンを1パーセントを超えて含有する塗料又はシンナーを用いる塗装業務（エチルベンゼンとキシレン等の有機溶剤を合計5パーセントを超えて含有する場合を含む。）	特定化学物質作業主任者（エチルベンゼン等関係）	有機溶剤作業主任者技能講習
安衛令別表第六に掲げる酸素欠乏危険場所における作業	酸素欠乏危険作業主任者 / 酸素欠乏・硫化水素危険作業主任者	技能講習
有機溶剤業務	有機溶剤作業主任者	技能講習
石綿若しくは石綿をその重量の0.1パーセントを超えて含有する製剤その他の物（以下「石綿等」という。）を取り扱う作業	石綿作業主任者	技能講習

Q59 免許と技能講習はどのように違うのでしょうか？

ANSWER 免許は、国家試験に合格しなければなりません。

免許試験は、全国7箇所にある公益財団法人安全衛生技術試験協会の試験センターが実施しています。国家試験に合格すると合格通知が来ますから、これに顔写真と手数料を添えて免許証交付センターに免許証交付申請を行い、免許証の交付を受けます。

技能講習は、都道府県労働局長に登録した講習機関が実施するものを受講し、修了すればよいものです。修了試験があるのが通常です。修了すると、技能講習修了証が交付されます。

Q60 単独作業の場合には、作業主任者はいなくてもよいでしょうか？

ANSWER 単独作業の場合には、当該作業者が所定の作業主任者の資格を有する者でなければなりません。

後述する作業指揮者（P63参照）は、複数の労働者が作業を行うことによる危険を防止するために選任します。これに対し作業主任者は、その職務のなかに機械設備の点検等、単独作業であっても実施しなければならない事項が定められています。このため、単独作業であることを理由に選任しないで済ませることはできません。

Q61 作業主任者を選任する場合の注意事項には、どのようなことがあるでしょうか？

ANSWER 当該作業主任者の名称、氏名とその者に行わせる職務の内容を、作業場所の見やすいところに掲示する等により関係者に周知しなければなりません。

安衛則第18条では、「事業者は、作業主任者を選任したときは、当該作業主任者の氏名及びその者に行なわせる事項を作業場の見やすい箇所に掲示する等により関係労働者に周知させなければならない。」と定めています。

また、工事現場内で複数の階で同種の作業を行うなどにより複数の作業主任者を選任しなければならない場合があります。このような場合には、それぞれの作業主任者の職務の分担を定めなければなりません（安衛則第17条）。その上で、周知の措置を講じることになります。

第2節　職長・安全衛生責任者

Q62 安全衛生責任者（職長）とは、どのようなものでしょうか？

ANSWER 下請各社において、元請との間の連絡調整役です。

特定元方事業者が安全衛生協議会を運営しますが、これに参加する下請は、安全衛生責任者を出席させることになります。

安衛法第16条第1項では、「第15条第1項又は第3項の場合において、これらの規定により統括安全衛生責任者を選任すべき事業者以外の請負人で、当該仕事を自ら行うものは、安全衛生責任者を選任し、その者に統括安全衛生責任

者との連絡その他の厚生労働省令で定める事項を行わせなければならない。」
と定めています。
　「第15条第1項又は第3項の場合」とは、特定元方事業者が統括安全衛生責任者を選任すべき場合です（P30参照）。

Q63　安全衛生責任者（職長）は、何か資格があるのでしょうか？

ANSWER　あります。
　職長・安全衛生責任者教育を修了した者を充てなければなりません。
　安衛法第60条では、次のように定めています。

　　事業者は、その事業場の業種が政令で定めるものに該当するときは、新たに職務につくこととなつた職長その他の作業中の労働者を直接指導又は監督する者（作業主任者を除く。）に対し、次の事項について、厚生労働省令で定めるところにより、安全又は衛生のための教育を行なわなければならない。
　① 作業方法の決定及び労働者の配置に関すること。
　② 労働者に対する指導又は監督の方法に関すること。
　③ 前2号に掲げるもののほか、労働災害を防止するため必要な事項で、
　　厚生労働省令で定めるもの

これは、次の事項です（安衛則第40条第1項）。
　　ア　法第28条の2第1項の危険性又は有害性等の調査及びその結果に基づき講ずる措置に関すること（リスクアセスメント）。
　　イ　異常時等における措置に関すること。
　　ウ　その他現場監督者として行うべき労働災害防止活動に関すること。

これが職長教育です。建設業の場合には、この教育は「職長・安全衛生責任者教育」と呼んでいます。

Q64　職長・安全衛生責任者養成講習は、要件が定められているのでしょうか？

ANSWER　科目、時間数と講師の要件が定められています。
　まず、教育科目ですが、次の表の左欄に掲げる事項について、同表の右欄に

掲げる時間以上行わなければなりません（安衛則第40条第2項）。

事　項	時　間
安衛法第60条第1号に掲げる事項 　1　作業手順の定め方 　2　労働者の適正な配置の方法	2時間
安衛法第60条第2号に掲げる事項 　1　指導及び教育の方法 　2　作業中における監督及び指示の方法	2.5時間
安衛則第40条第1項第1号に掲げる事項 　1　危険性又は有害性等の調査の方法 　2　危険性又は有害性等の調査の結果に基づき講ずる措置 　3　設備、作業等の具体的な改善の方法	4時間
安衛則第40条第1項第2号に掲げる事項 　1　異常時における措置 　2　災害発生時における措置	1.5時間
安衛則第40条第1項第3号に掲げる事項 　1　作業に係る設備及び作業場所の保守管理の方法 　2　労働災害防止についての関心の保持及び労働者の創意工夫を引き出す方法	2時間

計12時間

　次に講師の要件ですが、平成18年5月12日付け基発第0512004号「建設業における安全衛生責任者に対する教育及び職長等教育講師養成講座等のカリキュラムの改正について」において、職長等教育講師養成講座を修了した者を講師にすべき旨定めています。この講座を修了した者を「職長等教育講師」又は「RSTトレーナー」と呼んでいます。

　職長等教育講師養成講座は、中央労働災害防止協会と建設業労働災害防止協会が実施しています。講座には、「一般」と「建設」の区分があり、建設業においては後者を修了した者でなければなりません。ただし、前者を修了した者に対して行われているもので、安全衛生責任者教育講師養成講座の補講がありますので、これを修了すれば、「建設」の区分を修了したものとして取り扱われます。

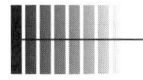

第3節　作業指揮者

Q65　作業指揮者とは、どのようなものでしょうか？

ANSWER 複数の労働者が同じ場所で作業を行う場合における労働災害を防止するため、事業者は、作業を指揮する者を指名しなければなりません。これが作業指揮者です。

作業主任者が選任されている場合には、一般的には作業主任者が作業指揮者を兼ねることになります。建設工事現場における作業では、次の作業について定められています。

1 車両系荷役運搬機械等を用いる作業（安衛則第151条の4）
  車両系荷役運搬機械等とは、次のものをいいます（安衛則第151条の2）。
  ① フォークリフト
  ② ショベルローダー
  ③ フォークローダー
  ④ ストラドルキャリヤー（建設業では用いられない）
  ⑤ 不整地運搬車
  ⑥ 構内運搬車（専ら荷を運搬する構造の自動車（長さが4.7メートル以下、幅が1.7メートル以下、高さが2.0メートル以下のものに限る。）のうち、最高速度が毎時15キロメートル以下のもの（前号に該当するものを除く。）をいう。）
  ⑦ 貨物自動車（もっぱら荷を運搬する構造の自動車（前2号に該当するものを除く。）をいう。）

2 車両系荷役運搬機械等の修理又はアタッチメントの装着若しくは取外しの作業（安衛則第151条の15）

3 一の荷で、その重量が100キログラム以上のものを不整地運搬車に積む作業（ロープ掛けの作業及びシート掛けの作業を含む。）又は不整地運搬車から卸す作業（ロープ解きの作業及びシート外しの作業を含む。）（安衛則第151条の48）

4 一の荷で、その重量が100キログラム以上のものを構内運搬車に積む作業（ロープ掛けの作業及びシート掛けの作業を含む。）又は構内運搬車から卸す作業（ロープ解きの作業及びシート外しの作業を含む。）（安衛則第151条の62）

5 一の荷で、その重量が100キログラム以上のものを貨物自動車に積む作業（ロープ掛けの作業及びシート掛けの作業を含む。）又は貨物自動車

から卸す作業（ロープ解きの作業及びシート外しの作業を含む。）（安衛則第151条の48）

6　車両系建設機械の修理又はアタッチメントの装着及び取外しの作業（安衛則第165条）

7　コンクリートポンプ車の輸送管及びホースの組立て又は解体を行うとき（安衛則第171条の3）

8　くい打機、くい抜機又はボーリングマシンの組立て、解体、変更又は移動の作業（安衛則第190条）

9　高所作業車を用いて作業を行うとき（安衛則第194条の6）

10　危険物を製造し、又は取り扱う作業（ガス溶接作業主任者又は乾燥設備作業主任者を選任する場合を除く。）（安衛則第257条）

11　導火線発破作業（安衛則第319条）

12　電気発破作業（安衛則第320条）

13　停電作業（安衛則第339条、第350条）

14　高圧活線作業（安衛則第341条、第350条）

15　高圧活線近接作業（安衛則第342条、第350条）

16　特別高圧活線作業（安衛則第344条、第350条）

17　特別高圧活線近接作業（安衛則第345条、第350条）

18　明り掘削の作業により露出したガス導管等の防護の作業（安衛則第362条第3項）

19　一の荷で、その重量が100キログラム以上のものを貨車に積む作業（ロープ掛けの作業及びシート掛けの作業を含む。）又は貨車から卸す作業（ロープ解きの作業及びシート外しの作業を含む。）（安衛則第420条）

20　建築物、橋梁、足場等の組立て、解体又は変更の作業（作業主任者を選任しなければならない作業を除く。）を行う場合において、墜落により労働者の危険を及ぼすおそれのあるとき（安衛則第529条）

21　廃棄物焼却炉を有する廃棄物の焼却施設においてばいじん及び焼却灰その他の燃え殻を取り扱う作業（安衛則第592条の6）

22　廃棄物の焼却施設に設置された廃棄物焼却炉、集じん機等の設備の保守点検等の業務（安衛則第592条の6）

23　廃棄物の焼却施設に設置された廃棄物焼却炉、集じん機等の設備の解体

等の業務及びこれに伴うばいじん及び焼却灰その他の燃え殻を取り扱う業務（安衛則第592条の6）

24 やむを得ない事由によりクレーンに定格荷重を超える荷重をかけて使用するとき（クレーン則第23条）

25 クレーンの組立て又は解体の作業（クレーン則第33条）

26 デリックの組立て又は解体の作業（クレーン則第118条）

27 屋外に設置するエレベーターの昇降路等又はガイドレール支持塔の組立て又は解体の作業（クレーン則第153条）

28 建設用リフトの組立て又は解体の作業（クレーン則第191条）

29 特定化学物質を製造し、取り扱い、若しくは貯蔵する設備又はし尿、パルプ液等特定化学物質等を発生させる物を入れたタンク等で当該特定化学物質等が滞留するおそれのあるものの改造、修理、清掃等で、これらの設備を分解する作業又はこれらの設備の内部に立ち入る作業（特化則第22条、酸欠則第25条の2）

30 ボイラーの据付けの作業（ボイラー及び圧力容器安全規則（以下「ボイラー則」）第16条）

31 除染等業務を行うとき（東日本大震災により生じた放射性物質により汚染された土壌等を除染するための業務等に係る電離放射線障害防止規則（以下「除染電離則」）第9条）

Q66 作業指揮者には、資格のようなものが定められているのでしょうか？

ANSWER 特に条文上定められたものはありません。

しかし、複数の労働者を指揮しますから、職長・安全衛生責任者教育を修了していることが望ましいものです。

なお、除染等業務に係る作業指揮者については、次のいずれかの要件を満たすものとされています（平23.12.22基発1222第7号）。

1 除染等作業に類似する作業に従事した経験者であって除染等業務の特別教育を修了し、若しくは特別教育の科目の全部について十分な知識及び技能を有していると認められるもの

2 次の項目を満たす教育を受講したものであって、特別教育を修了したも

の
① 作業の方法の決定及び除染等業務従事者の配置に関すること
② 除染等業務従事者に対する指揮の方法に関すること
③ 異常時における措置に関すること

この①から③までの教育については、「除染等業務に従事する労働者の放射線障害防止のためのガイドライン」において、カリキュラムが次のように定められています。

科　目	範　囲	時　間
作業の方法の決定及び除染等業務従事者の配置に関すること	1　放射線測定機器の構造及び取扱方法 2　事前調査の方法 3　作業計画の策定 4　作業手順の作成	2.5時間
除染等業務従事者に対する指揮の方法に関すること	1　作業前点検、作業前打合せ等の指揮及び教育の方法 2　作業中における指示の方法 3　保護具の適切な使用に係る指導方法	2時間
異常時における措置に関すること	1　労働災害が発生した場合の応急の措置 2　病院への搬送等の方法	1時間

計5.5時間

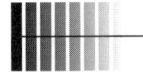

第4節　リスクアセスメント

Q67 リスクアセスメントとは、どのようなことをいうのでしょうか？

ANSWER　危険性又は有害性等を調査し、その結果に基づいて、労働者の危険又は健康障害を防止するため必要な措置を講ずることをいいます。

安衛法第28条の2第1項では、「事業者は、厚生労働省令で定めるところにより、建設物、設備、原材料、ガス、蒸気、粉じん等による、又は作業行動その他業務に起因する危険性又は有害性等を調査し、その結果に基づいて、この法律又はこれに基づく命令の規定による措置を講ずるほか、労働者の危険又は健康障害を防止するため必要な措置を講ずるように努めなければならない。ただし、当該調査のうち、化学物質、化学物質を含有する製剤その他の物で労働者の危険又は健康障害を生ずるおそれのあるものに係るもの以外のものについては、製造業その他厚生労働省令で定める業種に属する事業者に限る。」と定

めています。

　この「厚生労働省令で定める業種」には、建設業が含まれます（安衛則第24条の11第2項）。

Q68 リスクアセスメントは、どのようなときに実施しなければならないのでしょうか？

ANSWER　建設物を設置する場合など、一定の場合が定められています。

　安衛則第24条の11第1項では、安衛法第28条の2第1項の危険性又は有害性等の調査は、次に掲げる時期に行うものとする、として次の4つの場合を定めています。

1　建設物を設置し、移転し、変更し、又は解体するとき。
2　設備、原材料等を新規に採用し、又は変更するとき。
3　作業方法又は作業手順を新規に採用し、又は変更するとき。
4　前3号に掲げるもののほか、建設物、設備、原材料、ガス、蒸気、粉じん等による、又は作業行動その他業務に起因する危険性又は有害性等について変化が生じ、又は生ずるおそれがあるとき。

Q69 リスクアセスメントは、下請が行わなければならないのですか？

ANSWER　下請こそ、リスクアセスメントを実施しなければなりません。

　建設業の下請は、専門工事業者とも呼ばれます。そのそれぞれ担当する作業について、危険性又は有害性等について調査をし、それらを低減させる対策を講じることになります。職長・安全衛生責任者が中心となって実施するのが通例です。

　手順としては、次のようになります。なお、リスクアセスメントについては、多くの書籍が出ていますので、詳細はそれらの書籍を参照してください。

1　自社が担当する作業を列挙する。
2　担当する作業を「作業手順書」にまとめる（すでに作業手順書ができている場合は、この作業は省略。）。
3　作業手順書に基づいて、ひとまとまりとなる作業に区分する。
4　区分されたまとまり作業における一つ一つの手順（ステップ）ごとに、

負傷し又は疾病にかかる可能性を検討する。どのような負傷、疾病が発生するかを考えるとき、作業者を入れた複数の人数で検討する。

5 それらの見込まれる災害について、発生する可能性（頻度）と、発生した場合の負傷・疾病の重大さ（重篤度）を検討する。

6 発生する可能性は、次の区分による。

　3点　ときどき

　2点　たまに

　1点　めったに起きない

7 発生した場合の負傷・疾病の重大さは、次の区分による。

　4点　重傷（身体障害を含む。）又は死亡

　3点　入院

　2点　通院

　1点　かすり傷

8 6と7の点数を足し算又は掛け算し、点数の高い順に並べる。

　① 7～12点　直ちに対策を要する。

　② 4～6点　対策が必要である。

　③ 1～3点　問題は少ない。

　これは、掛け算の例ですが、このようにして優先順位を付け、その優先順位にしたがって対策を講じることとなります。これは、費用対効果を考えたものです。

9 これまでの状況を記録する。

10 実施した対策に基づいて、もう一度4から8を実施する。その結果、危険性又は有害性（リスク）がゼロになる場合ばかりではありませんから、残っているリスク（残留リスク）を作業者に周知し、必要な対策（保護具の着用、作業手順の徹底等）により、災害を防止することとなります。

第5節　検査証

Q70 クレーンや建設用リフトには、検査証が必要と聞いたことがありますが、検査証とはどのようなものでしょうか？

ANSWER 都道府県労働局長又は所轄労働基準監督署長が交付するもので、製造時検査等に合格し、構造等に問題がないことを証する書面です。その対象となる機械等を「特定機械等」といいます。対象となるのは次の機械等で、政令で定めるものはあらかじめ都道府県労働局長の許可を受けた者でなければ製造することができません（安衛法第37条第1項、同法別表第一）。

	機械等	政令で定めるもの	検査証交付者
1	ボイラー	（小型ボイラー並びに船舶安全法の適用を受ける船舶に用いられるもの及び電気事業法の適用を受けるものを除く。）	労働基準監督署長
2	第一種圧力容器	（小型圧力容器並びに船舶安全法の適用を受ける船舶に用いられるもの及び電気事業法、ガス事業法又は液化石油ガスの保安の確保及び取引の適正化に関する法律の適用を受けるものを除く。）	労働基準監督署長
3	クレーン	つり上げ荷重が3トン以上（スタッカー式クレーンにあっては、1トン以上）のクレーン	労働基準監督署長
4	移動式クレーン	つり上げ荷重が3トン以上の移動式クレーン	都道府県労働局長
5	デリック	つり上げ荷重が2トン以上のデリック	労働基準監督署長
6	エレベーター	積載荷重が1トン以上のエレベーター	労働基準監督署長
7	建設用リフト	ガイドレール（昇降路を有するものにあっては、昇降路）の高さが18メートル以上の建設用リフト（積載荷重が0.25トン未満のものを除く。）	労働基準監督署長
8	ゴンドラ		都道府県労働局長

これらの機械等のうち、建設工事現場に設置され又は使用されるのは、3から8までのものでしょう。特に3のクレーンは、クライミングクレーンやトンボクレーンとして使用されますし、6のエレベーターは、ロングスパン工事用エレベーターや、ビル等の本設エレベーターを竣工まで工事用に使用する例があります。

Q71 検査証は、工事現場に備え付けなければならないのでしょうか？

ANSWER 基本的にはそのとおりです。労働基準監督署の立入調査の際に、検査証の原本の提示を求められることがあります。コピーでは、本物かどうかが確認できないため、原本の提示が必要です。

移動式クレーンの場合には、リース業者が検査証を所持していますから、オ

ペレーター（移動式クレーン運転士）が、提示できるようにしておく必要があります。

Q72 検査証がない場合はどうなりますか？

ANSWER 安衛法違反として取り扱われます。

　安衛法第40条第1項では、「前条第1項又は第2項の検査証（以下「検査証」という。）を受けていない特定機械等（第38条第3項の規定により部分の変更又は再使用に係る検査を受けなければならない特定機械等で、前条第3項の裏書を受けていないものを含む。）は、使用してはならない。」と定めています。
　すなわち、検査証がない特定機械等は、使用することができません。
　なお、同条第2項は、「検査証を受けた特定機械等は、検査証とともにするのでなければ、譲渡し、又は貸与してはならない。」と規定しています。

Q73 検査証がない場合に、新たに交付を申請することはできますか？

ANSWER できます。

　多少煩雑な手続となりますが、申請は可能です。

第6節　構造規格

Q74 構造規格とは、どのようなものですか？

ANSWER 一定の危険・有害な作業に用いられる機械等又は保護具等について、厚生労働大臣が備えるべき基準を定めています。この基準を構造規格といいます。

　安衛法第42条では、「特定機械等以外の機械等で、別表第二に掲げるものその他危険若しくは有害な作業を必要とするもの、危険な場所において使用するもの又は危険若しくは健康障害を防止するため使用するもののうち、政令で定めるものは、厚生労働大臣が定める規格又は安全装置を具備しなければ、譲渡し、貸与し、又は設置してはならない。」と定めています。

この「厚生労働大臣が定める規格又は安全装置」を「構造規格」と呼んでおり、詳細は厚生労働省告示で定めています。

Q75 構造規格を具備すべきものとして定められている機械等には、どのようなものがありますか？

ANSWER　建設工事現場に関係するものとしては、次に掲げる機械等があります（安衛法別表第二）。このほかのものは、次問を参照してください。

1　ゴム、ゴム化合物又は合成樹脂を練るロール機及びその急停止装置
2　第二種圧力容器（第一種圧力容器以外の圧力容器であって政令で定めるものをいう。）
3　小型ボイラー
4　小型圧力容器（第一種圧力容器のうち政令で定めるものをいう。）
5　プレス機械又はシャーの安全装置
6　防爆構造電気機械器具
7　クレーン又は移動式クレーンの過負荷防止装置
8　防じんマスク
9　防毒マスク
10　木材加工用丸のこ盤及びその反発予防装置又は歯の接触予防装置
11　動力により駆動されるプレス機械
12　交流アーク溶接機用自動電撃防止装置
13　絶縁用保護具
14　絶縁用防具
15　保護帽

これらのうち、1、3、4、5と11は、建設工事現場で見かけることはごくまれです。

2は、エアーコンプレッサーの空気タンクです。塗装工事やロックウールの吹付け作業などで使用されます。

6は、可燃性ガスが出る場所でのずい道工事や橋脚基礎工事現場、プラントの改修工事現場等で使用されます。

10は、型枠支保工の組立等におけるコンパネの加工や、住宅の内部造作等で使用されます。

12は、アーク溶接につきものです。近年は、内蔵型のものが主流になっていますので、銘板等で確認する必要があります。

13と14は、電気工事等で使用されます。

15は、建設工事現場では必須のものであり、墜落時保護用、飛来落下物用、感電防止用の区分があり、これら3つを兼ねているものもあります。

Q76 構造規格を具備しているかどうかを見分ける方法がありますか？

ANSWER 当該機械等に付されている型式検定の合格証を見ればわかります。次の表で確認してください（安衛法第42条、安衛令第13条～第14条の2）。型式検定の対象でないものは、信頼できるメーカーのものを選ぶことになります。

構造規格を具備すべき機械等	型式検定
防爆構造電気機械器具	○
クレーン又は移動式クレーンの過負荷防止装置	○
防じんマスク（ろ過材及び面体を有するものに限る。）	○
防毒マスク（ハロゲンガス、有機ガス、一酸化炭素、アンモニア及び亜硫酸ガス用のもの）	○
木材加工用丸のこ盤及びその反発予防装置又は歯の接触予防装置	
交流アーク溶接機用自動電撃防止装置	○
絶縁用保護具	○
絶縁用防具	○
保護帽	○
研削盤、研削といし及び研削といしの覆（おお）い	
手押しかんな盤及びその刃の接触予防装置	
活線作業用装置（その電圧が、直流にあっては750ボルトを、交流にあっては600ボルトを超える充電電路について用いられるものに限る。）	
活線作業用器具（その電圧が、直流にあっては750ボルトを、交流にあっては300ボルトを超える充電電路について用いられるものに限る。）	
絶縁用防護具（対地電圧が50ボルトを超える充電電路に用いられるものに限る。）	
フォークリフト	
車両系建設機械	
型枠支保工用のパイプサポート、補助サポート及びウィングサポート	

鋼管足場用の部材及び附属金具 一　枠組足場用の部材 　　1　建枠（簡易枠を含む。） 　　2　交さ筋かい 　　3　布枠 　　4　床付き布枠 　　5　持送り枠 二　布板一側足場用の布板及びその支持金具 三　移動式足場用の建枠（一の1に該当するものを除く。）及び脚輪 四　壁つなぎ用金具 五　継手金具 　　1　枠組足場用の建枠の脚柱ジョイント 　　2　枠組足場用の建枠のアームロック 　　3　単管足場用の単管ジョイント 六　緊結金具 　　1　直交型クランプ 　　2　自在型クランプ 七　ベース金具 　　1　固定型ベース金具 　　2　ジャッキ型ベース金具
つり足場用のつりチェーン及びつりわく
合板足場板（アピトン又はカポールをフェノール樹脂等により接着したものに限る。）
つり上げ荷重が0.5トン以上3トン未満（スタッカー式クレーンにあっては、0.5トン以上1トン未満）のクレーン
つり上げ荷重が0.5トン以上3トン未満の移動式クレーン
積載荷重が0.25トン以上1トン未満のエレベーター
ガイドレールの高さが10メートル以上18メートル未満の建設用リフト
積載荷重が0.25トン以上の簡易リフト
再圧室
潜水器
安全帯（墜落による危険を防止するためのものに限る。）
チェーンソー（内燃機関を内蔵するものであって、排気量が40立方センチメートル以上のものに限る。）
ショベルローダー
フォークローダー
不整地運搬車
作業床の最高高さが2メートル以上の高所作業車

Q77　個別検定や型式検定の対象となっていないものはどのように構造規格を具備しているかどうかを確認するのでしょうか？

ANSWER　カタログやメーカーに確認することになります。

構造規格を具備していないものは、使用が禁止されていますから、メーカーはその点をきちんと表示しているのが普通です。カタログ等を確認してください。

なお、構造規格を具備していないのに、あたかも具備しているかのような表示をしているものは、安衛法違反となり、厚生労働大臣又は都道府県労働局長から、一定の措置を講ずるよう命じられることとされています（安衛法第43条の２）。ときに処罰の対象ともなります。

第7節　定期自主検査

　一定の機械等については、毎月あるいは毎年、定期に自主検査をすることが義務づけられています。これを定期自主検査といいます。

　定期自主検査は、点検を定期的に行うことにより、早期に不具合を発見し、補修等を行うことにより労働災害を防止しようとするものです。逆に考えれば、不具合がないことを確認することといえましょう。これは、機械等を安心して使うことにつながります。

Q78　定期自主検査とは、どのようなものでしょうか？

ANSWER　一定の機械等について、毎月あるいは毎年、定期的に自主的に点検することをいいます。

　使用しない期間がある程度ある場合、例えば１か月を超えて使用しない場合には、月次点検を実施しなくてもよいこととされています。１年を超える期間使用しない場合には、年次点検を実施しなくてもよいわけです。

　そのかわり、そのようにして定期自主検査を省略した機械等は、使用を再開するときに、同等の内容の自主検査を実施しなければなりません。

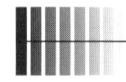

第8節　安全衛生教育（雇入れ時教育、送出し教育と特別教育、職長教育）

概　説

　労働者を雇い入れたとき、配置替えをしたときには、当該業務に関する安全衛生教育を行わなければなりません（安衛法第59条第1項、第2項）。

　また、建設業界では、新規入場者教育（**第2章P44参照**）を元請が行っていますが、当該下請には送出し教育の実施が要請されています。

　一定の危険・有害業務については、当該作業につくときに所定の安全衛生に係る特別の教育（特別教育）を行わなければならないこととされています（安衛法第59条第3項、安衛則第36条）。

　さらに、新たに職務につくこととなった職長その他の作業中の労働者を直接指導又は監督する者（作業主任者を除く。）に対し、所定の安全又は衛生のための教育を行わなければなりません（安衛法第60条）。これを職長教育といいます。建設業界では、「職長・安全衛生責任者教育」と呼んでいます。

　本節では、これらの教育に関する事項について説明します。

Q79 雇入れ時の安全衛生教育とは、どのようなものでしょうか？

ANSWER　労働者を雇い入れたときに、その従事する業務に関する安全又は衛生のための教育を行わなければならないとされていますが、その教育をいいます。

　労働者は、そのつく業務について、知識が不足することにより、安全装置や保護具を使用しないなどにより労働災害に遭うことがあります。これを防ぐため、安衛法第59条第1項では、「事業者は、労働者を雇い入れたときは、当該労働者に対し、厚生労働省令で定めるところにより、その従事する業務に関する安全又は衛生のための教育を行なわなければならない。」と定めています。

　また、同条第2項では、「前項の規定は、労働者の作業内容を変更したときについて準用する。」と定めており、配置替えの際にも同様の教育を実施すべき旨定めています。

　実施すべき内容は、次のものです（安衛則第35条）。

1　機械等、原材料等の危険性又は有害性及びこれらの取扱方法に関すること。
2　安全装置、有害物抑制装置又は保護具の性能及びこれらの取扱方法に関すること。
3　作業手順に関すること。
4　作業開始時の点検に関すること。
5　当該業務に関して発生するおそれのある疾病の原因及び予防に関すること。
6　整理、整頓（とん）及び清潔の保持に関すること。
7　事故時等における応急措置及び退避に関すること。
8　前各号に掲げるもののほか、当該業務に関する安全又は衛生のために必要な事項

なお、ここに掲げる事項の全部又は一部に関し十分な知識及び技能を有していると認められる労働者については、当該事項についての教育を省略することができます（同条第2項）。

Q80　送出し教育とは、どのようなものでしょうか？

ANSWER　建設工事現場における下請企業が、自社の労働者を工事現場に送り出す際に、一定の事項について教育をすることです。

建設業においては、当該工事現場に入って1週間以内に被災する労働者が約4割います。逆にいえば、最初の1週間を無事に過ごすことができれば、約4割の労災事故を防ぐことができます。

そのために、ゼネコンは新規入場者教育を行うのが一般的です。これに対し、下請企業が新規入場者教育に先駆けた教育を行うのが、送出し教育です。送出し教育の実施を要請する元請も少なくありません。

送出し教育は、法令上義務づけられたものではありませんが、これを実施することにより、元請からの信頼が厚くなることが想定されます。

実施すべき事項は次のとおりです。

1　工事概要
　　これから施工する工事において、担当する作業の種類、作業方法（作業

手順等）や工程などを教えます。
2　施工体制と管理体制
　　他の専門工事業者と施工管理体制、取合い部分等について説明します。
3　当該工事現場におけるルール
　　元請により、特有の現場ルールを作っているところがあります。また、通勤時に交通事故等を起こさないように乗込みマップを配布する元請もあります。時間限定の右左折禁止や一方通行、スクールゾーン等の現場周辺の交通状況を、事前に周知しておく必要があります。
4　現場における立入禁止場所、危険箇所や有害な状況
　　工事現場では、様々な材料等を使用します。また、施工方法も年々変化しています。それらの状況と、その危険・有害性等について理解させます。

Q81　特別教育とは、どのようなものですか？

ANSWER　一定の危険・有害業務については、当該業務に関する特別の安全衛生教育を行わなければなりません。これを「特別教育」と呼んでいます。

安衛法第59条第3項では、「事業者は、危険又は有害な業務で、厚生労働省令で定めるものに労働者をつかせるときは、厚生労働省令で定めるところにより、当該業務に関する安全又は衛生のための特別の教育を行なわなければならない。」と定めています。

対象となる業務は、安衛則第36条に列挙されており、建設業に関係すると思われるのは次のものです（左側の数字は、安衛則第36条の号数）。

1　研削といしの取替え又は取替え時の試運転の業務
3　アーク溶接機を用いて行う金属の溶接、溶断等の業務
4　高圧（直流にあっては750ボルトを、交流にあっては600ボルトを超え、7,000ボルト以下である電圧をいう。以下同じ。）若しくは特別高圧（7,000ボルトを超える電圧をいう。以下同じ。）の充電電路若しくは当該充電電路の支持物の敷設、点検、修理若しくは操作の業務、低圧（直流にあっては750ボルト以下、交流にあっては600ボルト以下である電圧をいう。以下同じ。）の充電電路（対地電圧が50ボルト以下であるもの

及び電信用のもの、電話用のもの等で感電による危害を生ずるおそれのないものを除く。）の敷設若しくは修理の業務又は配電盤室、変電室等区画された場所に設置する低圧の電路（対地電圧が50ボルト以下であるもの及び電信用のもの、電話用のもの等で感電による危害の生ずるおそれのないものを除く。）のうち充電部分が露出している開閉器の操作の業務

5 　最大荷重1トン未満のフォークリフトの運転（道路交通法第2条第1項第1号の道路上を走行させる運転を除く。）の業務

5の2 　最大荷重1トン未満のショベルローダー又はフォークローダーの運転（道路（以下「道路」という。）上を走行させる運転を除く。）の業務

5の3 　最大積載量が1トン未満の不整地運搬車の運転（道路上を走行させる運転を除く。）の業務

9 　機体重量が3トン未満の安衛令別表第七に掲げる建設用機械のうち、整地・運搬・積込み機械、掘削用機械、基礎工事用機械又は解体用機械で、動力を用い、かつ、不特定の場所に自走できるものの運転（道路上を走行させる運転を除く。）の業務

9の2 　安衛令別表第七に掲げる建設機械のうち基礎工事用機械で、動力を用い、かつ、不特定の場所に自走できるもの以外のものの運転の業務

9の3 　安衛令別表第七に掲げる建設機械のうち基礎工事用機械で、動力を用い、かつ、不特定の場所に自走できるものの作業装置の操作（車体上の運転者席における操作を除く。）の業務

10 　安衛令別表第七に掲げる建設機械のうち締固め用機械で、動力を用い、かつ、不特定の場所に自走できるものの運転（道路上を走行させる運転を除く。）の業務

10の2 　安衛令別表第七に掲げる建設機械のうちコンクリート打設用機械の作業装置の操作の業務

10の3 　ボーリングマシンの運転の業務

10の4 　建設工事の作業を行う場合における、ジャッキ式つり上げ機械（複数の保持機構（ワイヤロープ等を締め付けること等によって保持する機構をいう。以下同じ。）を有し、当該保持機構を交互に開閉し、保持機構間を動力を用いて伸縮させることにより荷のつり上げ、つり下げ等の

作業をワイヤロープ等を介して行う機械をいう。以下同じ。）の調整又は運転の業務

10の5　作業床の最高高さが10メートル未満の高所作業車の運転（道路上を走行させる運転を除く。）の業務

11　動力により駆動される巻上げ機（電気ホイスト、エヤーホイスト及びこれら以外の巻上げ機でゴンドラに係るものを除く。）の運転の業務（これは、いわゆる「ウインチ」）

13　軌道装置（巻上げ装置を除く。）の運転の業務

15　次に掲げるクレーン（移動式クレーンを除く。以下同じ。）の運転の業務
　イ　つり上げ荷重が5トン未満のクレーン
　ロ　つり上げ荷重が5トン以上の跨（こ）線テルハ

16　つり上げ荷重が1トン未満の移動式クレーンの運転（道路上を走行させる運転を除く。）の業務

17　つり上げ荷重が5トン未満のデリックの運転の業務

18　建設用リフトの運転の業務

19　つり上げ荷重が1トン未満のクレーン、移動式クレーン又はデリックの玉掛けの業務

20　ゴンドラの操作の業務

20の2　作業室及び気閘（こう）室へ送気するための空気圧縮機を運転する業務

21　高圧室内作業に係る作業室への送気の調節を行うためのバルブ又はコックを操作する業務

22　気閘室への送気又は気閘室からの排気の調整を行うためのバルブ又はコックを操作する業務

23　潜水作業者への送気の調節を行うためのバルブ又はコックを操作する業務

24　再圧室を操作する業務

24の2　高圧室内作業に係る業務

26　安衛令別表第六に掲げる酸素欠乏危険場所における作業に係る業務

28　エックス線装置又はガンマ線照射装置を用いて行う透過写真の撮影の業

務

29　粉じん障害防止規則（以下「粉じん則」）第2条第1項第3号の特定粉じん作業（設備による注水又は注油をしながら行う粉じん則第3条各号に掲げる作業に該当するものを除く。）に係る業務

30　ずい道等の掘削の作業又はこれに伴うずり、資材等の運搬、覆工のコンクリートの打設等の作業（当該ずい道等の内部において行われるものに限る。）に係る業務

31　産業用ロボットの可動範囲内において当該産業用ロボットについて行うマニプレータの動作の順序、位置若しくは速度の設定、変更若しくは確認（以下「教示等」という。）（産業用ロボットの駆動源を遮断して行うものを除く。以下この号において同じ。）又は産業用ロボットの可動範囲内において当該産業用ロボットについて教示等を行う労働者と共同して当該産業用ロボットの可動範囲外において行う当該教示等に係る機器の操作の業務（注＝建設工事現場で産業用ロボットを使うことはないように思われるかもしれないが、シールド工事におけるセグメントの自動組立機で、産業用ロボットに該当するとされたものがある。）

32　産業用ロボットの可動範囲内において行う当該産業用ロボットの検査、修理若しくは調整（教示等に該当するものを除く。）若しくはこれらの結果の確認（以下この号において「検査等」という。）（産業用ロボットの運転中に行うものに限る。以下この号において同じ。）又は産業用ロボットの可動範囲内において当該産業用ロボットの検査等を行う労働者と共同して当該産業用ロボットの可動範囲外において行う当該検査等に係る機器の操作の業務

34　ダイオキシン類対策特別措置法施行令別表第一第5号に掲げる廃棄物焼却炉を有する廃棄物の焼却施設（以下「廃棄物の焼却施設」という。）においてばいじん及び焼却灰その他の燃え殻を取り扱う業務（36に掲げる業務を除く。）

35　廃棄物の焼却施設に設置された廃棄物焼却炉、集じん機等の設備の保守点検等の業務

36　廃棄物の焼却施設に設置された廃棄物焼却炉、集じん機等の設備の解体等の業務及びこれに伴うばいじん及び焼却灰その他の燃え殻を取り扱う

業務
37　石綿障害予防規則（以下「石綿則」）第4条第1項各号に掲げる作業に係る業務
　① 石綿等が使用されている建築物、工作物又は船舶の解体等の作業
　② 石綿則第10条第1項の規定による石綿等の封じ込め又は囲い込みの作業
38　除染電離則第2条第7項の除染等業務及び同条第8項の特定線量下業務
　① 土壌等の除染等の業務
　　　除染特別地域等内における事故由来放射性物質により汚染された土壌、草木、工作物等について講ずる当該汚染に係る土壌、落葉及び落枝、水路等に堆積した汚泥等（以下「汚染土壌等」という。）の除去当該汚染の拡散の防止その他の当該汚染の影響の低減のために必要な措置を講ずる業務
　② 廃棄物収集等業務
　　　除染特別地域等内における次のイ又はロに掲げる事故由来放射性物質により汚染された物の収集、運搬又は保管に係るもの
　　イ　前号又は次号の業務に伴い生じた土壌（当該土壌に含まれる事故由来放射性物質のうち厚生労働大臣が定める方法によって求めるセシウム134及びセシウム137の放射能濃度の値が1万ベクレル毎キログラムを超えるものに限る。以下「除去土壌」という。）
　　ロ　事故由来放射性物質により汚染された廃棄物（当該廃棄物に含まれる事故由来放射性物質のうち厚生労働大臣が定める方法によって求めるセシウム134及びセシウム137の放射能濃度の値が1万ベクレル毎キログラムを超えるものに限る。以下「汚染廃棄物」という。）
　③ 特定汚染土壌等取扱業務
　　　①と②に掲げる業務以外の業務であって、特定汚染土壌等（汚染土壌等であって、当該汚染土壌等に含まれる事故由来放射性物質のうち厚生労働大臣が定める方法によって求めるセシウム134及びセシウム137の放射能濃度の値が1万ベクレル毎キログラムを超えるものに限る。以下同じ。）を取り扱うもの
　④ 特定線量下業務
　　　除染特別地域等内における厚生労働大臣が定める方法によって求める

平均空間線量率（平均空間線量率）が事故由来放射性物質により2.5マイクロシーベルト毎時を超える場所において事業者が行う除染等業務以外の業務

なお、上記のなかで「運転の業務」とあるのは、運転することそのものを指していますので、練習する場合も含まれるものです（特別教育が必要）。

Q82 特別教育は、科目等が定められているのでしょうか？

ANSWER　定められています。

安全衛生教育規程をはじめとする厚生労働省告示において、それぞれの業務ごとに、科目と時間数が定められていますので、それにしたがって実施します。自社で行う場合のみならず、他社、あるいは建設業労働災害防止協会（支部、分会）、その他の団体（労働基準協会等）が行うものを受講させることでもかまいません。

業務によっては、ゼネコンが実施している場合もあります。

Q83 特別教育の科目を省略することができますか？

ANSWER　当該業務に関する科目の全部又は一部について十分な知識及び技能を有していると認められる労働者については、当該科目についての特別教育を省略することができます（安衛則第37条）。

これは、例えば車両系建設機械の技能講習を修了した者には、その種類の車両系建設機械の特別教育をする必要はありませんし、玉掛け技能講習を修了した者については、玉掛け、クレーンの運転、移動式クレーンの運転についての科目の全部又は一部を省略できます。

また、他の会社ですでに同種の特別教育を受けた労働者についてもその全部の科目を省略することができます。

Q84 特別教育は、講師の要件が定められているのでしょうか？

ANSWER　特別教育の講師についての資格要件は定められていませんが、

教習科目について十分な知識、経験を有する者でなければなりません（昭48．3．19基発第145号）。

Q85 特別教育に準ずる教育というのを聞いたことがありますが、どのようなものでしょうか？

ANSWER　携帯用丸のこ盤と除染等業務の作業指揮者と刈払機取扱作業者について、通達で示されています。

1　携帯用丸のこ盤

　平成22年7月14日付け基安発0714第1号「建設業等において「携帯用丸のこ盤」を使用する作業に従事する者に対する安全教育の徹底について」により、特別教育に準じた教育として、次のカリキュラムによるものを実施することとされています。

携帯用丸のこ盤を使用して作業を行う者に対する安全教育カリキュラム

1　学科教育

科目	範囲	時間
携帯用丸のこ盤に関する知識	・携帯用丸のこ盤の構造及び機能等 ・作業の種類に応じた機器及び歯の選定	0.5
携帯用丸のこ盤を使用する作業に関する知識	・作業計画の作成等 ・作業の手順 ・作業時の基本動作（取扱いの基本及び切断作業の方法）	1.5
安全な作業方法に関する知識	・災害事例と再発防止対策について ・使用時の問題点と改善点（安全装置等）	0.5
携帯用丸のこ盤の点検及び整備に関する知識	・携帯用丸のこ盤及び歯の点検・整備の方法 ・点検結果の記録	0.5
関係法令	・労働安全衛生関係法令中の関係条項等	0.5
合計		3.5

2　実技教育

科目	範囲	時間
携帯用丸のこ盤の正しい取扱方法	・携帯用丸のこ盤の正し取扱い方法 ・安全装置の作動状況の確認	0.5
合計		0.5

合計　4.0時間

2　除染等業務の作業指揮者

　除染等業務の作業指揮者については、作業場所の平均空間線量率が2.5マ

イクロシーベルト毎時を超える場合には、平成23年12月22日付け基発1222第6号（改正：平成24年6月15日付け基発0615第6号）「除染等業務に従事する労働者の放射線障害防止のためのガイドライン」の別紙7において、次のように定めていますので、これによります。

科目	範囲	時間
作業の方法の決定及び除染等業務従事者の配置に関すること	1　放射線測定機器の構造及び取扱方法 2　事前調査の方法 3　作業計画の策定 4　作業手順の作成	2.5
除染等業務従事者に対する指揮の方法に関すること	1　作業前点検、作業前打合せ等の指揮及び教育の方法 2　作業中における指示の方法 3　保護具の適切な使用に係る指導方法	2
異常時における措置に関すること	1　労働災害が発生した場合の応急の措置 2　病院への搬送等の方法	1

合計　5.5時間

3　刈払機取扱作業者

刈払機取扱作業者については、平成12年2月16日付け基発第66号「刈払機取扱作業者に対する安全衛生教育について」の別添「実施要領」において、次のカリキュラムが定められています。

1　学科教育

科目	範囲	時間
1　刈払機に関する知識	(1)　刈払機の構造及び機能の概要 (2)　刈払機の選定	1.0
2　刈払機を使用する作業に関する知識	(1)　作業計画の作成等 (2)　刈払機の取扱い (3)　作業の方法	1.0
3　刈払機の点検及び整備に関する知識	(1)　刈払機の点検・整備 (2)　刈刃の目立て	0.5
4　振動障害及びその予防に関する知識	(1)　振動障害の原因及び症状 (2)　振動障害の予防措置	2.0
5　関係法令	(1)　労働安全衛生関係法令中の関係条項及び関係通達中の関係事項	0.5

2　実技教育

科目	範囲	時間
1　刈払機の作業等	(1)　刈払機の取扱い (2)　作業の方法 (3)　刈払機の点検・整備の方法等	1.0

合計　6時間

Q86 職長教育とは、どのようなものでしょうか？

ANSWER 新たに職務につくこととなった職長に対する教育です。

安衛法第60条では、次のように定めています。

　　事業者は、その事業場の業種が政令で定めるものに該当するときは、新たに職務につくこととなつた職長その他の作業中の労働者を直接指導又は監督する者（作業主任者を除く。）に対し、次の事項について、厚生労働省令で定めるところにより、安全又は衛生のための教育を行なわなければならない。
　一　作業方法の決定及び労働者の配置に関すること。
　二　労働者に対する指導又は監督の方法に関すること。
　三　前2号に掲げるもののほか、労働災害を防止するため必要な事項で、厚生労働省令で定めるもの

これは、建設業においては「職長・安全衛生責任者教育」です。詳細は、本章第2節（**P61**）を参照してください。

Q87 雇入れ時の安全衛生教育や特別教育の費用は、会社が負担しなければならないのでしょうか？

ANSWER 雇っている会社の負担です。

安衛法第59条に定める雇入れ時の安全衛生教育や特別教育及び安衛法第60条に定める職長教育は、労働者がその業務に従事する場合の労働災害の防止を図るため、事業者の責任において実施されなければなりません。したがって、安全衛生教育については所定労働時間内に行うのが原則です。

また、安全衛生教育の実施に要する時間は労働時間と解されますから、当該教育が法定時間外に行われた場合には、当然割増賃金が支払われなければなりません。

また、特別教育や職長教育を企業外で行う場合には、講習会費や講習旅費が生ずることがありますが、これらについても、安衛法に基づいて行うものについては、事業者が負担しなければなりません（昭47.9.18基発第602号）。

第9節　資格者の確保（免許、技能講習）

概　説

　建設工事現場では、種々の危険・有害作業が行われています。これらによる労働災害を防止するため、一定の資格者を配置しなければなりません（安衛法第61条、安衛令第20条）。資格は、免許又は技能講習です。
　なお、作業主任者については、本章第1節（P58）を参照してください。

Q88 免許や技能講習が必要な業務には、どのようなものがありますか？

ANSWER　安衛法第61条に基づき、安衛令第20条、安衛則第41条と安衛則別表第三により、次のように定められています（左の番号は、安衛令第20条の号数）。

業務の区分	業務につくことができる者
1　発破の場合におけるせん孔、装てん、結線、点火並びに不発の装薬又は残薬の点検及び処理の業務	一　発破技士免許を受けた者 二　火薬類取締法第31条の火薬類取扱保安責任者免許状を有する者 三　鉱山保安法施行規則（平成16年経済産業省令第96号）附則第2条の規定による廃止前の保安技術職員国家試験規則（昭和25年通商産業省令第72号。以下「旧保安技術職員国家試験規則」という。）による甲種上級保安技術職員試験、乙種上級保安技術職員試験若しくは丁種上級保安技術職員試験、甲種発破係員試験若しくは乙種発破係員試験、甲種坑外保安係員試験若しくは丁種坑外保安係員試験又は甲種坑内保安係員試験、乙種坑内保安係員試験若しくは丁種坑内保安係員試験に合格した者
2　制限荷重が5トン以上の揚貨装置の運転の業務	揚貨装置運転士免許を受けた者
3　ボイラー（小型ボイラーを除く。）の取扱いの業務（次に掲げる業務以外の業務）	特級ボイラー技士免許、一級ボイラー技士免許又は二級ボイラー技士免許を受けた者
安衛令第20条第5号イからニまでに掲げるボイラー安衛（小規模ボイラー）の取扱いの業務	一　特級ボイラー技士免許、一級ボイラー技士免許又は二級ボイラー技士免許を受けた者 二　ボイラー取扱技能講習を修了した者
4　前号のボイラー又は第一種圧力容器（小型圧力容器を除く。）の溶接（自動溶接機によ	特別ボイラー溶接技士免許を受けた者

る溶接、管（ボイラーにあっては、主蒸気管及び給水管を除く。）の周継手の溶接及び圧縮応力以外の応力を生じない部分の溶接を除く。）の業務（次に掲げる業務以外の業務）	
溶接部の厚さが25ミリメートル以下の場合又は管台、フランジ等を取り付ける場合における溶接の業務	特別ボイラー溶接士免許又は普通ボイラー溶接士免許を受けた者
5　ボイラー（小型ボイラー及び次に掲げるボイラーを除く。）又は安衛令第6条第17号の第一種圧力容器の整備の業務 　イ　胴の内径が750ミリメートル以下で、かつ、その長さが1,300ミリメートル以下の蒸気ボイラー 　ロ　伝熱面積が3平方メートル以下の蒸気ボイラー 　ハ　伝熱面積が14平方メートル以下の温水ボイラー 　ニ　伝熱面積が30平方メートル以下の貫流ボイラー（気水分離器を有するものにあっては、当該気水分離器の内径が400ミリメートル以下で、かつ、その内容積が0.4立方メートル以下のものに限る。）	ボイラー整備士免許を受けた者
6　つり上げ荷重が5トン以上のクレーン（跨（こ）線テルハを除く。）の運転の業務 （次に掲げる業務以外の業務）	クレーン・デリック運転士免許を受けた者
床上で運転し、かつ、当該運転をする者が荷の移動とともに移動する方式のクレーンの運転の業務	一　クレーン・デリック運転士免許を受けた者 二　床上操作式クレーン運転技能講習を修了した者
7　つり上げ荷重が1トン以上の移動式クレーンの運転（道路交通法第2条第1項第1号に規定する道路上を走行させる運転を除く。）の業務（次に掲げる業務以外の業務）	移動式クレーン運転士免許を受けた者
つり上げ荷重が1トン以上の移動式クレーンの運転の業務のうちつり上げ荷重が5トン未満の移動式クレーンの運転の業務	一　移動式クレーン運転士免許を受けた者 二　小型移動式クレーン運転技能講習を修了した者
8　つり上げ荷重が5トン以上のデリックの運転の業務	クレーン・デリック運転士免許を受けた者
9　潜水器を用い、かつ、空気圧縮機若しくは手押しポンプによる送気又はボンベからの給気を受けて、水中において行う業務	潜水士免許を受けた者
10　可燃性ガス及び酸素を用いて行う金属の溶接、溶断又は加熱の業務	一　ガス溶接作業主任者免許を受けた者 二　ガス溶接技能講習を修了した者 三　その他厚生労働大臣が定める者

11　最大荷重（フォークリフトの構造及び材料に応じて基準荷重中心に負荷させることができる最大の荷重をいう。）が1トン以上のフォークリフトの運転（道路上を走行させる運転を除く。）の業務	一　フォークリフト運転技能講習を修了した者 二　職業能力開発促進法第27条第1項の準則訓練である普通職業訓練のうち職業能力開発促進法施行規則別表第二の訓練科の欄に定める揚重運搬機械運転科港湾荷役科の訓練（通信の方法によつて行うものを除く。）を修了した者で、フォークリフトについての訓練を受けた者 三　その他厚生労働大臣が定める者
12　機体重量が3トン以上の安衛令別表第七第1号、第2号、第3号又は第6号に掲げる建設機械で、動力を用い、かつ、不特定の場所に自走することができるものの運転（道路上を走行させる運転を除く。）の業務	
第1号又は第2号に掲げる建設機械（整地・運搬・積込み用及び掘削用）の運転の業務	一　車両系建設機械（整地・運搬・積込み用及び掘削用）運転技能講習を修了した者 二　建設業法施行令（昭和31年政令第273号）第27条の3に規定する建設機械施工技術検定に合格した者（厚生労働大臣が定める者を除く。） 三　職業能力開発促進法第27条第1項の準則訓練である普通職業訓練のうち職業能力開発促進法施行規則別表第四の訓練科の欄に掲げる建設機械運転科の訓練（通信の方法によって行うものを除く。）を修了した者 四　その他厚生労働大臣が定める者
第3号に掲げる建設機械（基礎工事用機械）の運転の業務	一　車両系建設機械（基礎工事用）運転技能講習を修了した者 二　建設業法施行令第27条の3に規定する建設機械施工技術検定に合格した者（厚生労働大臣が定める者を除く。） 三　その他厚生労働大臣が定める者
第6号に掲げる建設機械（解体用機械）の運転の業務	一　車両系建設機械（解体用）運転技能講習を修了した者 二　建設業法施行令第27条の3に規定する建設機械施工技術検定に合格した者（厚生労働大臣が定める者を除く。） 三　その他厚生労働大臣が定める者
13　最大荷重（ショベルローダー又はフォークローダーの構造及び材料に応じて負荷させることができる最大の荷重をいう。）が1トン以上のショベルローダー又はフォークローダーの運転（道路上を走行させる運転を除く。）の業務	一　ショベルローダー等運転技能講習を修了した者 二　職業能力開発促進法第27条第1項の準則訓練である普通職業訓練のうち職業能力開発促進法施行規則別表第二の訓練科の欄に定める揚重運搬機械運転科港湾荷役科の訓練（通信の方法によって行うものを除く。）を修了した者で、ショベルローダー等についての訓練を受けたもの 三　その他厚生労働大臣が定める者

14	最大積載量が1トン以上の不整地運搬車の運転（道路上を走行させる運転を除く。）の業務	一　不整地運搬車運転技能講習を修了した者 二　建設業法施行令第27条の3に規定する建設機械施工技術検定に合格した者（厚生労働大臣が定める者を除く。） 三　その他厚生労働大臣が定める者
15	作業床の最高高さが10メートル以上の高所作業車の運転（道路上を走行させる運転を除く。）の業務	一　高所作業車運転技能講習を修了した者 二　その他厚生労働大臣が定める者
16	制限荷重が1トン以上の揚貨装置又はつり上げ荷重が1トン以上のクレーン、移動式クレーン若しくはデリックの玉掛けの業務	一　玉掛け技能講習を修了した者 二　職業能力開発促進法第27条第1項の準則訓練である普通職業訓練のうち職業能力開発促進法施行規則別表第四の訓練科の欄に掲げる玉掛け科の訓練（通信の方法によって行うものを除く。）を修了した者 三　その他厚生労働大臣が定める者

　この表の右欄において、「その他厚生労働大臣が定める者」とあるのは、昭和47年労働省告示第113号「労働安全衛生規則別表第三下欄の規定に基づき厚生労働大臣が定める者を定める告示」（最終改正平成20年）に列挙されています。

Q89 免許や技能講習の資格は、どのようにしてとればよいのでしょうか？

ANSWER　免許は、国家試験に合格しなければなりません。技能講習は、都道府県労働局長に登録した講習機関で受講します。

　免許は、かつては国が実施していましたが、受験機会の拡大と民間委託の関係で、現在では公益財団法人安全衛生技術試験協会が全国7箇所の試験センターで実施しています。

　　1　北海道安全衛生技術センター（北海道恵庭市）
　　2　東北安全衛生技術センター（宮城県岩沼市）
　　3　関東安全衛生技術センター（千葉県市原市）
　　4　中部安全衛生技術センター（愛知県東海市）
　　5　近畿安全衛生技術センター（兵庫県加古川市）
　　6　中国四国安全衛生技術センター（広島県福山市）
　　7　九州安全衛生技術センター（福岡県久留米市）

技能講習は、全国の都道府県労働局長に登録した登録講習機関が実施してい

ますので、そこで受講することになります。例えば、建設業労働災害防止協会の都道府県支部、分会や各地の労働基準協会（神奈川県のみ神奈川労務安全衛生協会）等です。

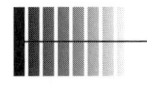

第10節　作業環境測定

Q90 作業環境測定とは、どのようなものでしょうか？

ANSWER　工事現場において作業に従事している場所の温度、湿度、騒音、照度（明るさ）、空気中の有害物質の濃度等を測定することをいいます。

　ずい道工事や石綿除去工事、酸素欠乏危険作業等、作業環境測定を実施すべき場合は少なくありません。詳細は、**第1章第12節**を参照してください。

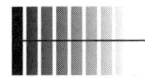

第11節　健康診断

Q91 健康診断は、どのような労働者に実施しなければならないのでしょうか？

ANSWER　常時使用する労働者を雇い入れた場合、雇入れの際、その後1年又は6か月ごとに実施しなければなりません。

　健康診断には、一般健康診断と特殊健康診断があります。一般健康診断とは、普通の健康診断です。通常は年1回実施するのですが、次のいずれかの業務に従事する労働者に対しては、6か月ごとに実施しなければなりません（安衛法第66条、安衛則第45条）。

　イ　多量の高熱物体を取り扱う業務及び著しく暑熱な場所における業務
　ロ　多量の低温物体を取り扱う業務及び著しく寒冷な場所における業務
　ハ　ラジウム放射線、エックス線その他の有害放射線にさらされる業務
　ニ　土石、獣毛等のじんあい又は粉末を著しく飛散する場所における業務
　ホ　異常気圧下における業務
　ヘ　さく岩機、鋲（びょう）打機等の使用によって、身体に著しい振動を与える業務
　ト　重量物の取扱い等重激な業務

- チ　ボイラー製造等強烈な騒音を発する場所における業務
- リ　坑内における業務
- ヌ　深夜業を含む業務
- ル　水銀、砒（ひ）素、黄りん、弗（ふっ）化水素酸、塩酸、硝酸、硫酸、青酸、か性アルカリ、石炭酸その他これらに準ずる有害物を取り扱う業務
- ヲ　鉛、水銀、クロム、砒素、黄りん、弗化水素、塩素、塩酸、硝酸、亜硫酸、硫酸、一酸化炭素、二硫化炭素、青酸、ベンゼン、アニリンその他これらに準ずる有害物のガス、蒸気又は粉じんを発散する場所における業務
- ワ　病原体によって汚染のおそれが著しい業務
- カ　その他厚生労働大臣が定める業務（現在のところ定められていない。）

Q92 健康診断は、どのような項目について実施しなければならないのですか？

ANSWER　安衛法第66条第1項、安衛則第43条（雇入れ時の健康診断）と第44条（定期健康診断）において次のように定められています。

① 既往歴及び業務歴の調査
② 自覚症状及び他覚症状の有無の検査
③ 身長、体重、腹囲、視力及び聴力（1,000ヘルツ及び4,000ヘルツの音に係る聴力をいう。）の検査
④ 胸部エックス線検査
⑤ 血圧の測定
⑥ 血色素量及び赤血球数の検査（貧血検査）
⑦ 血清グルタミックオキサロアセチックトランスアミナーゼ（GOT）、血清グルタミックピルビックトランスアミナーゼ（GPT）及びガンマ-グルタミルトランスペプチダーゼ（γ-GTP）の検査（肝機能検査）
⑧ 低比重リポ蛋（たん）白コレステロール（LDLコレステロール）、高比重リポ蛋白コレステロール（HDLコレステロール）及び血清トリグリセライドの量の検査（血中脂質検査）
⑨ 血糖検査
⑩ 尿中の糖及び蛋白の有無の検査（尿検査）
⑪ 心電図検査

Q93 健康診断項目を省略することはできないのですか？

ANSWER 一定の場合には、項目の省略が認められています。省略できる項目とその要件は、次の表の左欄に掲げる健康診断の項目については、それぞれ同表の右欄に掲げる者について医師が必要でないと認めるときは、省略することができます（安衛則第45条第3項、労働安全衛生規則第44条第2項の規定に基づき厚生労働大臣が定める基準（平10労働省告示第88号、最終改正平22）。

項　目	省略することのできる者
身長の検査	20歳以上の者
腹囲の検査	一　40歳未満の者（35歳の者を除く。） 二　妊娠中の女性その他の者であって、その腹囲が内臓脂肪の蓄積を反映していないと診断されたもの 三　BMI（次の算式により算出した値をいう。以下同じ。）が20である者 $$BMI = \frac{体重（kg）}{身長（m）^2}$$ 四　自ら腹囲を測定し、その値を申告した者（BMIが22未満である者に限る。）
胸部エックス線検査	40歳未満の者（20歳、25歳、30歳及び35歳の者を除く。）で、次のいずれにも該当しないもの 一　感染症の予防及び感染症の患者に対する医療に関する法律施行令第12条第1項第1号に掲げる者 二　じん肺法第8条第1項第1号又は第3号に掲げる者
喀痰（かくたん）検査	一　胸部エックス線検査によって病変の発見されない者 二　胸部エックス線検査によって結核発病のおそれがないと診断された者 三　胸部エックス線検査の項の右欄に掲げる者
貧血検査、肝機能検査、血中脂質検査、血糖検査及び心電図検査	40歳未満の者（35歳の者を除く。）

Q94 健康診断を受けたくないという労働者には、どのようにすべきでしょうか？

ANSWER 安衛法上、労働者は受診義務がありますので、その旨説得してください。

安衛法第66条第5項では、「労働者は、前各項の規定により事業者が行なう健康診断を受けなければならない。ただし、事業者の指定した医師又は歯科医師が行なう健康診断を受けることを希望しない場合において、他の医師又は歯科医師の行なうこれらの規定による健康診断に相当する健康診断を受け、その

結果を証明する書面を事業者に提出したときは、この限りでない。」と定めています。

この条文には罰則はありません。しかし、脳・心臓疾患や熱中症等をはじめ、ひとたび何か重大な症状が発現した場合、健康診断を受診していないと、労働者側の落ち度と判定されることが少なくありません。

Q95 健康診断の費用は、会社が負担すべきものでしょうか？

ANSWER そのとおりです。

安衛法第66条第2項から第4項までの規定により実施される健康診断の費用については、法で事業者に健康診断の実施の義務を課している以上、当然、事業者が負担すべきものである（昭47.9.18基発第602号）とされています。

また、健康診断の受診に要した時間についての賃金の支払については、労働者一般に対して行われるいわゆる一般健康診断は、一般的な健康の確保を図ることを目的として事業者にその実施義務を課したものであり、業務遂行との関連において行われるものではないので、その受診のために要した時間については、当然には事業者の負担すべきものではなく、労使協議して定めるべきものですが、労働者の健康の確保は、事業の円滑な運営の不可欠な条件であることを考えると、その受診に要した時間の賃金を事業主が支払うことが望ましい（同通達）とされています。

特定の有害な業務に従事する労働者について行われる健康診断、いわゆる特殊健康診断は、事業の遂行に絡んで当然実施されなければならない性格のものであり、それは所定労働時間内に行われるのを原則とします。また、特殊健康診断の実施に要する時間は労働時間とみなされるので当該健康診断が時間外に行われた場合には、当然割増賃金を支払わなければならない（同通達）とされています。

Q96 健康診断の結果と業務とで、どのようなことに注意が必要でしょうか？

ANSWER 一般健康診断の結果により、過労死等と熱中症に注意が必要です。

過重労働による健康障害、すなわち過労死等は、次の疾病等をいいます。

1　脳血管疾患
　　ア　脳内出血（脳出血）
　　イ　くも膜下出血
　　ウ　脳梗塞
　　エ　高血圧性脳症
2　虚血性心疾患
　　ア　心筋梗塞
　　イ　狭心症
　　ウ　心停止（心臓性突然死を含む。）
　　エ　解離性大動脈瘤

　これらの疾病が発症した場合、その直近1か月間に週40時間労働を基準として100時間を超える時間外労働等があるか、あるいは2か月ないし6か月間を平均して月80時間を超える時間外労働等があれば、業務が原因と認定されます。

　そのリスクファクター（発症要因）として、高血圧、高血糖値、高コレステロール値（悪玉コレステロール）及び肥満があります。

　したがって、定期健康診断において、これら4項目のいずれかに異常の数値が認められる労働者には、時間外労働等を制限する必要があります。

　なお、これらの所見を有する労働者は、動脈硬化により熱中症を発症しやすいということが確認されています。喫煙者はさらに高い数値を示しています。

Q97　健康診断を実施した後、どのようなことをすべきでしょうか？

ANSWER　次の事項を実施しなければなりません。

1　健康診断の結果の記録（安衛法第66条の3）
　　これには、自発的健康診断の結果の記録や、後述する保健指導等や面接指導等の結果の記録を含みます。
2　健康診断の結果についての医師等からの意見聴取（安衛法第66条の4）
3　健康診断実施後の措置（安衛法第66条の5）
4　健康診断の結果の通知（安衛法第66条の6）
5　保健指導等（安衛法第66条の7）

6　面接指導等（安衛法第66条の8）

これらの結果、当該業務がその労働者の健康の保持上問題がある場合には、作業の転換や労働時間の短縮等の措置が必要となります。

例えば、難聴が認められた場合、騒音職場で就労させることは問題があります。また、じん肺の所見がある労働者を粉じん作業に従事させることは問題があります。

このような観点から、当該労働者の健康診断結果と、その業務の状況を勘案して対応する必要があります。

Q.98 面接指導等とは、どのようなものですか？

ANSWER　月100時間を超える時間外労働等を行った労働者の申出により実施しなければならない労働者の健康管理のためのものです。

安衛法第66条の8第1項では、「事業者は、その労働時間の状況その他の事項が労働者の健康の保持を考慮して厚生労働省令で定める要件に該当する労働者に対し、厚生労働省令で定めるところにより、医師による面接指導（問診その他の方法により心身の状況を把握し、これに応じて面接により必要な指導を行うことをいう。以下同じ。）を行わなければならない。」と規定しています。

具体的には、「休憩時間を除き1週間当たり40時間を超えて労働させた場合におけるその超えた時間が1月当たり100時間を超え、かつ、疲労の蓄積が認められる者であること」（安衛則第52条の2第1項）が要件です。

「疲労の蓄積が認められる」とは、労働者がその旨申し出ること（安衛則第52条の3第1項）とされていますが、申出を待つのではなく、申出を促すことも必要です。

なお、面接指導は、医師により次に掲げる事項について確認を行うことにより実施します（安衛則第52条の4）。

1　当該労働者の勤務の状況
2　当該労働者の疲労の蓄積の状況
3　前号に掲げるもののほか、当該労働者の心身の状況

第12節　事業附属寄宿舎

Q99 事業附属寄宿舎とは、どのようなものでしょうか？

ANSWER　いわゆる飯場のことですが、アパートや旅館を借り上げたものでも該当することがあります。

　事業附属寄宿舎に該当するかどうかは、次の基準で判断します（昭23.3.30基発第508号）。

1　寄宿舎とは常態として相当人数の労働者が宿泊し、共同生活の実態を備えるものをいい、事業に附属するとは事業経営の必要上その一部として設けられているような事業との関連をもつことをいいます。したがって、この２つの条件を充たすものが事業附属寄宿舎として労基法第10章の適用を受けるものです。
2　寄宿舎であるか否かについては、概ね次の基準によって総合的に判断することになります。
   (1) 相当人数の労働者が宿泊しているか否か。
   (2) その場所が独立又は区画された施設であるか否か。
   (3) 共同生活の実態を備えているか否か、すなわち単に便所、炊事場、浴室等が共同となっているだけでなく、一定の規律、制限により労働者が通常、起居寝食等の生活態様を共にしているか否か、したがって、社宅のように労働者がそれぞれ独立の生活を営むもの、少人数の労働者が事業主の家族と生活を共にするいわゆる住込のようなものは含まれない。
3　事業に附属するか否かについては、概ね次の基準によって総合的に判断します。
   (1) 宿泊している労働者について、労務管理上共同生活が要請されているか否か。
   (2) 事業場内又はその付近にあるか否か。
   　したがって、福利厚生施設として設置されるいわゆるアパート式寄宿舎は、これに含まれないこと。

Q100 事業附属寄宿舎は、どのようなことをしなければならないのでしょうか？

ANSWER 寄宿舎設置届と寄宿舎規則を労働基準監督署に届け出なければなりません。

労基法第95条では、次のように定めています。

　事業の附属寄宿舎に労働者を寄宿させる使用者は、次の事項について寄宿舎規則を作成し、行政官庁に届け出なければならない。これを変更した場合においても同様である。

一　起床、就寝、外出及び外泊に関する事項
二　行事に関する事項
三　食事に関する事項
四　安全及び衛生に関する事項
五　建設物及び設備の管理に関する事項

この寄宿舎規則の届出にあたっては、寄宿労働者の過半数を代表する者の同意書を添付する必要があります。

また、建設業附属寄宿舎規程において、寄宿舎の構造等についての要件を定めていますので、それをクリアする必要があります。

Q101 建設業附属寄宿舎の構造等の基準はどのようになっているのでしょうか？

ANSWER 次の表のようになっています。

建設業附属寄宿舎規則一覧表

規則事項	内	容	条　項
寝室	天井の高さ	2.10m以上	16条 5号
	照　明　等	床面積10㎡につき 　　白熱電灯　60W以上 　　蛍光ランプ　20W以上	16条10号
	暗幕等の遮光設備	昼間睡眠を必要とする労働者に必要	16条 2項
	1人当たりの床面積	3.2m²以上（押入等の面積を除く。）	16条 2号
	2段ベッドの場合の高さ	85cm以上	16条 6号
		①木造は45cm以上の高さ（防湿	16条 3号

		床	措置を講じた場合を除く。） ②畳敷き（寝台を設けた場合を除く。）	16条 4号
		1室当たりの居住人員	6人以下	16条 1号
		押　　入　　等	①寝具の収納設備（押入等） ②身回品を収納する各人別の施錠可能な設備	16条7号、8号
		採　暖・防　暑	ストーブ、扇風機等	16条15号、16号
		窓	①各室に床面積の7分の1以上の面積の窓 ②外窓には雨戸又はガラス戸等 ③窓掛け	16条9号、12号
衛生	食　　　　堂		①床板張等　②食卓・椅子　③採暖・防暑設備　④昆虫、鼠等の防止　⑤照明・換気	17条1号～6号
	炊　事　場		①床板張等　②昆虫、鼠等の防止　③食器、炊事用器具の保管設備　④廃物及び汚水処理設備　⑤炊事専用の作業衣　⑥換気	17条1号、6号～9号
	浴　　　　室		①他に利用するものがない場合に設置　②10人以内ごとに1人以上が同時に入浴できる規模の浴室　③浄水又は上がり湯　④脱衣場と浴室は男女別とする（人数が著しく違う場合を除く。）	19条
	便　　　　所		①位置…寝室、食堂、炊事場から適当な距離　②個数…15人以内ごとに1個以上　③照明、換気が十分であること ④構造…イ　便池は汚物が土中に浸透しない構造 　　　　　ロ　流出水によって手を洗う設備	20条
	雨具等収納設備		寄宿する者の数に応じ屋内に靴、雨具等の収納設備	21条
	洗　面　所　等		寄宿する者の数に応じ洗面所、洗たく場、物干し場	22条
	掃　除　用　具		必要な掃除用具の備付け	12条の3
火災等の避難	出　　入　　口		直接戸外に接する外開戸又は引戸で2箇所以上	10条
	階　段　の　数		①常時15人未満の労働者が2階以上の寝室に居住する場合各階に1箇所以上。ただし、避難器具等を設けた場合はこの限りでない ②常時15人以上の場合には①の階段を2個以上	8条1項、2項
	階　段　の　構　造		常時使用する階段について ①踏面21cm以上、けあげ22cm以下 ②手すり：両側に高さ75cm以上85cm以下。ただし側壁又はこれに代わるものがあればこの限りでない。 ③幅：75cm以上。ただし屋外階段については60cm以上 ④各段から高さ1.8m以内に障害物がないこと ⑤屋内の階段については、蹴込板又は裏板を付けること	13条
	警報設備の設置		要	11条
	消　火　設　備		要	12条

	避難、消火訓練	①警報設備、消火設備の設置場所と使用方法の周知 ②使用開始後及び6箇月に1回避難及び消火訓練の実施	11条2項 12条の2
廊 下		①両側に寝室がある場合（中廊下）1.6m以上 ②その他の場合（片廊下）1.2m以上	14条
そ の 他	休 養 室	常時50人以上が寄宿する場合に設置	23条
	掲 示	①寝室の入口に居住者の氏名及び定員 ②寄宿舎の出入口等見やすい箇所に事業主及び寄宿舎管理者の氏名又は名称 ③避難用階段、避難器具である旨　④避難階段等の方向	16条3項 3条 9条
	常 夜 灯	階段及び廊下に設ける	15条
	汚水等の処理	①雨水、汚水処理用の下水管等　②汚物を露出させない設備	7条、7条の2
	寄 宿 舎 規 則	①所轄労働基準監督署長への届出　②寄宿労働者への周知	2条、2条の2
	寄宿舎管理者	①毎月1回巡視　②修繕等の連絡	3条の2
	設 置 届	工事着手の14日前までに所轄労働基準監督署長への届出	労基則50の2

Q102 寄宿舎における災害等で、報告が必要なものにどのようなものがありますか？

ANSWER 次のものがあります。

1　労働者死傷病報告

　労働者が事業の附属寄宿舎内で負傷し、窒息し、又は急性中毒にかかり、死亡又は休業した場合には、安衛則様式第23号により所轄労働基準監督署長に報告しなければなりません（労基法第104条の2第1項、労働基準法施行規則（以下「労基則」）第57条第1項第3号）。

　これは、休業の日数が4日に満たないときは、使用者は、同項の規定にかかわらず、安衛則様式第24号により、1月から3月まで、4月から6月まで、7月から9月まで及び10月から12月までの期間における当該事実を毎年おのおのの期間における最後の月の翌月末日までに、所轄労働基準監督署長に報告しなければなりません。

2　事故報告書

　事業の附属寄宿舎において火災若しくは爆発又は倒壊の事故が発生した場合には、安衛則様式第22号により、遅滞なく、所轄労働基準監督署長に報告しなければなりません（労基法第104条の2第1項、労基則第57条第1項第2号）。人災の有無を問いません。

第13節　報告

Q103 労働者死傷病報告は、どのような場合に提出するのでしょうか？

ANSWER　次のいずれかの場合に所轄労働基準監督署長に遅滞なく提出しなければなりません。

| 労働者が | 労働災害
その他 | 就業中
又は
事業場内
若しくは
その附属
建設物内 | における | 負　　傷
窒　　息
急性中毒 | により | 死亡
又は
休業 | したとき。 |

　労災事故の場合は当然その対象ですが、労災になるかどうかがわからないものであってこの報告の対象となるものの例としては、次のような場合があげられます。
　イ　勤務終了後、職場内で死亡していたところを発見された。
　ロ　外勤中に脳・心臓疾患や熱中症で倒れて入院した。
　ハ　会議中に脳・心臓疾患を発症して入院した。
　ニ　外勤中に鉄道自殺した。
「遅滞なく」とはいつまでかについて、法令に規定がなく通達も出ていませんが、行政法学上、「遅れることについて正当な理由がある場合を除き直ちに」の意味とされています。
　なお、事業附属寄宿舎における災害の場合については、**前節**を参照してください。

Q104 事故報告書は、どのような場合に提出するのでしょうか？

ANSWER　下記のいずれかの事故が発生した場合には、人災の有無にかかわらず、遅滞なく、「事故報告書」（様式第22号）を所轄労働基準監督署長に提出しなければなりません（安衛法第100条、安衛則第96条）。
　1　事業場又はその附属建設物内で、次の事故が発生したとき
　　イ　火災又は爆発の事故（次号の事故を除く。）

101

ロ　遠心機械、研削といしその他高速回転体の破裂の事故
　　ハ　機械集材装置、巻上げ機又は索道の鎖又は索の切断の事故
　　ニ　建設物、附属建設物又は機械集材装置、煙突、高架そう等の倒壊の事故
 2　ボイラー（小型ボイラーを除く。）の破裂、煙道ガスの爆発又はこれらに準ずる事故が発生したとき
 3　小型ボイラー、第一種圧力容器及び第二種圧力容器の破裂の事故が発生したとき
 4　クレーンの次の事故が発生したとき
　　イ　逸走、倒壊、落下又はジブの折損
　　ロ　ワイヤロープ又はつりチェーンの切断
 5　移動式クレーンの次の事故が発生したとき
　　イ　転倒、倒壊又はジブの折損
　　ロ　ワイヤロープ又はつりチェーンの切断
 6　デリックの次の事故が発生したとき
　　イ　倒壊又はブームの折損
　　ロ　ワイヤロープの切断
 7　エレベーターの次の事故が発生したとき
　　イ　昇降路等の倒壊又は搬器の墜落
　　ロ　ワイヤロープの切断
 8　建設用リフトの次の事故が発生したとき
　　イ　昇降路等の倒壊又は搬器の墜落
　　ロ　ワイヤロープの切断
 9　簡易リフトの次の事故が発生したとき
　　イ　搬器の墜落
　　ロ　ワイヤロープ又はつりチェーンの切断
 10　ゴンドラの次の事故が発生したとき
　　イ　逸走、転倒、落下又はアームの折損
　　ロ　ワイヤロープの切断

前問の労働者死傷病報告も提出する場合には、重複する部分の記載は要しません（安衛則第96条第2項）。

なお、事業附属寄宿舎における災害の場合については、**前節**を参照してください。

Q105 健康診断を実施した場合に、労働基準監督署への報告が必要ですか？

ANSWER　必要なものがあります。

1　一般健康診断

一般健康診断の定期健康診断については、常時使用する労働者数が50人以上の事業場（店社）では、「定期健康診断結果報告書」（様式第6号）を、遅滞なく、所轄労働基準監督署長に提出しなければなりません（安衛法第100条、安衛則第52条）。

対象となるのは、次の健康診断です。

　　イ　定期健康診断（安衛則第44条）
　　ロ　特定業務従事者の健康診断（安衛則第45条）
　　ハ　歯科医師による健康診断（安衛則第48条）

2　特殊健康診断

特殊健康診断は、使用する労働者数に関係なく、実施後遅滞なく、所轄労働基準監督署長に提出しなければなりません。

対象となるのは、次の健康診断で、いずれも定期に実施したものに限られます。

健康診断の種類	様　式	条　文
有機溶剤健康診断	有機溶剤等健康診断結果報告書（様式第3号の2）	有機則第30条の3
特定化学物質健康診断	特定化学物質健康診断結果報告書（様式第3号）	特化則第41条
石綿健康診断	石綿健康診断結果報告書（様式第3号）	石綿則第43条
高気圧業務健康診断	高気圧業務健康診断結果報告書（様式第2号）	高圧則第40条
電離放射線健康診断	電離放射線健康診断結果報告書（様式第2号）	電離則第58条
除染等電離放射線健康診断	除染等電離放射線健康診断結果報告書（様式第3号）	除染電離則第24条
じん肺健康診断	じん肺健康管理実施状況報告（様式第8号）	じん肺法第44条、じん肺則第37条
VDT作業健康診断	指導勧奨による特殊健康診断結果報告書	通達による
振動業務健康診断	指導勧奨による特殊健康診断結果報告書	通達による

なお、これらのうちじん肺健康診断は、対象労働者のじん肺管理区分により

3年ごと又は1年ごとに実施しますが、じん肺管理状況報告は、じん肺健康診断の実施の有無にかかわらず、毎年、12月31日現在におけるじん肺に関する健康管理の実施状況を、翌年2月末日までに、提出することとされています。

第4章 事項別の災害防止措置

概　説

　建設工事と一言でいっても実に様々です。土木工事、建築工事、設備工事のなかにも様々なものがありますし、それら以外の工事もあります。
　本章では、機械等についての一般的な安全衛生基準からはじまり、個別の工事について、法令、通達、ガイドラインや指針等を解説します。
　なお、これらはいずれも公開されていますので、詳細はWEB等でご確認ください。

第1節　機械等の一般的規制

　安衛法では、機械、器具、その他の設備を「機械等」と呼んでいます（第20条）。
　機械等は、大別すると次の3種に分かれます。
1　あらかじめ、都道府県労働局長の製造許可が必要なもの（特定機械等）
2　厚生労働大臣が定める規格又は安全装置を具備しなければ、譲渡し、貸与し、又は設置してはならないもの（構造規格を具備すべき機械等）
3　1と2の規制はないが、一定の防護が必要なもの
　これらのうち、2については、**第3章（P71）** を参照してください。

Q106　特定機械等とは、どのようなものですか？

ANSWER　特に危険な作業を必要とする機械等として次の表に掲げるもので、政令で定めるものをいいます（安衛法第37条第1項、同法別表第一、安衛令第1条、第12条）。

機械等	政令で定めるもの
一　ボイラー	蒸気ボイラー及び温水ボイラーのうち、次に掲げるボイラー以外のものをいう。 イ　ゲージ圧力0.1メガパスカル以下で使用する蒸気ボイラーで、厚生労働省令で定めるところにより算定した伝熱面積（以下「伝熱面積」という。）が0.5平方メートル以下のもの又は胴の内径が200ミリメートル以下で、かつ、その長さが400ミリメートル以下のもの

		ロ　ゲージ圧力0.3メガパスカル以下で使用する蒸気ボイラーで、内容積が0.0003立方メートル以下のもの
		ハ　伝熱面積が2平方メートル以下の蒸気ボイラーで、大気に開放した内径が25ミリメートル以上の蒸気管を取り付けたもの又はゲージ圧力0.05メガパスカル以下で、かつ、内径が25ミリメートル以上のU形立管を蒸気部に取り付けたもの
		ニ　ゲージ圧力0.1メガパスカル以下の温水ボイラーで、伝熱面積が4平方メートル以下のもの
		ホ　ゲージ圧力1メガパスカル以下で使用する貫流ボイラー（管寄せの内径が150ミリメートルを超える多管式のものを除く。）で、伝熱面積が5平方メートル以下のもの（気水分離器を有するものにあつては、当該気水分離器の内径が200ミリメートル以下で、かつ、その内容積が0.02立方メートル以下のものに限る。）
		ヘ　内容積が0.004四立方メートル以下の貫流ボイラー（管寄せ及び気水分離器のいずれをも有しないものに限る。）で、その使用する最高のゲージ圧力をメガパスカルで表した数値と内容積を立方メートルで表した数値との積が0.02以下のもの
		（小型ボイラー並びに船舶安全法の適用を受ける船舶に用いられるもの及び電気事業法の適用を受けるものを除く。）
二	第一種圧力容器（圧力容器であつて政令で定めるものをいう。以下同じ。）	次に掲げる容器（ゲージ圧力0.1メガパスカル以下で使用する容器で、内容積が0.04立方メートル以下のもの又は胴の内径が200ミリメートル以下で、かつ、その長さが1000ミリメートル以下のもの及びその使用する最高のゲージ圧力をメガパスカルで表した数値と内容積を立方メートルで表した数値との積が0.004以下の容器を除く。）をいう。
		イ　蒸気その他の熱媒を受け入れ、又は蒸気を発生させて固体又は液体を加熱する容器で、容器内の圧力が大気圧を超えるもの（ロ又はハに掲げる容器を除く。）
		ロ　容器内における化学反応、原子核反応その他の反応によつて蒸気が発生する容器で、容器内の圧力が大気圧をこえるもの
		ハ　容器内の液体の成分を分離するため、当該液体を加熱し、その蒸気を発生させる容器で、容器内の圧力が大気圧をこえるもの
		ニ　イからハまでに掲げる容器のほか、大気圧における沸点をこえる温度の液体をその内部に保有する容器
		（小型圧力容器並びに船舶安全法の適用を受ける船舶に用いられるもの及び電気事業法、高圧ガス保安法、ガス事業法又は液化石油ガスの保安の確保及び取引の適正化に関する法律の適用を受けるものを除く。）
三	クレーン	つり上げ荷重が3トン以上（スタッカー式クレーンにあつては、1トン以上）のもの
四	移動式クレーン	原動機を内蔵し、かつ、不特定の場所に移動させることができるクレーンをいう。つり上げ荷重が3トン以上のもの
五	デリック	つり上げ荷重が2トン以上のデリック
六	エレベーター	積載荷重が1トン以上のエレベーター。労働基準法（昭和22年法律第49号）別表第一第1号から第5号までに掲げる事業の事業場に設置されるものに限るものとし、せり上げ装置、船舶安全法（昭和8年法律第11号）の適用を受ける船舶に用いられるもの及び主として一般公衆の用に供されるものを除く。

七　建設用リフト	荷のみを運搬することを目的とするエレベーターで、土木、建築等の工事の作業に使用されるもの（ガイドレールと水平面との角度が80度未満のスキップホイストを除く。）をいう。ガイドレールの高さが18メートル以上の建設用リフト（積載荷重が0.25トン未満のものを除く。）
八　ゴンドラ	つり足場及び昇降装置その他の装置並びにこれらに附属する物により構成され、当該つり足場の作業床が専用の昇降装置により上昇し、又は下降する設備をいう。

Q107 特定機械等には、どのような規制がありますか？

ANSWER　都道府県労働局長の製造許可を受けた者以外の者の製造が禁止されており（安衛法第37条）、設置にあたり検査があります（安衛法第38条）。そして、合格したものに対し所轄労働基準監督署長又は都道府県労働局長が検査証を交付します（安衛法第39条）。

この検査証を受けていない特定機械等は、使用してはなりません（安衛法第40条第1項）。

また、検査証を受けた特定機械等は、検査証とともにするのでなければ、譲渡し、又は貸与してはなりません（同条第2項）。

また、設置にあたり、あらかじめ設置届を所轄労働基準監督署長に提出しなければなりません。ただし、移動式クレーンとゴンドラについては、設置報告書を提出すればよいものです。

これらの規制は、輸入するものについても同様です。

Q108 機械等の一般的な規制とは、どのようなことがあるのでしょうか？

ANSWER　一定の防護措置です。

安衛法第43条では、「動力により駆動される機械等で、作動部分上の突起物又は動力伝導部分若しくは調速部分に厚生労働省令で定める防護のための措置が施されていないものは、譲渡し、貸与し、又は譲渡若しくは貸与の目的で展示してはならない。」と規定しています。

「作動部分上の突起物」とは、歯車やプーリーを回転軸（シャフト）に固定しているセットスクリュー、ボルト、キー等の止め具が飛び出しているものをいいます（昭47.9.18基発第602号）。これがあると、回転中に労働者の衣服が

巻き付いたり、身体に接触して負傷したりして危険なので、埋頭式のものや、覆いを設けていなければならないものです。

「動力伝導部分」とは、歯車、ベルト、シャフト等をいいます。

「調速部分」とは、歯車や段車等、電動機（モーター）等からの回転スピードを変える部分（装置）をいいます。

いずれも、電動機や原動機（エンジン）の動力がかかっている部分なので、身体の一部や衣服等が接触することがないようにする必要があるものです。また、歯車の破損やベルトの切断等が生じた場合に、労働者に危害が及ばないよう、覆いを設ける必要があるものです。

なお、「譲渡し、貸与し」とは、有償であるか無償であるかを問いません。

「展示」とは、店頭における陳列のほか、機械展における展示等も含まれます（同通達）。

Q109 機械等のメーカーに対する規制はあるのでしょうか？

ANSWER 前問の場合は、基本的にメーカーに対するものですが、流通業者や輸入者に対する規制でもあります。

また、厚生労働省では、メーカー等に対し、次の指針等により設計・製造段階での安全化を求めています。

1 「機械の包括的な安全基準に関する指針」の改正について（平19.7.31基発第0731001号）
2 「機械の包括的な安全基準に関する指針」の解説等について（平19.7.31基発第0731004号）
3 機械の包括的な安全基準に関する指針に基づく機械製造者への指導の実施について（平22.4.22基安安発0422第1号）

Q110 残留リスクとは、どのようなことでしょうか？

ANSWER 一定のリスクアセスメントを実施し、これに対する措置を施しても、なお残っている危険又は有害性をいいます。

安衛法第28条の2において、「事業者は、厚生労働省令で定めるところによ

り、建設物、設備、原材料、ガス、蒸気、粉じん等による、又は作業行動その他業務に起因する危険性又は有害性等を調査し、その結果に基づいて、この法律又はこれに基づく命令の規定による措置を講ずるほか、労働者の危険又は健康障害を防止するため必要な措置を講ずるように努めなければならない。ただし、当該調査のうち、化学物質、化学物質を含有する製剤その他の物で労働者の危険又は健康障害を生ずるおそれのあるものに係るもの以外のものについては、製造業その他厚生労働省令で定める業種に属する事業者に限る。」としてリスクアセスメントの実施について規定しています。事業者の行うリスクアセスメントについては、**第3章（P67）**を参照してください。

メーカーでも、同様のリスクアセスメントを実施し、製造段階での安全化を図ることになっていますが、対策を講じた後、なお一定の危険・有害性が残っている場合があります。これを「残留リスク」といいます。

そこで、安衛則第24条の13第1項では、この残留リスクをユーザー側に通知すべき努力義務を、その譲渡し、又は貸与する者に課しています。

　労働者に危険を及ぼし、又は労働者の健康障害をその使用により生ずるおそれのある機械（以下単に「機械」という。）を譲渡し、又は貸与する者（次項において「機械譲渡者等」という。）は、文書の交付等により当該機械に関する次に掲げる事項を、当該機械の譲渡又は貸与を受ける相手方の事業者（次項において「相手方事業者」という。）に通知するよう努めなければならない。
一　型式、製造番号その他の機械を特定するために必要な事項
二　機械のうち、労働者に危険を及ぼし、又は労働者の健康障害をその使用により生ずるおそれのある箇所に関する事項
三　機械に係る作業のうち、前号の箇所に起因する危険又は健康障害を生ずるおそれのある作業に関する事項
四　前号の作業ごとに生ずるおそれのある危険又は健康障害のうち最も重大なものに関する事項
五　前各号に掲げるもののほか、その他参考となる事項

そして、「機械譲渡者等が行う機械に関する危険性等の通知の促進に関する指針を定める件」（平24厚生労働省告示第132号）を定め、「労働安全衛生規則の一部を改正する省令の施行及び関係告示の適用等について」（平24.3.29基発

0329第7号）を出しています。

　なお、化学物質については、この通達と「労働安全衛生規則第24条の14第1項の規定に基づき厚生労働大臣が定める危険有害化学物質等を定める件」（平24厚生労働省告示第150号）があります。

Q111 メーカー段階での問題がある機械等について、メーカーや輸入者には、行政機関からの法的な摘発や指導等があるのでしょうか？

ANSWER　あります。

　欠陥機械の通報制度といいますが、労働基準監督署が、災害調査や立入調査などなんらかの契機でそのような機械等を把握した場合には、当該メーカー又は輸入元の所在地を管轄する労働基準監督署に連絡（通報）をし、所轄労働基準監督署から当該メーカー又は輸入元の事業主に対して立入調査をします。

　そして、労働安全衛生法令上改善を必要とする場合には、都道府県労働局長が回収又は改善を図ること等についての指示をすることがあります（安衛法第43条の2）。

Q112 機械等のユーザー側で注意しなければならないのは、どのようなことでしょうか？

ANSWER　安衛則に基本的な事項が定められています。

　安衛則では、機械等の一般的な基準と、一定の機械等についての基準が定められています。

1　原動機、回転軸等による危険の防止（安衛則第101条）
　(1) 事業者は、機械の原動機、回転軸、歯車、プーリー、ベルト等の労働者に危険を及ぼすおそれのある部分には、覆（おお）い、囲い、スリーブ、踏切橋等を設けなければならない。
　(2) 事業者は、回転軸、歯車、プーリー、フライホイール等に附属する止め具については、埋頭型のものを使用し、又は覆（おお）いを設けなければならない。
　(3) 事業者は、ベルトの継目には、突出した止め具を使用してはならない。
　(4) 事業者は、第1項の踏切橋には、高さが90センチメートル以上の

　　　　手すりを設けなければならない。
　　(5) 労働者は、踏切橋の設備があるときは、踏切橋を使用しなければ
　　　　ならない。
2　ベルトの切断による危険の防止（安衛則第102条）
　　事業者は、通路又は作業箇所の上にあるベルトで、プーリー間の距離が３メートル以上、幅が15センチメートル以上及び速度が毎秒10メートル以上であるものには、その下方に囲いを設けなければならない。
3　動力しゃ断装置（安衛則第103条）
　　(1) 事業者は、機械ごとにスイッチ、クラッチ、ベルトシフター等の動力しゃ断装置を設けなければならない。ただし、連続した一団の機械で、共通の動力しゃ断装置を有し、かつ、工程の途中で人力による原材料の送給、取出し等の必要のないものは、この限りではない。
　　(2) 事業者は、前項の機械が切断、引抜き、圧縮、打抜き、曲げ又は絞りの加工をするものであるときは、同項の動力しゃ断装置を当該加工の作業に従事する者がその作業位置を離れることなく操作できる位置に設けなければならない。
　　(3) 事業者は、第１項の動力しゃ断装置については、容易に操作できるもので、かつ、接触、振動等のために不意に機械が起動するおそれのないものとしなければならない。
4　運転開始の合図（安衛則第104条）
　　(1) 事業者は、機械の運転を開始する場合において、労働者に危険を及ぼすおそれのあるときは、一定の合図を定め、合図をする者を指名して、関係労働者に対し合図を行なわせなければならない。
　　(2) 労働者は、前項の合図に従わなければならない。
5　加工物等の飛来による危険の防止（安衛則第105条）
　　(1) 事業者は、加工物等が切断し、又は欠損して飛来することにより労働者に危険を及ぼすおそれのあるときは、当該加工物等を飛散させる機械に覆（おお）い又は囲いを設けなければならない。ただし、覆（おお）い又は囲いを設けることが作業の性質上困難な

場合において、労働者に保護具を使用させたときは、この限りでない。

　(2) 労働者は、前項ただし書の場合において、保護具の使用を命じられたときは、これを使用しなければならない。

6　切削屑の飛来等による危険の防止（安衛則第106条）

　(1) 事業者は、切削屑が飛来すること等により労働者に危険を及ぼすおそれのあるときは、当該切削屑を生ずる機械に覆（おお）い又は囲いを設けなければならない。ただし、覆（おお）い又は囲いを設けることが作業の性質上困難な場合において、労働者に保護具を使用させたときは、この限りでない。

　(2) 労働者は、前項ただし書の場合において、保護具の使用を命じられたときは、これを使用しなければならない。

7　そうじ等の場合の運転停止等（安衛則第107条）

　(1) 事業者は、機械（刃部を除く。）のそうじ、給油、検査又は修理の作業を行なう場合において、労働者に危険を及ぼすおそれのあるときは、機械の運転を停止しなければならない。ただし、機械の運転中に作業を行なわなければならない場合において、危険な箇所に覆（おお）いを設ける等の措置を講じたときは、この限りでない。

　(2) 事業者は、前項の規定により機械の運転を停止したときは、当該機械の起動装置に錠をかけ、当該機械の起動装置に表示板を取り付ける等同項の作業に従事する労働者以外の者が当該機械を運転することを防止するための措置を講じなければならない。

8　刃部のそうじ等の場合の運転停止等（安衛則第108条）

　(1) 事業者は、機械の刃部のそうじ、検査、修理、取替え又は調整の作業を行なうときは、機械の運転を停止しなければならない。ただし、機械の構造上労働者に危険を及ぼすおそれのないときは、この限りでない。

　(2) 事業者は、前項の規定により機械の運転を停止したときは、当該機械の起動装置に錠をかけ、当該機械の起動装置に表示板を取り付ける等同項の作業に従事する労働者以外の者が当該機械を運転

することを防止するための措置を講じなければならない。

　(3) 事業者は、運転中の機械の刃部において切粉払いをし、又は切削剤を使用するときは、労働者にブラシその他の適当な用具を使用させなければならない。

　(4) 労働者は、前項の用具の使用を命じられたときは、これを使用しなければならない。

9　ストローク端の覆い等（安衛則第108条の２）

　事業者は、研削盤又はプレーナーのテーブル、シェーパーのラム等のストローク端が労働者に危険を及ぼすおそれのあるときは、覆（おお）い、囲い又は柵を設ける等当該危険を防止する措置を講じなければならない。

10　巻取りロール等の危険の防止（安衛則第109条）

　事業者は、紙、布、ワイヤロープ等の巻取りロール、コイル巻等で労働者に危険を及ぼすおそれのあるものには、覆（おお）い、囲い等を設けなければならない。

11　作業帽等の着用（安衛則第110条）

　(1) 事業者は、動力により駆動される機械に作業中の労働者の頭髪又は被服が巻き込まれるおそれのあるときは、当該労働者に適当な作業帽又は作業服を着用させなければならない。

　(2) 労働者は、前項の作業帽又は作業服の着用を命じられたときは、これらを着用しなければならない。

12　手袋の使用禁止（安衛則第111条）

　(1) 事業者は、ボール盤、面取り盤等の回転する刃物に作業中の労働者の手が巻き込まれるおそれのあるときは、当該労働者に手袋を使用させてはならない。

　(2) 労働者は、前項の場合において、手袋の使用を禁止されたときは、これを使用してはならない。

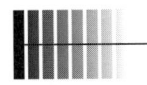

第2節　感電災害防止

Q113 感電災害防止対策としては、どのようなことをしなければならないのでしょうか？

ANSWER　まず、電気機械器具の充電部分（電気がきている部分）の絶縁カバーです。

1　電気機械器具の囲い等（安衛則第329条）

　　電熱器の部分、抵抗溶接機の電極の部分等電気機械器具の使用の目的により露出することがやむを得ない充電部分を除き、囲い又は絶縁覆いを設けなければならないこととしています。

2　手持型電燈等のガード（安衛則第330条）

　　次に、電球等の破損防止措置です。移動電線に接続する手持型の電灯、架設の配線又は移動電線に接続する架空つり下げ電灯等（スズラン灯や蛍光灯等）には、口金に接触することによる感電の危険及び電球の破損による危険防止のため、ガードを設けなければなりません。

3　溶接棒等のホルダー（安衛則第331条）

　　アーク溶接等（自動溶接を除く。）の作業に使用する溶接棒等のホルダーについては、感電の危険を防止するため必要な絶縁効力及び耐熱性を有するものでなければ、使用してはなりません。

4　交流アーク溶接機用自動電撃防止装置（安衛則第332条）

　　船舶の二重底若しくはピークタンクの内部、ボイラーの胴若しくはドームの内部等導電体に囲まれた場所で著しく狭あいなところ又は墜落により労働者に危険を及ぼすおそれのある高さが2メートル以上の場所で鉄骨等導電性の高い接地物に労働者が接触するおそれがあるところにおいて、交流アーク溶接等（自動溶接を除く。）の作業を行うときは、交流アーク溶接機用自動電撃防止装置を使用しなければなりません。

5　漏電による感電の防止（安衛則第333条）

　　電動機械器具が接続される電路に、当該電路の定格に適合し、感度が良好であり、かつ、確実に作動する感電防止用漏電しゃ断装置を接続しなければなりません。

Q114 感電防止用漏電しゃ断装置について、もう少し詳しく教えてください。

ANSWER 感電とは、電流が人体を通る（流れる）ことです。これを防ぐのが感電防止用漏電しゃ断装置です。

具体的には、JIS C 8370（配線しゃ断器）に定める構造のしゃ断器若しくはJIS C 8325（交流電磁開閉器）に定める構造の開閉器又はこれらとおおむね同等程度の性能を有するしゃ断装置を有するものであって、水又は粉じんの侵入により装置の機能に障害を生じない構造であり、かつ、漏電検出しゃ断動作の試験装置を有するものでなければなりません（昭44.2.5基発第59号）。

配電盤や分電盤において、電気の通り道に感電防止用漏電しゃ断装置を設けます。Q116の図を参照してください。ブレーカーの一種ですが、30mAという小さい電流の漏電（感電）を感知して電源を落とします。0.1秒で作動する高速型のものでなければなりません。

定格動作電流が30mAよりも大きいものは、漏電による火災防止のためのヒューズの代わりをするだけで、感電防止の役割は果たせません。

電流	人体の感じ方（100Vの場合）
1mA	ぴりっと感じる
5mA	相当な痛みを感じる
10mA	耐えられないほどビリビリする
20mA	筋肉の硬直が激しくなり、呼吸困難になる
50mA	短時間でも生命に関わるほど危険

なお、皮膚の状態により、感電時に流れる電流は変化します。

皮膚の状態	電流値
乾燥しているとき	約2mA
汗ばんでいるとき、手や素足の場合	約24mA
水または汗で濡れているとき	約50mA

夏場に感電災害が多いのは、このためです。

Q115 感電防止用漏電しゃ断装置を接続すれば、アース（接地）の接続は不要でしょうか？

ANSWER 両方必要です。

116

感電防止用漏電しゃ断装置を接続した電動機械器具の接地については、条文上特に規定はしていませんが、電気の設備の技術基準（旧電気工作物規程）に定めるところにより、安衛則第333条第2項第1号に定める方法又は電動機械器具の使用場所において接地極に接続する方法により接地することは当然です（昭44.2.5基発第59号）。

　また、「感電防止用漏電しゃ断装置の接続及び使用の安全基準に関する技術上の指針」（昭49労働省公示第3号）2の4において、電動機械器具の設置について「しゃ断装置を接続した場合であっても、電動機械器具の金属性外わく、金属製外被等の金属部分は、接地すること。」と定めており、両方必要である旨規定しています。

　なお、条文では、接地について次のように定めています。

　　電動機械器具の金属製外わく、電動機の金属製外被等の金属部分を、次に定めるところにより接地して使用しなければならない。
　　一　接地極への接続は、次のいずれかの方法によること。
　　　　イ　一心を専用の接地線とする移動電線及び一端子を専用の接地端子とする接続器具を用いて接地極に接続する方法
　　　　ロ　移動電線に添えた接地線及び当該電動機械器具の電源コンセントに近接する箇所に設けられた接地端子を用いて接地極に接続する方法
　　二　前号イの方法によるときは、接地線と電路に接続する電線との混用及び接地端子と電路に接続する端子との混用を防止するための措置を講ずること。
　　三　接地極は、十分に地中に埋設する等の方法により、確実に大地と接続すること。

Q116　電動機械器具とは、どのようなもので、なぜ感電防止措置が必要なのでしょうか？

ANSWER　モーターを内蔵した機械・器具のことです。それゆえに感電の危険が高いものです。以下、昭和35年11月22日付け基発第990号通達に基づいて説明します。

　工事現場で使用される電動機械器具としては、丸のこ盤、ボール盤、かんな

盤、塗料用攪拌機、コンクリートミキサー、エアーコンプレッサー、ベルトコンベヤ、移動式クラッシャー、クレーン、電気ドリル、電気グラインダ、振動機（バイブロ）、サンダー等があります。

これらは、非接地方式の電路に接続されている場合又は二重絶縁構造の場合を除き、モーターの巻き線が切断したり、電極の部分に水が入るなどして外装（筐体）に漏電することがあり、持っている人間を感電させます。

条文上、感電防止用漏電しゃ断装置の接続が必要なのは、次のいずれかに該当する電動機を有する機械又は器具（電動機械器具）を用いている場合です。

① 対地電圧が150ボルトを超える移動式若しくは可搬式のもの
② 水等導電性の高い液体によって湿潤している場所その他鉄板上、鉄骨上、定盤上等導電性の高い場所において使用する移動式若しくは可搬式のもの

つまり、工事現場はほとんどの場合、②に該当しますので、必要となるものです。

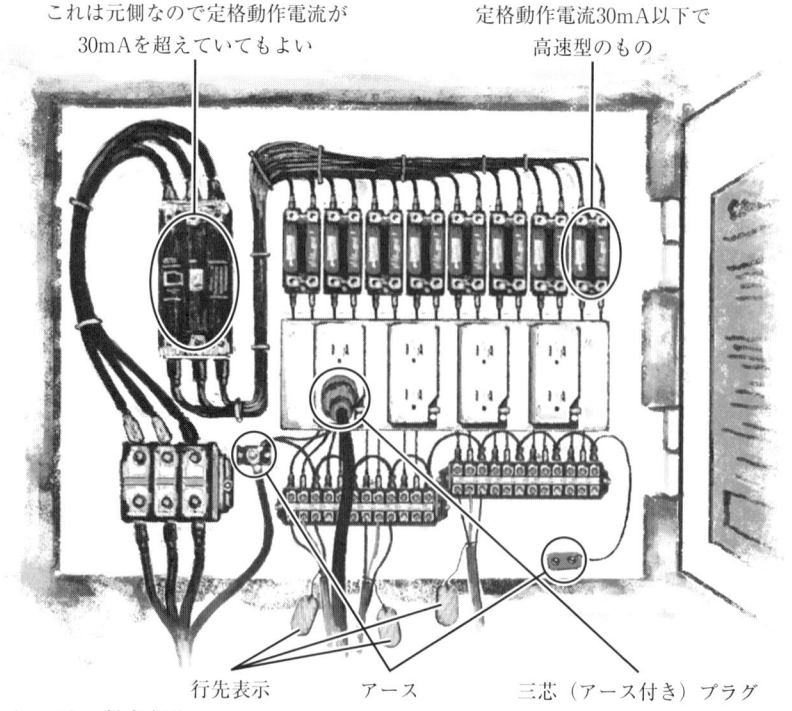

これは元側なので定格動作電流が30mAを超えていてもよい

定格動作電流30mA以下で高速型のもの

行先表示　　アース　　三芯（アース付き）プラグ

イラスト：村木高明

仮設電気の工事業者によっては、元請の点検がない場合には、きちんとした感電防止用漏電しゃ断装置の接続や、アースがおろそかになっていることがありますので、注意が必要です。

なお、延長コード類（テーブルタップや電工ドラム）は、アース線付きのものでなければなりません。

Q117 工事現場の近くに電線がある場合には、どのようなことをしなければならないのでしょうか？

ANSWER　電路の移設や、防護管の取付け等が必要です。

安衛則第349条では、次のように定めています。

　　事業者は、架空電線又は電気機械器具の充電電路に近接する場所で、工作物の建設、解体、点検、修理、塗装等の作業若しくはこれらに附帯する作業又はくい打機、くい抜機、移動式クレーン等を使用する作業を行なう場合において、当該作業に従事する労働者が作業中又は通行の際に、当該充電電路に身体等が接触し、又は接近することにより感電の危険が生ずるおそれのあるときは、次の各号のいずれかに該当する措置を講じなければならない。

　　一　当該充電電路を移設すること。
　　二　感電の危険を防止するための囲いを設けること。
　　三　当該充電電路に絶縁用防護具を装着すること。
　　四　前3号に該当する措置を講ずることが著しく困難なときは、監視人を置き、作業を監視させること。

　この「架空電線」とは、送電線、配電線、引き込み線、電気鉄道又はクレーンのトロリ線等の架設の配線をいいます（昭44.2.5基発第59号）。

　「工作物」とは、人為的な労作を加えることによって、通常、土地に固定して設備されるものをいいます。ただし、電路の支持物は除きます（同通達）。

　「これらに附帯する作業」には、調査、測量、掘削、運搬等が含まれます（同通達）。

　「くい打機、くい抜機、移動式クレーン等」の「等」には、ウインチ、レッカー車等が含まれます（同通達）。高さのあるアースオーガーやＳＭＷ工法に用いられる機械なども要注意です。

「くい打機、くい抜機、移動式クレーン等を使用する作業を行なう場合」の「使用する作業を行なう場合」とは、運転及びこれに附帯する作業のほか、組立、移動、点検、調整又は解体を行う場合が含まれます（同通達）。

「囲い」とは、乾燥した木材、ビニル板等絶縁効力のあるもので作られたものでなければなりません（同通達）。

「絶縁用防護具」とは、建設工事等を活線に近接して行う場合の線カバー、がいしカバー、シート等電路に装着する感電防止用装具であって、電気工事用の絶縁用防具とは異なるものですが、構造規格に適合するものは使用して差し支えありません（同通達）。

これらのことに関連し、昭和50年12月17日付け基発第759号「移動式クレーン等の送配電線類への接触による感電災害の防止対策について」が示されています。

一般的には、電力会社（支社、支店等）に相談して防護管をリースすることになりましょう。

第3節　火災防止

概　説

建設工事現場には、廃材をはじめ、塗料や接着剤その他可燃性のものが少なくありません。また、ずい道等の建設工事では、地山からメタンガス等の可燃性ガスが発生することもあります。温泉の掘削等でも同様です。

そこで、工事現場の状況によっては、消火設備や自動警報装置の設置が必要となります。

Q118　消火設備が必要なのは、どのような場合でしょうか？

ANSWER　危険物等を取り扱う場所には、消火設備を設けなければなりません（安衛則第289条）。

条文では、「事業者は、建築物及び化学設備（配管を除く。）又は乾燥設備がある場所その他危険物、危険物以外の引火性の油類等爆発又は火災の原因とな

るおそれのある物を取り扱う場所（以下この条において「建築物等」という。）には、適当な箇所に、消火設備を設けなければならない。」（同条第1項）と定めています。工事現場では、塗料等の集積場所や、燃料油の貯蔵場所等が該当します。

　また、同条第2項では、「前項の消火設備は、建築物等の規模又は広さ、建築物等において取り扱われる物の種類等により予想される爆発又は火災の性状に適応するものでなければならない。」と定めています。

　「火災の性状に適応するもの」とは、例えば油に対する泡消火器又は炭酸ガス消火器、カーバイドに対する砂又はドライケミカル消火器等をいいます（昭23.5.11基発第737号、昭33.2.13基発第90号）。

　「取り扱う場所」には、引火性の塗料、接着剤、易燃性の物等を取り扱う作業が行われている船又はタンク及び修理、清掃等の作業が行われている引火性の液体の収納タンクが含まれます（昭42.2.6基発第122号）。

　「適当な箇所」とは、消火設備について、持ち出しが便利であること、通行及び避難の妨げにならないこと、保管中にその効力が低下しないこと等の条件を備えた箇所をいいます（同通達）。

　今日一般的に用いられているABC消火器（普通火災、油火災、電気火災対応）は、たいていの場合に有用と考えられます。

　泡消火器(炭酸ガス消火器)を用いる場合には、地下室等だと酸欠作業になりますから（酸素欠乏症等防止規則（以下「酸欠則」）第19条）、注意が必要です。

　なお、消火器は、5年ごとに点検し、点検済証を貼ることになっていますから、この点の確認も必要です。〔使用済みのものでないことも随時点検してください。〕

Q119 喫煙場所について、法令上どのようなことに注意しなければならないでしょうか？

ANSWER　火災予防上必要な設備を設けなければなりません（安衛則第291条第1項）。

　事業者は、喫煙所、ストーブその他火気を使用する場所には、火災予防上必要な設備を設けなければなりません。必要な設備とは、灰皿、消火器等をいいます。

また、労働者は、みだりに、喫煙、採暖、乾燥等の行為をしてはなりません（同条第２項）。

さらに、火気を使用した者は、確実に残火の始末をしなければなりません（同条第３項）。

Q120 危険物とは、どのようなものでしょうか？

ANSWER 安衛令別表第一に定める物で、以下のように規定しています。

建設工事現場では、塗料や接着剤が一般的ですが、重機類の燃料油も危険物に該当します。ガス溶接等に用いられるアセチレンガスやプロパンガスも該当しますし、ぼろ（ウエス）の集積場所やゴミの集積場所も該当することがあります。

1　爆発性の物
　(1)　ニトログリコール、ニトログリセリン、ニトロセルローズその他の爆発性の硝酸エステル類
　(2)　トリニトロベンゼン、トリニトロトルエン、ピクリン酸その他の爆発性のニトロ化合物
　(3)　過酢酸、メチルエチルケトン過酸化物、過酸化ベンゾイルその他の有機過酸化物
　(4)　アジ化ナトリウムその他の金属のアジ化物

2　発火性の物
　(1)　金属「リチウム」
　(2)　金属「カリウム」
　(3)　金属「ナトリウム」
　(4)　黄りん
　(5)　硫化りん
　(6)　赤りん
　(7)　セルロイド類
　(8)　炭化カルシウム（別名カーバイド）
　(9)　りん化石灰
　(10)　マグネシウム粉

⑾　アルミニウム粉
　⑿　マグネシウム粉及びアルミニウム粉以外の金属粉
　⒀　亜二チオン酸ナトリウム（別名ハイドロサルファイト）
3　酸化性の物
　⑴　塩素酸カリウム、塩素酸ナトリウム、塩素酸アンモニウムその他の塩素酸塩類
　⑵　過塩素酸カリウム、過塩素酸ナトリウム、過塩素酸アンモニウムその他の過塩素酸塩類
　⑶　過酸化カリウム、過酸化ナトリウム、過酸化バリウムその他の無機過酸化物
　⑷　硝酸カリウム、硝酸ナトリウム、硝酸アンモニウムその他の硝酸塩類
　⑸　亜塩素酸ナトリウムその他の亜塩素酸塩類
　⑹　次亜塩素酸カルシウムその他の次亜塩素酸塩類
4　引火性の物
　⑴　エチルエーテル、ガソリン、アセトアルデヒド、酸化プロピレン、二硫化炭素その他の引火点が零下30度未満の物
　⑵　ノルマルヘキサン、エチレンオキシド、アセトン、ベンゼン、メチルエチルケトンその他の引火点が零下30度以上零度未満の物
　⑶　メタノール、エタノール、キシレン、酢酸ノルマル－ペンチル（別名酢酸ノルマル－アミル）その他の引火点が零度以上30度未満の物
　⑷　灯油、軽油、テレビン油、イソペンチルアルコール（別名イソアミルアルコール）、酢酸その他の引火点が30度以上65度未満の物
5　可燃性のガス（水素、アセチレン、エチレン、メタン、エタン、プロパン、ブタンその他の温度15度、1気圧において気体である可燃性の物をいう。）

Q121　危険物等を取り扱う場所では、どのようなことをしなければならないのでしょうか？

ANSWER　危険物を製造し、又は取り扱うときは、爆発又は火災を防止するため、一定の事項を実施しなければなりません。建設工事現場で使用される危険物は、塗料（水性のものを除く。）、接着剤と重機等の燃料油がほとんどで

す。

実施しなければならないのは、具体的には次の事項です（安衛則第256条）。
1 基本事項
　(1) 爆発性の物については、みだりに、火気その他点火源となるおそれがあるものに接近させ、加熱し、摩擦し、又は衝撃を与えないこと。
　(2) 発火性の物については、それぞれの種類に応じ、みだりに、火気その他点火源となるおそれのあるものに接近させ、酸化をうながす物若しくは水に接触させ、加熱し、又は衝撃を与えないこと。
　(3) 酸化性の物については、みだりに、その分解がうながされるおそれのある物に接触させ、加熱し、摩擦し、又は衝撃を与えないこと。
　(4) 引火性の物については、みだりに、火気その他点火源となるおそれのあるものに接近させ、若しくは注ぎ、蒸発させ、又は加熱しないこと。
　(5) 危険物を製造し、又は取り扱う設備のある場所を常に整理整とんし、及びその場所に、みだりに、可燃性の物又は酸化性の物を置かないこと。
2 作業指揮者
　次に、作業を指揮する者を定め、その者に当該作業を指揮させるとともに、次の事項を行わせなければなりません（安衛則第257条）。
　(1) 危険物を製造し、又は取り扱う設備及び当該設備の附属設備について、随時点検し、異常を認めたときは、直ちに必要な措置をとること。
　(2) 危険物を製造し、又は取り扱う設備及び当該設備の附属設備がある場所における温度、湿度、遮（しゃ）光及び換気の状態等について、随時点検し、異常を認めたときは、直ちに、必要な措置をとること。
　(3) 前各号に掲げるもののほか、危険物の取扱いの状況について、随時点検し、異常を認めたときは、直ちに、必要な措置をとること。
　(4) 前各号の規定によりとった措置について、記録しておくこと。

Q122 危険物等の取扱いについて、そのほかの注意事項は、どのようなことがありますか？

ANSWER　火気等の使用禁止等です。
1 危険物等がある場所における火気等の使用禁止（安衛則第279条）

安衛則第279条では、「事業者は、危険物以外の可燃性の粉じん、火薬類、多量の易燃性の物又は危険物が存在して爆発又は火災が生ずるおそれのある場所においては、火花若しくはアークを発し、若しくは高温となつて点火源となるおそれのある機械等又は火気を使用してはならない。」と定めています。
　「火花若しくはアークを発し、若しくは高温となつて点火源となるおそれがある機械等」とは開閉器（スイッチ類）、巻線型電動機（モーター）、直流電動機、交流整流子電動機等火花を発する部分を有する電気機械器具であって防爆構造でないもの、グラインダ、アーク溶接機、電気アイロン、抵抗器、内燃機関、はんだごて、その他これらに類するものをいいます（昭35.11.22基発第990号）。
　「危険物以外の可燃性の粉じん」の主なものとしては、石炭粉、木炭粉、いおう粉、小麦粉、澱粉、コルク粉、合成樹脂粉等があります（昭42.2.6基発第122号）。
　「易燃性の物」とは、綿、木綿のぼろ（ウエス）、わら、木毛、紙等の着火後の燃焼速度が速いものをいいます（昭46.4.15基発第309号）。
　工事現場では、ゴミの分別収集をしていると思いますが、場所によっては、上記に該当することがあるので注意が必要です。
　また、安衛則第261条では、「事業者は、引火性の物の蒸気、可燃性ガス又は可燃性の粉じんが存在して爆発又は火災が生ずるおそれのある場所については、当該蒸気、ガス又は粉じんによる爆発又は火災を防止するため、通風、換気、除じん等の措置を講じなければならない。」と規定しています。

2　油類等の存在する配管又は容器の溶接等（安衛則第285条）
　事業者は、危険物以外の引火性の油類若しくは可燃性の粉じん又は危険物が存在するおそれのある配管又はタンク、ドラムかん等の容器については、あらかじめ、これらの危険物以外の引火性の油類若しくは可燃性の粉じん又は危険物を除去する等爆発又は火災の防止のための措置を講じた後でなければ、溶接、溶断その他火気を使用する作業又は火花を発するおそれのある作業をさせてはなりません。
　プラント等の建設・改修等の工事では、注意が必要です。

3　火気の使用禁止の表示等（安衛則第288条）

　事業者は、火災又は爆発の危険がある場所には、火気の使用を禁止する旨の適当な表示をし、特に危険な場所には、必要でない者の立入りを禁止しなければなりません。

　ずい道等の建設工事現場でも、注意が必要です。また、温泉の採掘でも、可燃性ガスが温泉水に溶け込んでいる場合があり、事前の確認とともに注意しなければなりません。

Q123 防爆構造の電気機械器具を必要とするのは、どのような場合でしょうか？

ANSWER　ずい道等の建設工事現場が典型的ですが、可燃性ガスが噴出する可能性のある場所です。また、化学プラントの改修工事でも同様の危険がある場合がありますし、業務用冷凍庫でアンモニアを使用していることもあります。そのような場所では防爆構造の電気機械器具を用いる必要があります。

　安衛則第280条では、「事業者は、第261条の場所のうち、同条の措置を講じても、なお、引火性の物の蒸気又は可燃性ガスが爆発の危険のある濃度に達するおそれのある箇所において電気機械器具（電動機、変圧器、コード接続器、開閉器、分電盤、配電盤等電気を通ずる機械、器具その他の設備のうち配線及び移動電線以外のものをいう。以下同じ。）を使用するときは、当該蒸気又はガスに対しその種類及び爆発の危険のある濃度に達するおそれに応じた防爆性能を有する防爆構造電気機械器具でなければ、使用してはならない。」と定めています。

　この「第261条の場所」とは、「引火性の物の蒸気、可燃性ガス又は可燃性の粉じんが存在して爆発又は火災が生ずるおそれのある場所」のことです。

　なお、ずい道等の建設工事現場については、P224を参照してください。

Q124 ガス溶接等の作業で注意しなければならないのは、どのようなことでしょうか？

ANSWER　通風等が不十分な場所で行う場合と、一般的な容器の取扱いについて規定されています。

1　通風等が不十分な場所におけるガス溶接等の作業（安衛則第262条）

通風又は換気が不十分な場所において、可燃性ガス及び酸素（以下この条及び次条において「ガス等」という。）を用いて溶接、溶断又は金属の加熱の作業を行うときは、当該場所におけるガス等の漏えい又は放出による爆発、火災又は火傷を防止するため、次の措置を講じなければなりません。

(1) ガス等のホース及び吹管については、損傷、磨耗等によるガス等の漏えいのおそれがないものを使用すること。

(2) ガス等のホースと吹管及びガス等のホース相互の接続箇所については、ホースバンド、ホースクリップ等の締付具を用いて確実に締付けを行うこと。

(3) ガス等のホースにガス等を供給しようとするときは、あらかじめ、当該ホースに、ガス等が放出しない状態にした吹管又は確実な止め栓を装着した後に行うこと。

(4) 使用中のガス等のホースのガス等の供給口のバルブ又はコックには、当該バルブ又はコックに接続するガス等のホースを使用する者の名札を取り付ける等ガス等の供給についての誤操作を防ぐための表示をすること。

(5) 溶断の作業を行うときは、吹管からの過剰酸素の放出による火傷を防止するため十分な換気を行うこと。

(6) 作業の中断又は終了により作業箇所を離れるときは、ガス等の供給口のバルブ又はコックを閉止してガス等のホースを当該ガス等の供給口から取りはずし、又はガス等のホースを自然通風若しくは自然換気が十分な場所へ移動すること。

2　ガス等の容器の取扱い（安衛則第263条）

　ガス溶接等の業務（可燃性ガス及び酸素を用いて行う金属の溶接、溶断又は加熱の業務をいう。）に使用するガス等の容器については、次に定めるところによらなければなりません。

(1) 次の場所においては、設置し、使用し、貯蔵し、又は放置しないこと。

　　イ　通風又は換気の不十分な場所
　　ロ　火気を使用する場所及びその附近
　　ハ　火薬類、危険物その他爆発性若しくは発火性の物又は多量の易燃性

の物を製造し、又は取り扱う場所及びその附近
(2) 容器の温度を40度以下に保つこと。
(3) 転倒のおそれがないように保持すること。
(4) 衝撃を与えないこと。
(5) 運搬するときは、キャップを施すこと。
(6) 使用するときは、容器の口金に付着している油類及びじんあいを除去すること。
(7) バルブの開閉は、静かに行うこと。
(8) 溶解アセチレンの容器は、立てて置くこと。
(9) 使用前又は使用中の容器とこれら以外の容器との区別を明らかにしておくこと。

　今日、工事現場で使用されているガス溶接は、酸素と溶解アセチレン又はプロパンガスです。溶解アセチレンは、ボンベに詰められた多孔性物質にアセトンを染み込ませ、そのアセトンにアセチレンガスを溶け込ませたものです。したがって、そのボンベについては、上記の対応が必要です。

Q125 可燃性ガスが発生する可能性がある場合、法令上どのようなことに注意しなければならないでしょうか？

ANSWER　ガスの濃度測定を毎日実施し、ガス濃度が爆発下限界の30パーセント未満になるようにすることです。

　安衛則第322条では、地下作業場等における爆発火災防止のため、次のように定めています。

　　　事業者は、可燃性ガスが発生するおそれのある地下作業場において作業を行うとき（第382条に規定するずい道等の建設の作業を行うときを除く。）、又はガス導管からガスが発散するおそれのある場所において明り掘削の作業（地山の掘削又はこれに伴う土石の運搬等の作業（地山の掘削の作業が行われる箇所及びこれに近接する箇所において行われるものに限る。）をいう。以下同じ。）を行うときは、爆発又は火災を防止するため、次に定める措置を講じなければならない。
　　(1) これらのガスの濃度を測定する者を指名し、その者に、毎日作業を開始する前及び当該ガスに関し異常を認めたときに、当該ガス

が発生し、又は停滞するおそれがある場所について、当該ガスの濃度を測定させること。
(2) これらのガスの濃度が爆発下限界の値の30パーセント以上であることを認めたときは、直ちに、労働者を安全な場所に退避させ、及び火気その他点火源となるおそれがあるものの使用を停止し、かつ、通風、換気等を行うこと。

「ガス導管」とは、都市ガスを高圧で遠距離送給するための本管をいいます。
ずい道等については、P224を参照してください。

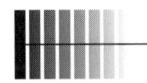

第4節　建設機械と車両系建設機械

Q126 車両系建設機械とは、どのようなものでしょうか？

ANSWER 建設機械のうち、自走できるものをいいます。

　安衛令別表第七において、規制の対象となる建設機械を下記のように列挙しています。車両系建設機械とは、これらのうち、動力を用い、かつ、不特定の場所に自走することができるものをいいます（安衛令第13条第9号）。ホイール式とキャタピラ（履帯）式のものがあり、一般的にはガソリンエンジンかディーゼルエンジンを搭載しています。一部にバッテリー式のものがあります。

1　整地・運搬・積込み用機械
　(1) ブル・ドーザー
　(2) モーター・グレーダー
　(3) トラクター・ショベル
　(4) ずり積機
　(5) スクレーパー
　(6) スクレープ・ドーザー
　(7) (1)から(6)までに掲げる機械に類するものとして厚生労働省令で定める機械（現在のところ定められていない。）

2　掘削用機械
　(1) パワー・ショベル

(2)　ドラグ・ショベル

　(3)　ドラグライン

　(4)　クラムシェル

　(5)　バケット掘削機

　(6)　トレンチャー

　(7)　(1)から(6)までに掲げる機械に類するものとして厚生労働省令で定める機械（現在のところ定められていない。）

3　基礎工事用機械

　(1)　くい打機

　(2)　くい抜機

　(3)　アース・ドリル

　(4)　リバース・サーキュレーション・ドリル

　(5)　せん孔機（チュービングマシンを有するものに限る。）

　(6)　アース・オーガー

　(7)　ペーパー・ドレーン・マシン

　(8)　(1)から(7)までに掲げる機械に類するものとして厚生労働省令で定める機械（現在のところ定められていない。）

4　締固め用機械

　(1)　ローラー

　(2)　(1)に掲げる機械に類するものとして厚生労働省令で定める機械（現在のところ定められていない。）

5　コンクリート打設用機械

　(1)　コンクリートポンプ車

　(2)　(1)に掲げる機械に類するものとして厚生労働省令で定める機械（現在のところ定められていない。）

6　解体用機械

　(1)　ブレーカ

　(2)　鉄骨切断機

　(3)　コンクリート圧砕機

　(4)　解体用つかみ機

　(5)　(1)から(4)までに掲げる機械に類するものとして厚生労働省令で定める

機械（現在のところ定められていない。）

これらのうち解体用機械の(2)から(4)までの機械については、平成25年7月1日から規制されています。

Q 127 車両系建設機械については、どのような規制があるのでしょうか？

ANSWER まず、構造規格の具備です。次に、就業制限です。

1　構造規格の具備

車両系建設機械は、厚生労働大臣が定める規格又は安全装置を具備したものでなければ、譲渡し、貸与し、又は設置してはならない（安衛法第42条、安衛令第13条）ものです。

その内容を定めているのは、「車両系建設機械構造規格」（昭47労働省告示第150号、最終改正平15厚生労働省告示第387号）です。

2　就業制限

就業制限とは、都道府県労働局長の登録を受けた者が行う当該業務に係る技能講習を修了した者その他厚生労働省令で定める資格を有する者でなければ、当該業務につかせてはならない（安衛法第61条、安衛令第20条）というものです。機体重量が3トン未満のものの運転等については、特別教育でよいこととされています（安衛法第59条、安衛則第36条）。

具体的には、機体重量により次の表の区分となります。

業　　務	技能講習等	特別教育
12　機体重量が3トン以上の安衛令別表第七第1号、第2号、第3号又は第6号に掲げる建設機械で、動力を用い、かつ、不特定の場所に自走することができるものの運転（道路上を走行させる運転を除く。以下同じ。）の業務	下記の区分	下記の区分
第1号又は第2号に掲げる建設機械（整地・運搬・積込み用及び掘削用）の運転の業務	一　車両系建設機械（整地・運搬・積込み用及び掘削用）運転技能講習を修了した者 二　建設業法施行令（昭和31年政令第273号）第27条の3に規定する建設機械施工技術検定に合格した者（厚生労働大臣が定める者を除く。）	機体重量が3トン未満のものの運転の業務

	三　職業能力開発促進法第27条第1項の準規訓練である普通職業訓練のうち職業能力開発促進法施行規則別表第四の訓練科の欄に掲げる建設機械運転科の訓練（通信の方法によって行うものを除く。）を修了した者 四　その他厚生労働大臣が定める者	
第3号に掲げる建設機械（基礎工事用機械）の運転の業務	一　車両系建設機械（基礎工事用）運転技能講習を修了した者 二　建設業法施行令第27条の3に規定する建設機械施工技術検定に合格した者（厚生労働大臣が定める者を除く。） 三　その他厚生労働大臣が定める者	機体重量が3トン未満のものの運転の業務
		動力を用い、かつ、不特定の場所に自走できるもの以外のものの運転の業務
		動力を用い、かつ、不特定の場所に自走できるものの作業装置の操作（車体上の運転者席における操作を除く。）の業務
第4号に掲げる機械（締固め用機械）の運転の業務		動力を用い、かつ、不特定の場所に自走できるものの運転の業務
第5号に掲げる機械（コンクリート打設用機械）の運転の業務		作業装置の操作の業務
第6号に掲げる建設機械（解体用機械）の運転の業務	一　車両系建設機械（解体用）運転技能講習を修了した者 二　建設業法施行令第27条の3に規定する建設機械施工技術検定に合格した者（厚生労働大臣が定める者を除く。） 三　その他厚生労働大臣が定める者	機体重量が3トン未満のものの運転の業務

　なお、解体用機械のうち、鉄骨切断機、コンクリート圧砕機と解体用つかみ機については、平成25年7月1日から規制が施行されていますが、就業制限については、現に車両系建設機械（解体用）運転技能講習を修了した者及び現に当該業務に従事しかつ6月以上の従事経験があるものについては、平成27年6月30日までに実施される特例講習を修了すればよいこととされています。

Q128 構造規格と就業制限以外の規制には、どのようなことがありますか？

ANSWER 安衛則で次の事項が定められています。

1 前照灯の設置（第152条）
2 ヘッドガード（第153条）
3 調査及び記録（第154条）
　これは、当該車両系建設機械の転落、地山の崩壊等による労働者の危険を防止するため、あらかじめ、当該作業に係る場所について地形、地質の状態等を調査し、その結果を記録しておかなければならないものです。
4 作業計画（第155条）
　事前に作業場所の状況を考慮した作業計画を作成し、それにしたがって作業を行わなければなりません。関係労働者に周知する必要があります。
5 制限速度（第156条）
　作業に係る場所の地形と地質の状態等に応じた適正な制限速度を定め、それにより作業を行わなければなりません。
6 転落等の防止（第157条）
　運行経路の路肩の崩壊、地盤の不同沈下等を防ぐ必要がありますし、場合によっては必要な幅員の確保もしなければなりません。現場の地盤面に鉄板を敷くとか、斜路の路肩等に杭を打ち込むなどの方法があります。
7 接触の防止（第158条）
　車両系建設機械は、そのの動作中に、運転者からの死角が多いこともあり、うっかり労働者が近づくと、接触して重大な災害につながることがあります。旋回時に後方のカウンターウェイトが接触することもあります。
　これらの災害を防ぐため、立入禁止をするか誘導者を配置しなければなりません。
8 合図（第159条）
　誘導者を置いた場合には、一定の合図を定め、誘導者にその合図を行わせることと、運転者にその合図に従わせなければなりません。
9 運転位置から離れる場合の措置（第160条）
　運転者は、運転位置から離れる際には、当該運転者に次の措置を講じさせなければなりません。

(1) バケット、ジッパー等の作業装置を地上に下ろすこと。
 (2) 原動機を止め、及び走行ブレーキをかける等の車両系建設機械の逸走を防止する措置を講ずること。

　また、その運転者は、車両系建設機械の運転位置から離れるときは、これらの措置を講じなければなりません。バケットなどは、上げておくと突然降下して危険だからです。

10　車両系建設機械の移送（第161条）

　トレーラー等から下ろす際や積み込む際の危険防止措置です。
 (1) 積卸しは、平たんで堅固な場所において行うこと。
 (2) 道板を使用するときは、十分な長さ、幅及び強度を有する道板を用い、適当なこう配で確実に取り付けること。
 (3) 盛土、仮設台等を使用するときは、十分な幅、強度及びこう配を確保すること。

11　とう乗の制限（第162条）

　乗車席以外の箇所に労働者を乗せてはなりません。

12　使用の制限（第163条）

　車両系建設機械を用いて作業を行うときは、転倒及びブーム、アーム等の作業装置の破壊による労働者の危険を防止するため、当該車両系建設機械についてその構造上定められた安定度、最大使用荷重等を守らなければなりません。

13　主たる用途以外の使用の制限（第164条）

14　修理等（第165条）

15　ブーム等の降下による危険の防止（第166条）

　動力を切る際には、バケットやジッパー等を最低降下位置に下ろさなければなりません。

16　定期自主検査（第167条、第168条）

17　定期自主検査の記録（第169条）

18　特定自主検査（第169条の2）

19　作業開始前点検（第170条）

20　補修等（第171条）

以上のほか、第172条以下に、それぞれの建設機械ごとに実施すべき事項等

が定められています。

Q129 車両系建設機械の用途外使用とは、どのようなことでしょうか？

ANSWER 車両系建設機械をその本来の用途以外の使い方で使用することです。

1 用途外使用とは

　例えば下水管を埋設する工事の場合、溝掘削を行うバックホウ（パワー・ショベル、俗称「ユンボ」）と別にヒューム管をつるためだけに移動式クレーンをリースするのは経費がかかります。このため、バックホウのバケットの爪にワイヤロープをかけるなどしてクレーン代わりに使用することがまま行われています。あるいは、作業用装置に労働者を乗せて昇降する例もあります。これらが用途外使用です。

2 用途外使用が認められる場合

　用途外使用は原則として禁止されています（安衛則第164条）。しかし、一定の要件を満たせば認められます。それが、次の場合です（同条第2項）。

　用途外使用禁止の規定は、次のいずれかに該当する場合には適用しません。

一 荷のつり上げの作業を行う場合であって、次のいずれにも該当するとき。

　イ 作業の性質上やむを得ないとき又は安全な作業の遂行上必要なとき。

　ロ アーム、バケット等の作業装置に次のいずれにも該当するフック、シャックル等の金具その他のつり上げ用の器具を取り付けて使用するとき。

　　(1) 負荷させる荷重に応じた十分な強度を有するものであること。

　　(2) 外れ止め装置が使用されていること等により当該器具からつり上げた荷が落下するおそれのないものであること。

　　(3) 作業装置から外れるおそれのないものであること。

二 荷のつり上げの作業以外の作業を行う場合であって、労働者に危険を及ぼすおそれのないとき。

3　用途外使用が認められる場合の注意事項

　同条第3項では、事業者は、この一のイ及びロに該当する荷のつり上げの作業を行う場合には、労働者とつり上げた荷との接触、つり上げた荷の落下又は車両系建設機械の転倒若しくは転落による労働者の危険を防止するため、次の措置を講じなければならないと定めています。

一　荷のつり上げの作業について一定の合図を定めるとともに、合図を行う者を指名して、その者に合図を行わせること。

二　平たんな場所で作業を行うこと。

三　つり上げた荷との接触又はつり上げた荷の落下により労働者に危険が生ずるおそれのある箇所に労働者を立ち入らせないこと。

四　当該車両系建設機械の構造及び材料に応じて定められた負荷させることができる最大の荷重を超える荷重を掛けて作業を行わないこと。

五　ワイヤロープを玉掛用具として使用する場合にあっては、次のいずれにも該当するワイヤロープを使用すること。

　イ　安全係数（クレーン等安全規則（以下「クレーン則」）第213条第2項に規定する安全係数をいう。）の値が6以上のものであること。

　ロ　ワイヤロープひとよりの間において素線（フィラ線を除く。）のうち切断しているものが10パーセント未満のものであること。

　ハ　直径の減少が公称径の7パーセント以下のものであること。

　ニ　キンクしていないものであること。

　ホ　著しい形崩れ及び腐食がないものであること。

六　つりチェーンを玉掛用具として使用する場合にあっては、次のいずれにも該当するつりチェーンを使用すること。

　イ　安全係数（クレーン則第213条の2第2項に規定する安全係数をいう。）の値が、次の(1)又は(2)に掲げるつりチェーンの区分に応じ、当該(1)又は(2)に掲げる値以上のものであること。

　　(1)　次のいずれにも該当するつりチェーン　4

　　　(i)　切断荷重の2分の1の荷重で引っ張った場合において、その伸びが0.5パーセント以下のものであること。

　　　(ii)　その引張強さの値が400ニュートン毎平方ミリメートル以上であり、かつ、その伸びが、次の表の上欄に掲げる引張強さの

値に応じ、それぞれ同表の下欄に掲げる値以上となるものであること。

引張り強さ（単位ニュートン毎平方ミリメートル）	伸び（単位パーセント）
400以上630未満	20
630以上1,000未満	17
1,000以上	15

(2) (1)に該当しないつりチェーン

ロ　伸びが、当該つりチェーンが製造されたときの長さの5パーセント以下のものであること。

ハ　リンクの断面の直径の減少が、当該つりチェーンが製造されたときの当該リンクの断面の直径の10パーセント以下のものであること。

ニ　き裂がないものであること。

七　ワイヤロープ及びつりチェーン以外のものを玉掛用具として使用する場合にあっては、著しい損傷及び腐食がないものを使用すること。

なお、これらに関連して平成4年10月1日付け基発第542号「車両系建設機械を用いて行う荷のつり上げの作業時等における安全の確保について」が示されています。

Q130　定期自主検査と特定自主検査とは、どのようなことでしょうか？

ANSWER　車両系建設機械の定期自主検査には、年次点検と月次点検があります。

まず、年次点検として、次の項目を実施しなければなりません（安衛法第45条、安衛則第167条）。月次点検については、次問で説明します。

1　圧縮圧力、弁すき間その他原動機の異常の有無

2　クラッチ、トランスミッション、プロペラシャフト、デファレンシャルその他動力伝達装置の異常の有無

3　起動輪、遊動輪、上下転輪、履帯、タイヤ、ホイールベアリングその他走行装置の異常の有無

4　かじ取り車輪の左右の回転角度、ナックル、ロッド、アームその他操縦装置の異常の有無

5　制動能力、ブレーキドラム、ブレーキシューその他ブレーキの異常の有無
6　ブレード、ブーム、リンク機構、バケット、ワイヤロープその他の作業装置の異常の有無
7　油圧ポンプ、油圧モーター、シリンダー、安全弁その他油圧装置の異常の有無
8　電圧、電流その他電気系統の異常の有無
9　車体、操作装置、ヘッドガード、バックストッパー、昇降装置、ロック装置、警報装置、方向指示器、燈火装置及び計器の異常の有無

　これらは、かなり専門的な事項ですし、それなりの検査員でないときちんとした点検は困難です。そこで、検査業者に出すか、自社で実施する場合には事業内検査者としての資格を有する者に実施させなければならないこととされています。これが特定自主検査です（安衛法第45条第2項、安衛則第169条の2）。

　特定自主検査を実施した場合には、所定の検査標章を見やすい場所に貼付しなければなりません（安衛則第169条の2第8項）。

　なお、平成3年7月26日付け自主検査指針公示第14号「車両系建設機械の定期自主検査指針」（最終改正平成5年）が示されていますので、これにしたがって実施しなければなりません。

Q131　車両系建設機械の月次点検とはどのようなことでしょうか？

ANSWER　毎月1回、定期に、次の事項について行う自主検査です。
1　ブレーキ、クラッチ、操作装置及び作業装置の異常の有無
2　ワイヤロープ及びチェーンの損傷の有無
3　バケット、ジッパー等の損傷の有無

　これらは、自社で実施して差し支えありません。その上で、記録を作成し、3年間保存しなければなりません（安衛則第168条、第169条）。

Q132　車両系建設機械の修理やアタッチメントの交換にあたり、法令上どのようなことに注意しなければならないでしょうか？

ANSWER　作業を指揮する者を定め、その者に次の事項を行わせなければ

なりません（安衛則第165条）。
　(1) 作業手順を決定し、作業を指揮すること。
　(2) (3)の安全支柱、安全ブロック等の使用状況を監視すること。
　(3) 車両系建設機械のブーム、アーム等を上げ、その下で修理、点検等の作業を行うときは、ブーム、アーム等が不意に降下することによる労働者の危険を防止するため、当該作業に従事する労働者に安全支柱、安全ブロック等を使用させること。

　なお、車両系建設機械には該当しませんが、ダンプトラック（貨物自動車）のダンプ装置についても、荷台を上げた状態で点検、修理等をする場合には、安全支柱等を使用しなければなりません。時として降下してきた荷台に挟まれる災害が発生しています。

Q133 定期自主検査とは、単に点検を実施すればよいのでしょうか？

ANSWER 違います。

　異常があった場合には、直ちに補修その他必要な措置を講じなければ、異常のまま使うことにより重大な災害につながることがあります。

　そこで、定期自主検査の結果、異常があった場合には、直ちに補修その他必要な措置を講じなければならない旨が安衛則第170条において定められています。

Q134 作業開始前点検とは、どのようなことでしょうか？

ANSWER その日の作業を行うときに、事前に行う点検です。

　安衛則第170条では、「事業者は、車両系建設機械を用いて作業を行なうときは、その日の作業を開始する前に、ブレーキ及びクラツチの機能について点検を行なわなければならない。」と規定し、作業開始前点検の実施を義務づけています。

　一般的には、1週間分の点検表を1枚の紙に作っておき、これに毎日記載し、上司の決裁を受けるようにしています。

　なお、作業開始前点検の結果、異常があった場合には、直ちに補修その他必

要な措置を講じなければなりません（安衛則第170条）。

Q135 建設機械についての規制には、どのようなことがありますか？

ANSWER　自走式でないものについては、次のものについて安衛則に規定があります。

1　くい打機、くい抜機及びボーリングマシン（第172条～第194条の3）
2　ジャッキ式つり上げ機械（第194条の4～第194条の7）**（P161参照）**
3　高所作業車（第194条の4～第194条の7）**（P159参照）**

Q136 基礎工事用機械とは、どのようなものでしょうか？

ANSWER　建設用機械のうち、次のものをいいます。

1　くい打機
2　くい抜機
3　アース・ドリル
4　リバース・サーキュレーション・ドリル
5　せん孔機（チュービングマシンを有するものに限る。）
6　アース・オーガー
7　ペーパー・ドレーン・マシーン

用途で分けると、次のようになります。

1　既成杭施工用機械
2　場所打杭施工用機械
3　山留壁施工用機械
4　地中連続壁施工用機械（ＳＭＷ工法等）
5　地盤改良施工機械

　海底の地盤改良や埋立工事に使われるサンドコンパクション船も砂杭を打つ機械であることから、くい打機に該当します。

　これらの共通点は、底面積に比べて高さが相当高く、転倒しやすいという特徴があります。その防止対策が重要です。

Q137 基礎工事用機械の使用にあたり、法令上どのようなことに注意が必要でしょうか？

ANSWER まず、機体重量が３トン以上のものの運転の業務は、車両系建設機械（基礎工事用）の技能講習を修了した者でなければつかせることはできません（安衛法第61条、安衛令第20条、安衛則別表三）。

次に、機体重量が３トン未満のものの運転の業務は、特別教育を実施しなければなりません（安衛法第59条第３項、安衛則第36条）。

次に、これらの機械等は、底面積に比べて高さがかなり高く、転倒しやすいという点です。また、くい抜き作業で荷重オーバーがあると、やはり転倒につながります。移動式クレーンをくいの素抜き作業に用いる場合には、クレーン則の適用があります（昭60.10.15基発第595号）ので、注意が必要です。

Q138 くい打機、くい抜機とは、どのようなものでしょうか？

ANSWER 建設工事で使われるくいを打ち込んだり、引き抜く作業に使われる機械です。

かつては、二本構（二本子ともいう。）が使われていましたが、今日では、一般的に使用されていません。ディーゼルハンマーも、騒音と振動の関係であまり使われなくなりました。現在では、移動式クレーンにバイブロハンマーを取り付けたものが、シートパイルの打込み、引抜きに使われています。

Q139 くい打機等を使用する場合、法令上どのようなことに注意しなければならないでしょうか？

ANSWER くい打機、くい抜機及びボーリングマシンについて、安衛則第172条から第194条の３までに、次の規制が定められています。

1　強度等（第172条）
2　倒壊防止（第173条）
3　不適格なワイヤロープの使用禁止（第174条）
4　巻上げ用ワイヤロープの安全係数（第175条）
5　巻上げ用ワイヤロープ（第176条）
6　矢板、ロッド等との連結（第177条）

7　ブレーキ等の備付け（第178条）

8　ウインチの据付け（第179条）

9　みぞ車の位置（第180条）

10　みぞ車等の取付け（第181条、第182条）

11　蒸気ホース等（第183条）

12　乱巻時の措置（第184条）

13　巻上げ装置停止時の措置（第185条）

14　運転位置からの離脱の禁止（第186条）

15　立入禁止（第187条）

16　矢板、ロッド等のつり上げ時の措置（第188条）

17　合図（第189条）

18　作業指揮（第190条）

19　くい打機等の移動（第191条）

20　点検（第192条）

21　控線をゆるめる場合の措置（第193条）

22　ガス導管等の損壊の防止（第194条）

23　ロッドの取付時等の措置（第194条の2、ボーリングマシン）

24　ウォータースイベル用ホースの固定等（第194条の3、ボーリングマシン）

25　ボーリングマシンの運転の業務は、特別教育の対象となっています（安衛則第36条第10号の3）。

Q 140 くい打機等の倒壊防止措置としては、どのようなことがありますか？

ANSWER　くい打機、くい抜機及びボーリングマシンについて、次の措置を実施しなければなりません（安衛則第173条）。

(1) 軟弱な地盤に据え付けるときは、脚部又は架台の沈下を防止するため、敷板、敷角等を使用すること。

(2) 施設、仮設物等に据え付けるときは、その耐力を確認し、耐力が不足しているときは、これを補強すること。

(3) 脚部又は架台が滑動するおそれのあるときは、くい、くさび等を用いて

これを固定させること。
(4) 軌道又はころで移動するくい打機、くい抜機又はボーリングマシンにあっては、不意に移動することを防止するため、レールクランプ、歯止め等でこれを固定させること。
(5) 控え（控線を含む。以下この節において同じ。）のみで頂部を安定させるときは、控えは、3以上とし、その末端は、堅固な控えぐい、鉄骨等に固定させること。
(6) 控線のみで頂部を安定させるときは、控線を等間隔に配置し、控線の数を増す等の方法により、いずれの方向に対しても安定させること。
(7) バランスウェイトを用いて安定させるときは、バランスウェイトの移動を防止するため、これを架台に確実に取り付けること。

Q141 ガス導管等の損壊防止ですが、埋設物の設置者に聞くことは可能でしょうか？

ANSWER 当然です。

1　ガス導管等の損壊の防止

　安衛則第194条では、「事業者は、くい打機又はボーリングマシンを使用して作業を行う場合において、ガス導管、地中電線路その他地下に存する工作物（以下この条において「ガス導管等」という。）の損壊により労働者に危険を及ぼすおそれのあるときは、あらかじめ、作業箇所について、ガス導管等の有無及び状態を当該ガス導管等を管理する者に確かめる等の方法により調査し、これらの事項について知り得たところに適応する措置を講じなければならない。」と定めています。

　「その他地下に存する工作物」とは、ガス導管以外のガス管、危険物を内部に有する管又は槽、水道管等であって地下に存するものをいいます（昭46.4.15基発第309号）。ガス導管とは、都市ガスを長距離搬送するための管のことで、いわゆる本管です。かなりの圧力の可燃性ガスが通っていて破損させると危険です。

　「当該ガス導管等を管理する者に確かめる等」の「等」には、当該ガス導管等の配置図により調べること、試し掘りを行うこと等があります（同通達）。

2　ガス工作物等設置者の義務

　　1の損壊防止の実効を期するため、安衛法第102条では、「ガス工作物その他政令で定める工作物を設けている者は、当該工作物の所在する場所又はその附近で工事その他の仕事を行なう事業者から、当該工作物による労働災害の発生を防止するためにとるべき措置についての教示を求められたときは、これを教示しなければならない。」と定めています。

　　「政令で定める工作物」とは、次のものをいいます（安衛令第25条）。

　(1)　電気工作物
　(2)　熱供給施設
　(3)　石油パイプライン

なお、これら以外のものであっても、設置者は工事によって損壊されることを望まないのが普通ですから、事前に尋ねれば、教えてくれることが多いと思われます。

Q142　ボーリングマシンについては、そのほかに注意すべきことがありますか？

ANSWER　通達により、次の2点に注意するように示されています（平2.9.26基発第583号）。

1　ボーリングマシンのロッド、スピンドル、チャック、スイベル等の回転部分で接触により労働者に危険を及ぼすおそれのある部分については、安衛則第101条第1項の規定が適用されるものであること。
2　ボーリングマシンのチャックに附属する止め具については、安衛則第101条第2項の規定が適用されるものであること。

安衛則第101条第1項と第2項は、次のように定めています。

　　第1項　事業者は、機械の原動機、回転軸、歯車、プーリー、ベルト等の労働者に危険を及ぼすおそれのある部分には、覆（おお）い、囲い、スリーブ、踏切橋等を設けなければならない。

　　第2項　事業者は、回転軸、歯車、プーリー、フライホイール等に附属する止め具については、埋頭型のものを使用し、又は覆（おお）いを設けなければならない。

Q143 場所打ちくい工事では、どのようなことに注意しなければならないでしょうか？

ANSWER 労働者の墜落防止措置です。

　場所打ちくいとは、ビル等の建設工事現場において、地盤面に一定の直径の穴を支持基盤（堅い地層）まで掘り、鉄筋かごを入れて生コンを流し込み、くいを築造するものです。深礎工法ともいいます。

　橋脚の基礎くい築造工事もこれに該当します。大規模なものとしては、横浜ベイブリッジの基礎があり、直径10メートルのコンクリートくいが、海面下約80メートルまで入っています。鶴見つばさ橋の工事で使用された鋼殻ケーソン工法もその一種です。

　そこまでの規模でなくても、アースオーガーやアースドリルなどで穴を掘ったときに、労働者の墜落防止措置が必要になります。

　地層によっては、内部が酸素欠乏危険場所に該当することもあります。また、人が内部に入るときには、土砂崩壊の危険防止も必要となります。

　くいができあがったときに、くい頭をはつるなどの加工する作業が生じますが、その高さが地盤面等から1.5メートル以上であれば昇降設備が必要です（安衛則第526条）し、2メートル以上であれば墜落防止措置が必要です（安衛則第518条、第519条）。

　なお、平成11年6月22日付け基発第405号「深礎工法による基礎建設工事における労働災害防止対策の徹底について」に留意してください。

Q144 移動式クレーンにバイブロハンマーを取り付けてくい打機・くい抜機とした場合、法令上どのような取扱いになるのでしょうか？

ANSWER 車両系建設機械としての取扱いになります。

　移動式クレーンには、トラッククレーン、ホイールクレーンとクローラクレーンがあります（ここでは、工事の関係から鉄道クレーンとフローチングクレーンを除く。）。

　お尋ねの場合について、通達では「移動起重機（現行＝移動式クレーン）、ジンポール、二又、三又等通常は、物揚げ装置として使用されるものであっても、くい打ち又はくい抜きの作業にこれらを用いる場合には、「くい打機」又は「くい抜機」に含まれるものである」（昭34.2.18基発第101号）とされてい

ます。

また、「移動式クレーンをくい打機に転用した場合には、当該くい打機で杭のつり込みを行うのは、くい打機の機能の１つである」旨の通達（昭38.3.30 37基収第10306号）があります。

さらに、移動式クレーンの休止報告に関し、「移動式クレーンを、復元することを予定して短期間移動式クレーン以外の機械として使用している期間については、「休止」として取り扱うこと。」（昭46.9.7基発第621号）とされています。

以上のことから、移動式クレーンをくい打機等として使用する場合には、クレーン則の規定が適用されないことになります。

しかしながら、移動式クレーンをくいの素抜き作業に用いる場合には、クレーン則の適用があります（昭60.10.15基発第595号）ので、注意が必要です。この通達では、「移動式クレーンを使用して行うくい抜き作業における安全対策について」を示していますので、留意してください。荷重オーバーによる転倒災害等が発生しています。

第5節　締固め用機械

Q145　締固め用機械とは、どのようなものでしょうか？

ANSWER　ローラーです。

締固め用機械には、ロードローラー、タイヤローラー及び振動ローラーがあります。構造により、マカダムローラーやタンデムローラーと呼ばれるものもあります。

Q146　締固め用機械には、どのような法規制があるのでしょうか？

ANSWER　機体重量にかかわらず、その運転の業務は特別教育の対象となっています（安衛法第59条第３項、安衛則第36条）。

そのほかには、車両系建設機械共通の規制です。

第6節　コンクリート打設用機械

Q147　コンクリート打設用機械とは、どのようなものでしょうか？

ANSWER　コンクリートポンプ車のことです。

　コンクリートポンプ車は、通称「ポンプ屋」とも呼ばれる業者が使用するもので、生コンプラントからコンクリートミキサー車で現場に届けられた生コンを受け、輸送管（パイプ）を介して打設箇所に圧送する自動車です。生コンを受けるところから、先端の吐出口までをこの業者が請け負います。

Q148　コンクリートポンプ車については、法令上どのようなことに注意すべきでしょうか？

ANSWER　輸送管等の脱落及び振れの防止等と、作業指揮者の選任及び特別教育の実施です。

1　輸送管等の脱落及び振れの防止等
　　安衛則第171条の2では、「事業者は、コンクリートポンプ車を用いて作業を行うときは、次の措置を講じなければならない。」としています。
　(1)　輸送管を継手金具を用いて輸送管又はホースに確実に接続すること、輸送管を堅固な建設物に固定させること等当該輸送管及びホースの脱落及び振れを防止する措置を講ずること。
　(2)　作業装置の操作を行う者とホースの先端部を保持する者との間の連絡を確実にするため、電話、電鈴等の装置を設け、又は一定の合図を定め、それぞれ当該装置を使用する者を指名してその者に使用させ、又は当該合図を行う者を指名してその者に行わせること。
　(3)　コンクリート等の吹出しにより労働者に危険が生ずるおそれのある箇所に労働者を立ち入らせないこと。
　(4)　輸送管又はホースが閉そくした場合で、輸送管及びホース（以下この条及び次条において「輸送管等」という。）の接続部を切り離そうとするときは、あらかじめ、当該輸送管等の内部の圧力を減少させるため空気圧縮機のバルブ又はコックを開放すること等コンクリート等の吹出しを防止する措置を講ずること。

(5) 洗浄ボールを用いて輸送管等の内部を洗浄する作業を行うときは、洗浄ボールの飛出しによる労働者の危険を防止するための器具を当該輸送管等の先端部に取り付けること。
2　作業指揮
　　安衛則第171条の3では、「事業者は、輸送管等の組立て又は解体を行うときは、作業の方法、手順等を定め、これらを労働者に周知させ、かつ、作業を指揮する者を指名して、その直接の指揮の下に作業を行わせなければならない。」と規定しています。
3　特別教育
　　コンクリートポンプ車の作業装置の操作の業務は、特別教育の対象となっています（安衛法第59条第3項、安衛則第36条第10号の2）。

Q149 コンクリートポンプ車による災害防止としては、そのほかに、どのようなことをしなければならないのでしょうか？

ANSWER　ブームの破損による災害があいついで発生しています。
　この災害が続いていることもあり、平成15年7月23日付け基安発第0723005号、平成16年11月9日付け基安発第1109003号、平成20年7月23日付け基安安発第0723006号、平成20年11月25日付け基安安発第1125004号「コンクリートポンプ車による労働災害の防止について」が示され、関係業界団体等に要請がされています。

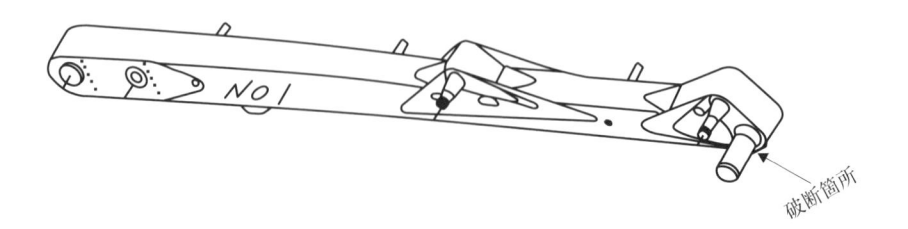

（破断箇所）

　毎日の作業開始前点検において、この部分の点検を徹底することが望まれます。
　なお、打設時に躯体の圧送パイプとの接続や、打設後の洗浄等で高さが2メートル以上の場所に上がるときには、墜落防止措置としてヘルメットの着用が必要です。

第7節　解体用機械

Q150 解体用機械とは、どのようなものでしょうか？

ANSWER 法令で規制がある解体用機械は、次のものがあります（安衛令別表第七）。

1　ブレーカ
2　鉄骨切断機（ビル等の解体工事において鉄骨を切断する機械）
3　コンクリート圧砕機（コンクリート構造物を砕く機械）
4　解体用つかみ機（木造工作物を解体する機械）

これらのうち、2から4の機械は、平成25年7月1日から規制対象となったものです。

Q151 解体用機械には、どのような法規制があるのでしょうか？

ANSWER 次の規制が定められています。

1　厚生労働大臣が定める規格又は安全装置の具備（安衛法第42条）
2　就業制限と特別教育（安衛法第61条、第59条）
3　定期自主検査（安衛法第45条）
4　リースの場合、リース業者における事前の点検・整備（安衛法第33条、安衛則第666条）
5　そのほか、安衛則第171条の4以下に規制が設けられています（**次問参照**）。

Q152 解体用機械の作業に係る法規制には、どのようなものがあるのでしょうか？

ANSWER 作業区域内への立入禁止措置等が定められています。

安衛則第171条の4では、「事業者は、ブレーカを用いて工作物の解体若しくは破壊の作業（令第6条第15号の5の作業を除く。）又はコンクリート、岩石等の破砕の作業を行うときは、次の措置を講じなければならない。」と規定しています。

(1) 作業を行う区域内には、関係労働者以外の労働者の立入りを禁止すること。
(2) 強風、大雨、大雪等の悪天候のため、作業の実施について危険が予想されるときは、当該作業を中止すること。

そのほか、安衛則において次の規制が定められています。

1 アタッチメントを装着・取外しをするときは、それを支える架台を使用すること（第166条の2）
2 過度に重いアタッチメントの取付けを禁止（第166条の3）
3 アタッチメントの交換後に、取り付けたアタッチメントの重量などを表示すること（第166条の4）
4 解体した物体が飛来する危険がある場所では、運転室のないものの使用を禁止（第171条の5）
5 運転者以外の立入禁止（第171条の6）
6 路肩、傾斜地等転倒する危険がある場所では、特定解体用機械の使用禁止（第157条の2、努力義務）

なお、特定解体用機械とは、ブームアームの長さの合計が12メートル以上の解体用機械をいいます。

Q153 解体用機械の運転資格については、どのようになっているのでしょうか？

ANSWER 機体重量が3トン以上の解体用機械の運転の業務については、車両系建設機械（解体用機械）運転技能講習を修了した者でなければ、つかせてはなりません（安衛法第61条、安衛令第20条、安衛則別表第六）。

機体重量が3トン未満のものの運転の業務については、特別教育を実施しなければなりません（安衛法第59条第3項、安衛則第36条）。

解体用機械のうち、平成25年7月1日から新設された鉄骨切断機、コンクリート圧砕機と解体用つかみ機については、次の経過措置が設けられています。

すなわち、現に（平成25年6月30日までに）車両系建設機械（解体用機械）運転技能講習修了者及び現に鉄骨切断機等の運転業務に従事している者であって、その従事経験が6月以上のものについては、平成27年6月30日までに実施

される特例技能講習を修了しなければなりません。

逆にいえば、上記の要件に該当する者は、平成27年6月30日までは、従来どおりでもよいということです。

この要件に該当しない者は、平成25年7月1日から、新たに実施されている車両系建設機械（解体用機械）運転技能講習を修了していなければなりません。

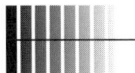

第8節　車両系荷役運搬機械等

Q154 車両系荷役運搬機械等とは、どのようなものですか？

ANSWER　次の7つの機械等をいいます（安衛則第151条の2）。

1　フォークリフト
2　ショベルローダー
3　フォークローダー
4　ストラドルキャリヤー
5　不整地運搬車
6　構内運搬車
7　貨物自動車

これらのうち4は、建設工事現場で使用されることはありません。

Q155 車両系荷役運搬機械等を使用する際に、どのようなことをしなければならないのでしょうか？

ANSWER　構造規格を具備したものを使用すること、就業制限、定期自主検査、作業開始前点検、災害防止措置になります。

まず、就業制限と特別教育の関係と特定自主検査の対象は、次のとおりとなります。

車両系荷役運搬機械等	技能講習	特別教育	特定自主検査
フォークリフト	最大荷重1トン以上のものの運転の業務（道路上を走行させる運転を除く。）	最大荷重1トン未満のものの運転の業務（道路上を走行させる運転を除く。）	○
ショベルローダー	最大荷重1トン以上のものの運転	最大荷重1トン未満のものの運転	－

		の業務（道路上を走行させる運転を除く。）	の業務（道路上を走行させる運転を除く。）	
フォークローダー		最大荷重1トン以上のものの運転の業務（道路上を走行させる運転を除く。）	最大荷重1トン未満のものの運転の業務（道路上を走行させる運転を除く。）	−
不整地運搬車		最大積載量が1トン以上のものの運転の業務（道路上を走行させる運転を除く。）	最大積載量が1トン未満のものの運転の業務（道路上を走行させる運転を除く。）	○
構内運搬車		−	−	−
貨物自動車		−	−	−

Q156 車両系荷役運搬機械等の災害防止措置とは、どのようなことがあるのでしょうか？

ANSWER 安衛則において、次の事項が定められています。

1　作業計画（第151条の3）
2　作業指揮者（第151条の4）
3　制限速度（第151条の5）
4　転落等の防止（第151条の6）
5　接触の防止（第151条の7）
6　合図（第151条の8）
7　立入禁止（第151条の9）
8　荷の積載（第151条の10）
9　運転位置から離れる場合の措置（第151条の11）
10　車両系荷役運搬機械等の移送（第151条の12）
11　搭乗の制限（第151条の13）
　　本条は、不整地運搬車と貨物自動車には適用されません。
12　主たる用途以外の使用の制限（第151条の14）
13　修理等（第151条の15）

以上のほか、第151条の16以下に、それぞれの機械等ごとに実施すべき事項等が定められています。

車両系荷役運搬機械等	規制等
フォークリフト	第151条の16〜第151条の26
ショベルローダー、	第151条の27〜第151条の35

フォークローダー	
不整地運搬車	第151条の43～第151条の58
構内運搬車	第151条の59～第151条の64
貨物自動車	第151条の65～第151条の76

Q157 何かポイントとなる事項としては、どのようなことがありますか？

ANSWER 作業計画を作成し、それにしたがって作業することです。災害が発生したとき、作業計画を作成していなかったという違反が結構認められます。

　作業計画とは、あらかじめ、当該作業に係る場所の広さ及び地形、当該車両系荷役運搬機械等の種類及び能力、荷の種類及び形状等に適応するものでなければなりません（安衛則第151条の3）。

　この作業計画には、当該車両系荷役運搬機械等の運行経路及び当該車両系荷役運搬機械等による作業の方法が示されていなければなりません（同条第2項）。

　さらに、事業者は、この作業計画を定めたときは、そこに示される事項について関係労働者に周知させなければなりません。

　そして、作業指揮者に当該作業計画に基づいて作業の指揮を行わせなければなりません（安衛則第151条の4）。

Q158 安全ブロック等は、どのような場合に用いるのでしょうか？

ANSWER 車両系荷役運搬機械等が有するフォーク、ショベル、アーム等又はこれらにより支持されている荷の下に労働者を立ち入らせる場合に用います（安衛則第151条の9）。

　これらのフォーク等は、突然降下して労働者に危害を及ぼす場合がありますから、点検や荷の位置の修正等であっても、それらの下に労働者を立ち入らせてはなりません。また、立ち入らせる場合には必ず安全ブロック等を使用して、フォーク等の降下による危害防止措置を講じなければなりません。不整地運搬車や貨物自動車の荷台のダンプ装置も同様です。

Q159 荷の積卸しで気をつけなければならないことは、どのようなことでしょうか？

ANSWER 一定以上の重量物の積卸しについては、作業指揮者を定め、その者に一定の事項を行わせる必要があります（安衛則第151条の48、第151条の62、第151条の70）。

1　作業指揮者の選任

　　作業指揮者を選任しなければならないのは、一の荷でその重量が100キログラム以上のものを不整地運搬車に積む作業（ロープ掛けの作業及びシート掛けの作業を含む。）又は不整地運搬車から卸す作業（ロープ解きの作業及びシート外しの作業を含む。）を行うときです。貨物自動車の場合も同様です。

2　作業指揮者の職務

　　作業指揮者に行わせなければならないのは、次の事項です。

　(1) 作業手順及び作業手順ごとの作業の方法を決定し、作業を直接指揮すること。

　(2) 器具及び工具を点検し、不良品を取り除くこと。

　(3) 当該作業を行う箇所には、関係労働者以外の労働者を立ち入らせないこと。

　(4) ロープ解きの作業及びシート外しの作業を行うときは、荷台上の荷の落下の危険がないことを確認した後に当該作業の着手を指示すること。

　(5) 床面と荷台上の荷の上面との間を昇降するための設備及び保護帽の使用状況を監視すること（不整地運搬車又は貨物自動車であって、最大積載荷重が5トン以上の場合に限る。）。

3　保護帽の着用

　　荷の積卸し作業を行う場合であって、不整地運搬車又は貨物自動車の最大積載荷重が5トン以上の場合には、当該作業に従事する労働者に保護帽を着用させなければなりません（安衛則第151条の52、第151条の74）。

Q160 荷台への乗車については、何か規制があるのでしょうか？

ANSWER あります。

基本的に、乗車席以外の場所への乗車は禁止されています（安衛則第151条の13、第151条の50、第151条の72）。また、フォークなどの作業装置に労働者を乗せることも禁止されています（安衛則第151条の14）。

乗車席以外の場所に乗車することができるのは、あおりのある荷台であって、次の措置を講じた場合に限られます（安衛則第151条の51、第151条の73）。

(1) 荷の移動による労働者の危険を防止するため、移動により労働者に危険を及ぼすおそれのある荷について、歯止め、滑止め等の措置を講ずること。

(2) 荷台に乗車させる労働者に次の事項を行わせること。
　イ　あおりを確実に閉じること。
　ロ　あおりその他貨物自動車の動揺により労働者が墜落するおそれのある箇所に乗らないこと。
　ハ　労働者の身体の最高部が運転者席の屋根の高さ（荷台上の荷の最高部が運転者席の屋根の高さを超えるときは、当該荷の最高部）を超えて乗らないこと。

これらの規制は、カーブを曲がる際やブレーキをかけたときなどに、勢いで労働者が飛び出してしまわないようにということと、積荷が動くことにより労働者に危害が及ぶことを防ぐためのものです。

Q 161 定期自主検査は、どのようなことをしなければならないのでしょうか？

ANSWER　定期自主検査は年次点検と月次点検があり、作業開始前点検も定められています。

各機械ごとに次の項目について実施しなければなりません。

車両系荷役運搬機械等	定期自主検査 （年次）	定期自主検査 （月次）	作業開始前点検
フォークリフト	（特定自主検査） 一　圧縮圧力、弁すき間その他原動機の異常の有無 二　デファレンシャル、プロペラシャフトその他動力伝達装置の異常の有無 三　タイヤ、ホイールベアリングそ	一　制動装置、クラッチ及び操縦装置の異常の有無 二　荷役装置及び油圧装置の異常の有無 三　ヘッドガード及びバックレストの異常	一　制動装置及び操縦装置の機能 二　荷役装置及び油圧装置の機能 三　車輪の異常の有無 四　前照燈、後照燈、方向指示器及び警報

	の他走行装置の異常の有無 四　かじ取り車輪の左右の回転角度、ナックル、ロッド、アームその他操縦装置の異常の有無 五　制動能力、ブレーキドラム、ブレーキシューその他制動装置の異常の有無 六　フォーク、マスト、チェーン、チェーンホイールその他荷役装置の異常の有無 七　油圧ポンプ、油圧モーター、シリンダー、安全弁その他油圧装置の異常の有無 八　電圧、電流その他電気系統の異常の有無 九　車体、ヘッドガード、バックレスト、警報装置、方向指示器、燈火装置及び計器の異常の有無	の有無	装置の機能
ショベルローダー、フォークローダー	一　原動機の異常の有無 二　動力伝達装置及び走行装置の異常の有無 三　制動装置及び操縦装置の異常の有無 四　荷役装置及び油圧装置の異常の有無 五　電気系統、安全装置及び計器の異常の有無	一　制動装置、クラッチ及び操縦装置の異常の有無 二　荷役装置及び油圧装置異常の有無 三　ヘッドガードの異常の有無	一　制動装置及び操縦装置の機能 二　荷役装置及び油圧装置の機能 三　車輪の異常の有無 四　前照燈、後照燈、方向指示器及び警報装置の機能
不整地運搬車	（2年に1回、特定自主検査） 一　圧縮圧力、弁すき間その他原動機の異常の有無 二　クラッチ、トランスミッション、ファイナルドライブその他動力伝達装置の異常の有無 三　軌道輪、遊導輪、上下転輪、履帯、タイヤ、ホイールベアリングその他走行装置の異常の有無 四　ロッド、アームその他操縦装置の異常の有無 五　制動能力、ブレーキドラム、ブレーキシューその他制動装置の異常の有無 六　荷台、テールゲートその他荷役装置の異常の有無 七　油圧ポンプ、油圧モーター、シリンダー、安全弁その他油圧装置の異常の有無 八　電圧、電流その他電気系統の異	一　制動装置、クラッチ及び操縦装置の異常の有無 二　荷役装置及び油圧装置の異常の有無	一　制動装置及び操縦装置の機能 二　荷役装置及び油圧装置の機能 三　履帯又は車輪の異常の有無 四　前照燈、尾燈、方向指示器及び警報装置の機能

	常の有無 九　車体、警報装置、方向指示器、燈火装置及び計器の異常の有無		
構内運搬車			一　制動装置及び操縦装置の機能 二　荷役装置及び油圧装置の機能 三　車輪の異常の有無 四　前照燈、尾燈、方向指示器及び警音器の機能
貨物自動車			一　制動装置及び操縦装置の機能 二　荷役装置及び油圧装置の機能 三　車輪の異常の有無 四　前照燈、尾燈、方向指示器及び警音器の機能

年次と月次の定期自主検査については、次の事項を記録し、これを3年間保存しなければなりません（安衛則第151条の23ほか）。

1　検査年月日
2　検査方法
3　検査箇所
4　検査の結果
5　検査を実施した者の氏名
6　検査の結果に基づいて補修等の措置を講じたときは、その内容

これらの自主検査等において、異常を認めたときは、直ちに補修その他必要な措置を講じなければなりません（安衛則第151条の26ほか）。

なお、厚生労働省から次の指針が示されていますので、これに沿って行う必要があります。

1　「フォークリフトの定期自主検査指針」（平5.12.20自主検査指針公示第15号）
2　「ショベルローダー等の定期自主検査指針」（昭60.12.18自主検査指針公示第9号）
3　「不整地運搬車の定期自主検査指針」（平3.7.26自主検査指針公示第12号）

第9節　コンベヤー

Q162 コンベヤーとは、どのようなものですか？

ANSWER　ベルトコンベヤーが典型ですが、エンドレス構造で、材料等を一定の区間移動させる装置です。

コンベヤーには多種多様なものがありますが、建設工事現場で使用されるものとしては、ベルトコンベヤー、バケットコンベヤー、スクリューコンベヤーなどがあります。

Q163 コンベヤーについては、どのようなことをしなければならないのでしょうか？

ANSWER　昭和50年技術上の指針公示第5号「コンベヤの安全基準に関する技術上の指針」が示されていますので、構造等についてこれに合うようにすべきです。

また、安衛則において、次の事項が定められています。

1　逸走等の防止（第151条の77）

　　送出し側と受取り側とに高低差がある場合、停電や電圧降下等による荷又は搬器の逸走及び逆走を防止するための装置（逸走防止装置）を備えなければなりません。

2　非常停止装置（第151条の78）

　　労働者の身体の一部が巻き込まれる等労働者に危険が生ずるおそれのあるときは、非常の場合に直ちにコンベヤーの運転を停止することができる装置（非常停止装置）を備えなければなりません。

　　コンベヤーは長さがあり、労働者の位置によっては非常停止装置に手が届かないことが生じますので、それを防ぐため、コンベヤーに沿ってロープ式の非常停止装置を設けるなどの対応が必要です。

3　コンベヤーから荷が落下することにより労働者に危険を及ぼすおそれがあるときは、当該コンベヤーに覆い又は囲いを設ける等荷の落下を防止するための措置を講じなければなりません。

4　トロリーコンベヤー（第151条の80）

トロリーコンベヤーについては、トロリーとチェーン及びハンガーとが容易に外れないよう相互に確実に接続されているものでなければ使用してはなりません。

5 　搭乗の制限（第151条の81）

運転中のコンベヤーに労働者を乗せてはなりません。ただし、労働者を運搬する構造のコンベヤーについて、墜落、接触等による労働者の危険を防止するための措置を講じた場合は、差し支えありません。

6 　点検（第151条の82）

コンベヤーを用いて作業を行うときは、その日の作業を開始する前に、次の事項について点検を行わなければなりません。

一　原動機及びプーリーの機能
二　逸走等防止装置の機能
三　非常停止装置の機能
四　原動機、回転軸、歯車、プーリー等の覆い、囲い等の異常の有無

7 　補修等（第151条の83）

6の点検を行った場合において、異常を認めたときは、直ちに補修その他必要な措置を講じなければなりません。

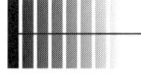

第10節　高所作業車

Q164 高所作業車とは、どのようなものでしょうか？

ANSWER 高所における工事、点検、補修等の作業に使用される機械であって作業床（各種の作業を行うために設けられた人が乗ることを予定した「床」をいう。）及び昇降装置その他の装置により構成され、当該作業床が昇降装置その他の装置により上昇、下降等をする設備を有する機械のうち、動力を用い、かつ、不特定の場所に自走することができるものをいいます（平2.9.26基発第583号）。

自走する装置には、タイヤ式のものとクローラ式のものがあります。

なお、消防機関が消防活動に使用するはしご自動車、屈折はしご自動車等の消防車は、高所作業車には含みません（同通達）。ずい道掘削に用いられるド

リルジャンボも、高所作業車には含みません。

Q165 高所作業車を使用する場合、どのようなことをしなければならないのでしょうか？

ANSWER 構造規格の具備、就業制限、特別教育、定期自主検査等です。

まず、作業床の高さが2メートル以上の高所作業車は、厚生労働大臣が定める規格又は安全装置を具備していなければなりません（安衛法第42条、安衛令第13条）。

高所作業車は、作業床の高さにより就業制限が異なります。この「作業床の高さ」とは、作業床を最も高く上昇させた場合におけるその床面の高さをいいます（安衛令第10条第4号）。「床面の高さ」とは、車体の接地面から作業床の床面までを垂直に測った高さをいいます（平2.9.26基発第583号）。

作業床の高さが10メートル以上の高所作業車の運転（道路上を走行させる運転を除く。）の業務は、高所作業車運転技能講習を修了した者でなければ、つかせてはなりません（安衛法第61条、安衛令第20条）。

作業床の高さが10メートル未満のものの運転の業務は、特別教育を実施しなければなりません。

これらのほか、安衛則において次の事項が定められています。

1　前照灯及び尾灯（第194条の8）
2　作業計画（第194条の9）
3　作業指揮者（第194条の10）
4　転落等の防止（第194条の11）
5　合図（第194条の12）
6　運転位置から離れる場合の措置（第194条の13）
7　高所作業車の移送（第194条の14）
8　搭乗の制限（第194条の15）
9　使用の制限（第194条の16）
10　主たる用途以外の使用の制限（第194条の17）
11　修理等（第194条の18）
12　ブーム等の降下による危険の防止（第194条の19）
13　作業床への搭乗制限等（第194条の20）

14　作業床への搭乗制限等（第194条の21）
15　安全帯等の使用（第194条の22）
16　定期自主検査（第194条の23）
17　定期自主検査（第194条の24）
18　定期自主検査の記録（第194条の25）
19　特定自主検査（第194条の26）
20　作業開始前点検（第194条の27）
21　補修等（第194条の28）

ところで、建設工事現場内で、天井等の工事を行う際に高所作業車を使用する例がありますが、床面に移動電線や仮設の配線をはわせている場合には、高所作業車のタイヤ等による破損を防ぐため、ケーブルプロテクターを用いるなどの措置を講じなければなりません（安衛則第338条）。

また、屋内での工事の場合には、内燃機関は使用禁止（安衛則第578条）ですから、バッテリー式のものを使用しなければなりません。

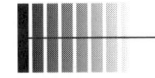

第11節　ジャッキ式つり上げ機械

Q166 ジャッキ式つり上げ機械とは、どのようなものでしょうか？

ANSWER　複数の保持機構（ワイヤロープ等を締め付けること等によって保持する機構をいう。以下同じ。）を有し、当該保持機構を交互に開閉し、保持機構間を動力を用いて伸縮させることにより荷のつり上げ、つり下げ等の作業をワイヤロープ等を介して行う機械をいいます（安衛則第36条第10号の４）。

「保持機構」には、つり材のワイヤロープの周りに配置したコレット（楔状の金具）を油圧により締め付け、摩擦力で固締保持するもの、つり材のPC鋼より線を重力による自然噛込み式の楔で保持するもの、つり材の等間隔に穴のあいたテンションプレートをその穴にピンを挿入することにより保持するもの、つり材のステップ（溝）を切った鋼棒のステップ部をコレット等で保持するもの、つり材のねじを切った鋼棒をナット等により保持するもの等があります（平11.8.13基発第505号）。

「ワイヤロープ等」の「等」には、PC鋼より線、ロッド、テンションプレー

ト等が含まれます（同通達）。

「荷のつり上げ、つり下げ等」の「等」には、荷を地切りをせずに斜め方向に移動させること、長尺物の一端を引き上げて長尺物を立ち上げること等のジャッキ式つり上げ機械のすべての保持機構が同時に開放されること等により荷が落下するおそれのある作業が含まれます（同通達）。

一般的には、4基以上のジャッキ式つり上げ機械を同調させて運転することにより、橋梁やドーム球場の屋根などを一度につり上げるなどの使い方をします。

Q167 ジャッキ式つり上げ機械を使用する際、どのようなことをしなければならないのでしょうか？

ANSWER まず、ジャッキ式つり上げ機械の調整又は運転の業務に従事する労働者に対し、安全のための特別教育を行わなければなりません（安衛法第59条第3項、安衛則第36条第10号の4）。

次に、安衛則において、下記事項を定めています。

1　保持機構等（第194条の4）
2　作業計画（第194条の5）
3　ジャッキ式つり上げ機械による作業（第194条の6）
4　保護帽の着用（第194条の7）

ところで、1では、事業者は、建設工事の作業において使用するジャッキ式つり上げ機械については、次の要件に該当するものでなければ、使用してはならないと定めています。

(1) 使用の目的に適応した必要な強度を有すること。
(2) 保持機構については、ワイヤロープ等を保持するために必要な能力を有すること。
(3) すべての保持機構が同時に開放されることを防止する機構を有していること。
(4) 著しい損傷、磨耗、変形又は腐食のないものであること。

さらに平成11年8月13日付け基発第505号「労働安全衛生規則の一部を改正する省令の施行について」の別添において、「ジャッキ式つり上げ機械の構造規格」が定められていますので、これを踏まえた構造となっている必要があり

ます。

Q168 ジャッキ式つり上げ機械を使用する際、特に注意すべきことは何でしょうか？

ANSWER つり上げ用ワイヤロープの破損防止です。

ジャッキ式つり上げ機械は、ワイヤロープをコレットと呼ぶ締付け金具で締め付けることにより、荷をつり上げたり下ろすことができるものです。コレットには、ワイヤロープのストランドの形状に合わせた溝が刻まれています。

ところが、ワイヤロープの荷をつり上げる側の反対の末端がジャッキの上部から出ていますが、ワイヤロープの自重によって下に垂れるところにシーブを設けるなどして養生をしないと曲がりが生じることがあります。また、ワイヤロープにその他の原因により変形が生じると、コレットがきちんとストランドに合わせて締め付けることができず、ストランドを傷つけると同時にコレットにも損傷が生じます。すると、いわゆる滑りを生じることになります。荷を保持した状態で、荷の重量によりワイヤロープがコレットを滑りながら下がっていく現象です。ワイヤロープのストランドがコレットを削っていきます。

こうなると、なるべく早く荷を下ろす以外に対処法はありません。いかにワイヤロープの損傷を防ぐかが、ジャッキ式つり上げ機械を使用する上で重要であるということに、注意が必要です。

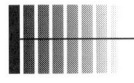

第12節　クレーン、移動式クレーン

Q169 クレーンとは、どのようなものでしょうか？

ANSWER 荷を動力を用いてつり上げ、及びこれを水平に運搬することを目的とする機械装置をいいます（昭47.9.18基発第602号）。単につり上げもしくはつり下ろす装置又は水平面若しくは傾斜面に沿って運搬する機能のものは含みません（昭23.6.10基発第874号、昭33.2.13基発第90号）。

建設工事現場では、ジブクレーン、門型クレーンと、ビルや塔の建設等に使われるクライミングクレーンがよく用いられます。ジブクレーンのなかには、俗にトンボクレーンと呼ばれるジブが水平のものも用いられます。ダム工事現

場では、ケーブルクレーンもよく用いられます。

　つり上げ荷重が3トン以上のものは、都道府県労働局長の製造許可を有する者でなければ製造することができません（安衛法第37条、安衛令第12条）。また、所轄労働基準監督署長が発行する検査証が必要です。それにあたり、設置時にあらかじめ設置届を提出しなければなりません（安衛法第88条）。設置届については、「計画届」の項（P38）を参照してください。

　なお、つり上げ荷重が3トン未満のものは、あらかじめ、クレーン設置報告書（クレーン則様式第9号）を所轄労働基準監督署長に提出しなければなりません。ただし、計画届免除の認定を受けた店社の工事現場を除きます（クレーン則第11条）。

Q170 クレーンの就業制限等については、どのようになっているのでしょうか？

ANSWER　クレーンの運転操作と玉掛け業務に分かれます。次の表のとおりです。

業務区分	つり上げ荷重	クレーンの区分	資格等
運転業務	0.5トン以上5トン未満		特別教育
	5トン以上	床上操作式	技能講習
		床上運転式	免許（限定免許あり）
		上記以外	免許
玉掛け業務	0.5トン以上1トン未満		特別教育
	1トン以上		技能講習

Q171 クレーンを使用して行う作業において、法令上どのようなことに注意しなければならないでしょうか？

ANSWER　クレーン則において、次の事項が定められています。

1　検査証の備付け（第16条、つり上げ荷重3トン以上のもの）
2　厚生労働大臣の定める基準に適合したものの使用（第17条）
3　設計の基準とされた負荷条件の遵守（第18条）
4　巻過ぎの防止（第18条、第19条）
5　安全弁の調整（第20条）

6　外れ止め装置の使用（第20条の2）
7　過負荷の制限（第23条）
8　傾斜角の制限（第24条）
9　定格荷重の表示等（第24条の2）
10　運転の合図（第25条）
11　搭乗の制限（第26条）
12　搭乗の制限等（第27条）
13　立入禁止（第28条、第29条）
14　並置クレーンの修理等の作業（第30条）
15　暴風時における逸走の防止（第31条）
16　強風時の作業中止（第31条の2）
17　強風時における損壊の防止（第31条の3）
18　運転位置からの離脱の禁止（第32条）
19　組立て等の作業（第33条）

Q172 クレーンにより、労働者を運搬したりつり上げて作業をさせることはできないのでしょうか。

ANSWER　原則として禁止されています（クレーン則第26条）。

しかしながら、作業の性質上やむを得ない場合又は安全な作業の遂行上必要な場合は、クレーンのつり具に専用の搭乗設備を設けて当該搭乗設備に労働者を乗せることができます（同則第27条第1項）。

この場合、その搭乗設備については、墜落による労働者の危険を防止するため次の事項を行わなければなりません（同条第2項）。

(1) 搭乗設備の転位及び脱落を防止する措置を講ずること。
(2) 労働者に安全帯（構造規格を具備した安全帯）その他の命綱（安全帯等）を使用させること。
(3) 搭乗設備を下降させるときは、動力下降の方法によること。

労働者は、この場合において安全帯等の使用を命じられたときは、これを使用しなければなりません。

「動力下降の方法によること」とは、動力を切って自然落下させることを禁止しているものです。

Q173 クレーン作業時の荷の下への立入禁止は、法令上どのような取扱いになっているのでしょうか？

ANSWER 次のいずれかに該当するときには、つり上げられている荷（(6)の場合にあっては、つり具を含む。）の下に労働者を立ち入らせてはなりません（クレーン則第29条）。

(1) ハッカーを用いて玉掛けをした荷がつり上げられているとき。

　　ハッカーとは、爪状のつり具で、板状の物を平たい状態でつり上げるときに用いられます。爪で引っかけているだけなので、外れやすく危険です。

(2) つりクランプ1個を用いて玉掛けをした荷がつり上げられているとき。

　　つりクランプとは、鉄板等を挟んでつり上げるもので、鉄板の端をつかみ、つり上げると鉄板の自重で挟む力を生じさせているものです。摩擦力だけで保持しているので、時に外れることがあり危険です。

(3) ワイヤロープ、つりチェーン、繊維ロープ又は繊維ベルトを用いて1箇所に玉掛けをした荷がつり上げられているとき（当該荷に設けられた穴又はアイボルトにワイヤロープ等を通して玉掛けをしている場合を除く。）。

(4) 複数の荷が一度につり上げられている場合であって、当該複数の荷が結束され、箱に入れられる等により固定されていないとき。

　　単管等をまとめてつり上げるときに注意が必要です。

(5) 磁力又は陰圧により吸着させるつり具又は玉掛用具を用いて玉掛けをした荷がつり上げられているとき。

(6) 動力下降以外の方法により荷又はつり具を下降させるとき。

　　フリーフォールと呼んでいますが、動力を切って荷やフックをその自重で自然降下させ、直前でブレーキを掛けることをすることがあります。早く下ろそうとしてオペレーターがそのようにすることがありますが、ブレーキが間に合わず、労働者に激突するなどの災害が発生しています。原則として禁止です。

法令上の規制は以上の場合に限られていますが、工事現場では、そのような場合に限定せず、荷下ろし作業は原則すべてその下方は立入禁止としているのが普通です。法令上の禁止に当たる場合かどうかの判断をしなくてすむように

との配慮です。

Q174 クレーンの点検は、どのように実施すべきでしょうか？

ANSWER 作業開始前点検、定期自主検査（年次、月次）があります。

1　作業開始前点検

　事業者は、クレーンを用いて作業を行うときは、その日の作業を開始する前に、次の事項について点検を行わなければなりません（クレーン則第36条）。

(1) 巻過防止装置、ブレーキ、クラッチ及びコントローラーの機能
(2) ランウェイの上及びトロリが横行するレールの状態
(3) ワイヤロープが通っている箇所の状態

2　定期自主検査（月次）

　事業者は、クレーンについて、1月以内ごとに1回、定期に、次の事項について自主検査を行わなければなりません。ただし、1月を超える期間使用しないクレーンの当該使用しない期間においては、この限りではありません（クレーン則第35条）。

(1) 巻過防止装置その他の安全装置、過負荷警報装置その他の警報装置、ブレーキ及びクラッチの異常の有無
(2) ワイヤロープ及びつりチェーンの損傷の有無
(3) フック、グラブバケット等のつり具の損傷の有無
(4) 配線、集電装置、配電盤、開閉器及びコントローラーの異常の有無
(5) ケーブルクレーンにあっては、メインロープ、レールロープ及びガイロープを緊結している部分の異常の有無並びにウインチの据付けの状態

3　定期自主検査（年次）

　2の月次検査に加え、1年以内ごとに1回、定期に、荷重試験を行わなければなりません。ただし、次の各号のいずれかに該当するクレーンを除きます（クレーン則第34条）。

(1) 当該自主検査を行う日前2月以内にクレーン則第40条第1項の規定に基づく荷重試験を行ったクレーン又は当該自主検査を行う日後2月以

内にクレーン検査証の有効期間が満了するクレーン
(2) 発電所、変電所等の場所で荷重試験を行うことが著しく困難なところに設置されており、かつ、所轄労働基準監督署長が荷重試験の必要がないと認めたクレーン

荷重試験は、クレーンに定格荷重に相当する荷重の荷をつって、つり上げ、走行、旋回、トロリの横行等の作動を定格速度により行います。

4　暴風後等の点検

事業者は、屋外に設置されているクレーンを用いて瞬間風速が毎秒30メートルを超える風が吹いた後に作業を行うとき、又はクレーンを用いて中震以上の震度の地震の後に作業を行うときは、あらかじめ、クレーンの各部分の異常の有無について点検を行わなければなりません（クレーン則第37条）。

5　使用再開始時の自主検査

定期自主検査を実施すべき期間において、使用しない期間があることから定期自主検査を実施しなかった場合には、使用を再開するときに同等の内容の自主検査をしなければなりません。

6　記録と補修

作業開始前点検以外の自主検査及び点検については、その結果を記録し、3年間保存しなければなりません（クレーン則第38条）。

Q175　移動式クレーンとは、どのようなものでしょうか？

ANSWER　原動機を内蔵し、かつ、不特定の場所に移動させることができるクレーンをいいます（安衛令第1条第8号、クレーン則第1条第1号）。

トラッククレーン、クローラクレーン、ホイールクレーン、鉄道クレーン及び浮きクレーンに分類されます。ユニックと呼ばれるトラックにクレーン装置を架装したものも移動式クレーンです。電信柱の工事に使われる建柱車で、クレーン装置を架装したものも同様です。

移動式クレーンのうち、つり上げ荷重が3トン以上のものは特定機械等に該当します。製造許可、検査証等の対象となります。

つり上げ荷重が0.5トン以上のものは、厚生労働大臣が定める規格を具備し

たものでなければ、譲渡し、貸与し、又は設置することができません（安衛法第42条、安衛令第13条）。

　移動式クレーンは、オペ付きリースによる場合が少なくありません。オペ付きリースについてはP50を参照してください。

Q176 移動式クレーンの運転資格は、どのようになっているのでしょうか？

ANSWER 運転業務と玉掛け業務については、次の表のとおりです。

業務区分	つり上げ荷重	資格等
運転業務	0.5トン以上1トン未満	特別教育
	1トン以上5トン未満	小型移動式クレーン運転技能講習
	5トン以上	移動式クレーン運転士免許
玉掛け業務	0.5トン以上1トン未満	特別教育
	1トン以上	技能講習

　なお、オペ付きリースの場合には、元請は、その運転者が自社の労働者ではない場合にあたるため、次の措置を講じなければなりません（安衛則第667条）。

(1) 機械等を操作する者が、当該機械等の操作について法令に基づき必要とされる資格又は技能を有する者であることを確認すること。
(2) 機械等を操作する者に対し、次の事項を通知すること。
　イ　作業の内容
　ロ　指揮の系統
　ハ　連絡、合図等の方法
　ニ　運行の経路、制限速度その他当該機械等の運行に関する事項
　ホ　その他当該機械等の操作による労働災害を防止するため必要な事項

Q177 移動式クレーンの検査証について、どのようなことに注意が必要でしょうか？

ANSWER 移動式クレーンの売買は、検査証とともにしなければなりません。検査証がないつり上げ荷重3トン以上の移動式クレーンは、使用、譲渡又は貸与が禁止されています（安衛法第40条）。一般的には、そのメーカーの所

在地を管轄する都道府県労働局長が交付する移動式クレーン検査証を備えているはずです。

移動式クレーン検査証を滅失し、又は損傷した場合には、都道府県労働局長に再交付申請をすることができます（クレーン則第59条）。

検査証は、有効期間が2年です。その更新をする場合には、登録検査機関による性能検査を受けなければなりません（クレーン則第81条～第84条の2）。

また、クレーン則第63条では、「事業者は、移動式クレーンを用いて作業を行なうときは、当該移動式クレーンに、その移動式クレーン検査証を備え付けておかなければならない。」と定めています。オペ付きリースなどのとき、そのリース業者が移動式クレーン検査証の原本を運転士に持たせないようにしている場合がありますから、注意が必要です。

これは、時として検査証のない移動式クレーンが売買されていることから、移動式クレーン検査証だけの売買もあると推測され、それを防ぐためにリース業者が行っている自衛手段のようです。

Q178 移動式クレーンを使用するときには、どのようなことをしなければならないのでしょうか？

ANSWER まず、巻過防止装置がきちんと作動することを確認します。これを切って（殺して）作業をしていると、巻上げ用ワイヤロープの切断事故が起きます。

アウトリガーを完全に張り出します。アウトリガーを張り出していないか、張出しが不十分だと、つり上げ能力が著しく低下し、転倒等の事故につながります。また、ジブの長さと傾斜角によってもつり上げ能力が変化しますので、過負荷にならないようにしなければなりません。

そのほか、クレーン則では、次の事項を定めています。

1　使用の制限（構造規格の具備）（第64条）
2　巻過防止装置の調整（第65条）
3　安全弁の調整（第66条）
4　作業の方法等の決定等（第66条の2）
5　外れ止め装置の使用（第66条の3）
6　過負荷の制限（第69条）

7	傾斜角の制限（第70条）	
8	定格荷重の表示等（第70条の2）	
9	使用の禁止（第70条の3）	

これは、軟弱地盤等における転倒防止措置を定めたものです。

10	アウトリガーの位置（第70条の4）
11	アウトリガー等の張出し（第70条の5）
12	運転の合図（第71条）
13	搭乗の制限（第72条、第73条）

これは、労働者の運搬、つり上げの禁止と、例外としてそれが認められる場合を定めたものです。

14	立入禁止（第74条、第74条の2）
15	強風時の作業中止（第74条の3）
16	強風時における転倒の防止（第74条の4）
17	運転位置からの離脱の禁止（第75条）
18	ジブの組立て等の作業（第75条の2）

Q179 移動式クレーンの点検はどのように実施すべきでしょうか？

ANSWER 作業開始前点検、定期自主検査（年次、月次）があります。

1　作業開始前点検

クレーン則第78条では、「事業者は、移動式クレーンを用いて作業を行なうときは、その日の作業を開始する前に、巻過防止装置、過負荷警報装置その他の警報装置、ブレーキ、クラッチ及びコントローラーの機能について点検を行なわなければならない。」と定めています。

始業点検を実施することは、災害防止のために重要です。

2　定期自主検査（月次）

クレーン則第77条では、「事業者は、移動式クレーンについては、1月以内ごとに1回、定期に、次の事項について自主検査を行なわなければならない。ただし、1月をこえる期間使用しない移動式クレーンの当該使用しない期間においては、この限りでない。」と規定し、次の項目を定めています。

(1) 巻過防止装置その他の安全装置、過負荷警報装置その他の警報装置、ブレーキ及びクラッチの異常の有無
(2) ワイヤロープ及びつりチェーンの損傷の有無
(3) フック、グラブバケット等のつり具の損傷の有無
(4) 配線、配電盤及びコントローラーの異常の有無

3　定期自主検査（年次）

　クレーン則第76条第1項では、「事業者は、移動式クレーンを設置した後、1年以内ごとに1回、定期に、当該移動式クレーンについて自主検査を行なわなければならない。ただし、1年をこえる期間使用しない移動式クレーンの当該使用しない期間においては、この限りでない。」と定めています。

　自主検査項目は、2の月次検査項目に加えて、荷重試験を行います（同条第3項）。

　荷重試験とは、当該移動式クレーンの定格荷重に相当する荷重の荷をつって、つり上げ、旋回、走行等の作動を定格速度によって実施します。

4　使用再開始時の自主検査

　2と3の定期自主検査は、使用しない期間については定期自主検査を実施しなくてよいこととされています。そのかわり、使用を再開する場合に、それぞれの項目について自主検査を実施しなければなりません。

5　記録と補修

　以上の自主検査の結果を記録し、3年間保存しなければなりません（クレーン則第79条）。作業開始前の点検については、条文上、記録の作成保存義務はありません。

また、以上に述べた自主検査又は点検を行った場合において、異常を認めたときは、直ちに補修しなければなりません（クレーン則第80条）。

なお、昭和51年6月21日付け基発第468号「移動式クレーンの定期自主検査指針等について」と昭和56年自主検査指針公示第1号「移動式クレーンの定期自主検査指針」に留意してください。

Q180　「玉掛けの業務」とは、どのようなものでしょうか？

ANSWER つり具を使用して行う荷かけ及び荷外しの業務をいいます。

とりべ、コンクリートバケット等のように、つり具がそれらの一部となっているものを直接クレーン等のフックにかける業務、及び2人以上の者によって行う玉掛けの業務における補助作業の業務は含まれません（昭47.9.18基発第602号）。

つり上げ荷重が1トン以上のクレーン、移動式クレーン又はデリックの玉掛けの業務は、玉掛け技能講習を修了した者でなければ、つかせることはできません（安衛法第61条、安衛令第20条第16号）。

1トン未満のクレーン等の玉掛けの業務は、特別教育を実施しなければなりません。

玉掛けの業務は、重量の目測、重心位置の推定、ワイヤロープの選定をはじめとする玉掛けの作業に係る技能が必要です。そのため、このように就業制限をしているものです。

なお、クレーン等のフックからワイヤロープを外す作業も、玉掛けの業務に該当することに注意が必要です。

Q181 玉掛け用ワイヤロープについて、法令上規制があるのでしょうか？

ANSWER あります。

1 安全係数

クレーン則第213条において、玉掛け用ワイヤロープは、安全係数が6以上でなければならないとされています。

つまり、そのワイヤロープが切断する荷重の6分の1までの荷しかつってはいけないということです。

荷の底を回ってワイヤロープがクレーン等のフックに掛けられるとき、2本のワイヤロープがフックを頂点として三角形を構成します。この三角形の頂角、すなわち2本のワイヤロープの角度が120度に開くと、2本のワイヤロープそれぞれに荷の重さと同じ荷重がかかり危険です。ワイヤロープの長さも関係しますが、その角度はなるべく狭いほうがよいのです。

2 端部処理

そして、「エンドレスでないワイヤロープ又はつりチェーンについては、その両端にフック、シャックル、リング又はアイを備えているものでなければクレーン、移動式クレーン又はデリックの玉掛用具として使用してはならない。」（クレーン則第219条第1項）とされています。
　このアイは、アイスプライス若しくは圧縮どめ又はこれらと同等以上の強さを保持する方法によるものでなければなりません。この場合において、アイスプライスは、ワイヤロープのすべてのストランドを3回以上編み込んだ後、それぞれのストランドの素線の半数の素線を切り、残された素線をさらに2回以上（すべてのストランドを4回以上編み込んだ場合には1回以上）編み込む方法でなければなりません（同条第2項）。
　これを、半差しと呼んでいます。半差しをせず、すべてを5回以上編み込んだものは、いわゆる台付け索であり、玉掛けには使用できません。台付けとは、トラックの荷台に荷を固定するとか、建築工事で鉄骨を立ち上げたときの垂直の調整のために筋かいにワイヤロープを張るなどしますが、このように固定的な使用方法に限定されます。
　半差しをすると、編み込み部分がほどけにくく、太さが2段階で変化することから、荷をつるときの衝撃荷重が台付け索に比べて分散することから、より安全性が高いものです。

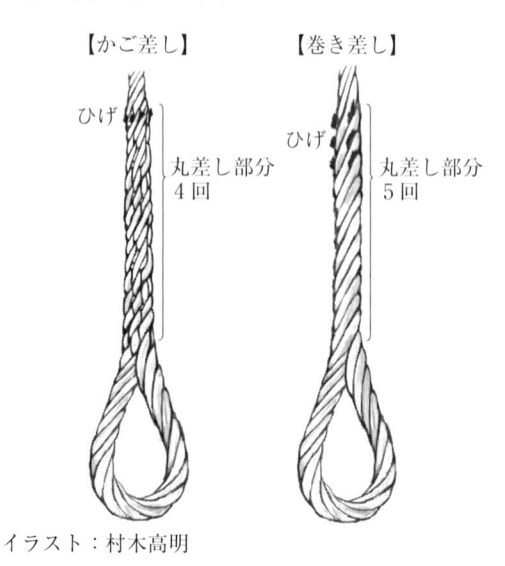

【かご差し】　　【巻き差し】

ひげ　　　　　ひげ

丸差し部分　　丸差し部分
4回　　　　　5回

イラスト：村木高明

「台付け用ワイヤロープ」

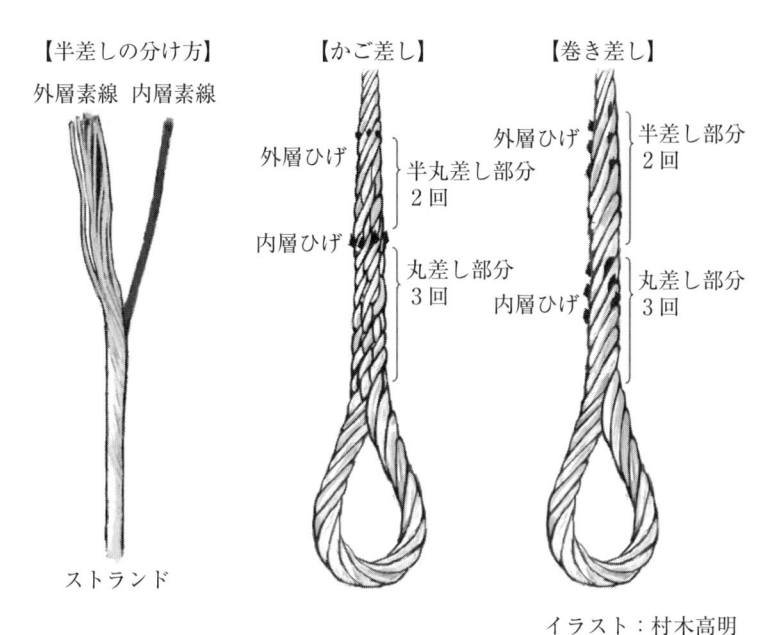

【半差しの分け方】
外層素線　内層素線

ストランド

【かご差し】
外層ひげ
半丸差し部分 2回
内層ひげ
丸差し部分 3回

【巻き差し】
外層ひげ
半差し部分 2回
丸差し部分 3回
内層ひげ

イラスト：村木高明

「玉掛け用ワイヤロープ」

Q182 「アイスプライス若しくは圧縮止め又はこれらと同等以上の強さを保持する方法」には、どのようなものがありますか？

ANSWER　コッタ止め、合金止め（ソケット止め）、クリップ止め、圧縮止め等があります。それぞれ一長一短があります。

Q183 ワイヤロープの点検では、どのようなことに注意が必要でしょうか？

ANSWER　クレーン則第215条では、「事業者は、次の各号のいずれかに該当するワイヤロープをクレーン、移動式クレーン又はデリックの玉掛用具として使用してはならない。」として、不適格なワイヤロープの使用禁止を定めています。

　不適格なワイヤロープとは、次のいずれかに該当するものです。
(1) ワイヤロープひとよりの間において素線（フィラ線を除く。以下本号において同じ。）の数の10パーセント以上の素線が切断しているもの
(2) 直径の減少が公称径の7パーセントを超えるもの

(3) キンクしたもの

(4) 著しい形くずれ又は腐食があるもの

(1)の「素線」というのは、ワイヤロープを構成する最も細いワイヤをいいます。「フィラ線」というのは、素線は一般的に断面が円形で、素線と素線の間に生じた空間を埋めることにより素線の変形を防止するため、断面が三角形の細い線を入れるものがあり、これをいいます。強度に関係ないので、除外しているものです。

直径が減少するのは、摩耗か伸びによるものであり、強度が不足するので使用してはならないものです。

「キンク」というのは、プラスキンクとマイナスキンクがありますが、いずれも撚りの異常であり、いったん発生すると修正できません。これも強度が落ちるので使用してはならないものです。

「著しい形くずれ」には、角のある荷を当て物をしないでつり上げた場合のくの字変形が典型です。芯綱が見えているものも該当します。かご状になったものや、油ぎれをして曲がりにくくなったものも同様です。

Q184 ワイヤロープの点検色を決めている現場がありますが、どのようなことに注意が必要でしょうか？

ANSWER 点検色は、かつてのクレーン則で、点検したことを表示しなければならないこととしていたことの名残です。

玉掛用具であるワイヤロープ等の作業開始前の点検（クレーン則第220条）とは別に、毎月あるいは2か月ごとに一斉点検をし、その月の色のテープを巻くということが多くの現場で行われています。

注意したいのは、当月有効の色が巻かれていたとしても、キンクや形くずれが生じていないとは限らないということです。日常点検を省略することはできません。

また、工事現場によっては点検色が混在していることがあります。有効でない色のものが残されているとすると、一斉点検時にすべての玉掛用具をチェックしているわけではないことになります。つまり、現場のルールが守られていないことになります。そうすると、ほかに守られていないルールがあることが想定されます。

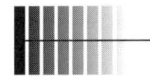

第13節 エレベーター、建設用リフト、簡易リフト

Q185 エレベーター、建設用リフトと簡易リフトは、どのようなもので、その違いは何でしょうか？

ANSWER いずれも広義のエレベーターの一種です。違いは次のようになります。

1　エレベーター

　人及び荷（人又は荷のみの場合を含む。）をガイドレールに沿って昇降する搬器に乗せて、動力を用いて運搬することを目的とする機械装置をいいます（安衛令第1条第9号、昭47.9.18基発第602号）。労働基準法別表第一第1号から第5号までに掲げる事業の事業場に設置されるものに限られます。せり上げ装置、船舶安全法の適用を受ける船舶に用いられるもの及び主として一般公衆の用に供されるものを除きます。

　「主として一般公衆の用に供されるもの」とは、例えば、駅ビルに設けられるエレベーターで、もっぱら荷又は作業員以外の者に供されているものをいいます（同通達）。これは、国土交通省が所管しています。

　積載荷重が1トン以上のものは、特定機械等として製造許可、検査証の対象となります。工事着手の30日前までに設置届を提出しなければなりません。

　積載荷重が1トン未満のものは、あらかじめ、エレベーター設置報告書（クレーン則別記様式第29号）を所轄労働基準監督署長に提出しなければなりません。ただし、計画届の免除認定を受けた店社の施工する工事現場については、この限りではありません（クレーン則第145条）。

　建設工事現場では、ビル等に設置される本設のエレベーターを、工事期間中工事用として使用することがあります。また、工事現場用に特殊な構造を有するロングスパン工事用エレベーターを設置・使用することもあります。前者も、工事期間中に限り安衛法の適用を受けます。

2　建設用リフト

　荷のみを運搬することを目的とするエレベーターで、土木、建築等の工事の作業に使用されるもの（ガイドレールと水平面との角度が80度未満のスキップホイストを除く。）をいいます（安衛令第1条第10号）。

建設用リフトでガイドレール（昇降路を有するものは昇降路）の高さが18メートル以上のものは、特定機械等として製造許可、検査証の対象となります。工事着手の30日前までに設置届を提出し、落成検査を受けなければなりません。

また、原則として人を乗せてはなりません（クレーン則第186条）。

3　簡易リフト

エレベーターのうち、荷のみを運搬することを目的とするエレベーターで、搬器の床面積が1平方メートル以下又はその天井の高さが1.2メートル以下のもの（次の建設用リフトに該当するものを除く。）をいいます（安衛令第1条第9号）。建設工事現場では、建設用リフトが使用されることが多く、簡易リフトはあまり使用されません。

簡易リフトには、原則として人を乗せてはなりません（クレーン則第207条）。

Q186　エレベーター、建設用リフトと簡易リフトは、構造についての基準はあるのでしょうか？

ANSWER　あります。それぞれ次の構造規格が示されています。

機械等の種類	厚生労働大臣が定める規格
エレベーター	エレベーター構造規格（平成5年労働省告示第91号、最終改正平成23年）
建設用リフト	建設用リフト構造規格（昭和37年労働省告示第58号、最終改正平成12年）
簡易リフト	簡易リフト構造規格（昭和37年労働省告示第57号、最終改正平成12年）

構造規格を具備したものでなければ、譲渡し、貸与し、又は設置してはなりません（安衛法第42条、同法別表第二、安衛令第13条）。

検査証を必要とするものについては、**前問**を参照してください。

Q187　エレベーターの使用にあたって、法令上どのようなことに注意しなければならないでしょうか？

ANSWER　クレーン則において、以下の事項が定められています。

1　検査証の備付け（第147条）
2　使用の制限（第148条）
3　安全装置の調整（第149条）

4　過負荷の制限（第150条）
5　運転方法の周知（第151条）
6　暴風時の措置（第152条）
7　組立て等の作業（第153条）
8　定期自主検査等（第154条～第158条）
9　性能検査（第159条～第162条の２）

Q 188　エレベーターの安全装置のポイントは、どのようなことでしょうか？

ANSWER　次の点が挙げられます。なお、条文が書いてない事項は、構造規格に定められているものです。

1　昇降路の周囲を、積卸し口の部分を除き囲うこと（ロングスパン工事用エレベーターを除く。）
2　すべての積卸し口の扉が閉まっていない限り、搬器が動かないこと。
3　搬器が積卸し口の位置に来ない限り、扉が開けられないこと。
4　ファイナルリミットスイッチ、非常止めその他の安全装置が有効に作用するようにこれらを調整しておくこと（クレーン則第149条）。

建設用リフトと簡易リフトもこれらの基本は同じです。

Q 189　ビル建築工事現場において、本設のエレベーターを工事用に使用することができますか？

ANSWER　できます。

エレベーターに関する行政の管轄は、厚生労働省と国土交通省に分かれます。構造等の基準は同一です。

オフィスビルや駅ビル等のエレベーターは、竣工後は国土交通省の管轄ですが、工事中は厚生労働省（労働基準監督署長）の管轄です。

本設のエレベーターについて、あらかじめ、所轄労働基準監督署長にエレベーター設置届を提出し、落成検査を受け、検査証の交付を受けます。一般的に、工期末までの有効期間で発行されます。工期が長いときには、途中で性能検査を受けなければなりません。

竣工後は、国土交通省の検査証に切り替わります。これは、発注者が手続を

行います。建設会社が手続を代行することもあります。

Q190 建設用リフトの使用にあたって、法令上どのようなことに注意しなければならないでしょうか？

ANSWER クレーン則において、以下の事項が定められています。

1　検査証の備付け（第180条）
2　使用の制限（第181条）
3　巻過ぎの防止（第182条）
4　特別の教育（第183条）
5　過負荷の制限（第184条）
6　運転の合図（第185条）
7　搭乗の制限（第186条）
8　立入禁止（第187条）
9　ピット等をそうじする場合の措置（第188条）
10　暴風時の措置（第189条）
11　運転位置からの離脱の禁止（第190条）
12　組立て等の作業（第191条）

Q191 簡易リフトの使用にあたって、法令上どのようなことに注意しなければならないでしょうか？

ANSWER クレーン則において、以下の事項が定められています。

1　安全装置の調整（第204条）
2　過負荷の制限（第205条）
3　運転の合図（第206条）
4　搭乗の制限（第207条）

Q192 エレベーター、建設用リフト及び簡易リフトの定期自主検査は、法令上どのようなことに注意しなければならないでしょうか？

ANSWER 次の表の左端の欄の時期に実施し、必要な補修をし、記録を作成保存することです。

	エレベーター	建設用リフト	簡易リフト
定期自主検査（年次）	第154条		第208条
定期自主検査（月次）	第155条	第192条	第209条
作業開始前点検		第193条	第210条
暴風後等の点検	第156条	第194条	
自主検査等の記録	第157条	第195条	第211条
補修	第158条	第196条	第212条

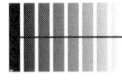

第14節　巻上げ機

Q193　巻上げ機とは、どのようなものでしょうか？

ANSWER　いわゆるウインチです。

　ずい道や斜坑で使用される軌道装置における人車や貨車の駆動装置として用いられたり、足場や建築物を一体で横移動させる場合の動力としての使用方法があります。建設用リフトでも動力源として使用されています。また、ワイヤロープの先端にフックを取り付けて、荷を垂直につり上げ、つり下ろす使い方で、荷の横移動をしないクレーンの代わりに使われることもあります。

　さらに、くい打機、くい抜機及びボーリングマシンに関する規定に、ウインチに関するものがあります（安衛則第172条以下）。

　動力により駆動される巻上げ機（電気ホイスト及びこれら以外の巻上げ機でゴンドラに係るものを除く。）の運転の業務は、特別教育の対象となっています（安衛則第36条第11号）。

　なお、他の機械等と異なり、動力の大きさによる区別はありません。

Q194　巻上げ機の使用にあたり、どのようなことに注意しなければならないでしょうか？

ANSWER　ワイヤロープが油ぎれをしないように点検することと、巻上げドラムにワイヤロープが乱巻きにならないようにすること等です。

　1　油ぎれ

　　ワイヤロープが曲がるのは、曲げたワイヤロープの外側と内側の長さの差を、素線同士が滑ることにより吸収しているからです。ワイヤロープに

は、芯綱にグリスが染み込ませてありますが、表面に錆が浮くなどすると油ぎれしている可能性があります。そうなると、曲がりにくくなり破損の原因となります。点検と注油を定期的に実施する必要があります。

2　立入禁止

　巻上げ機の使用方法によっては、滑車を用いてワイヤロープの向きを変えることがあります。ワイヤロープにかかる荷重が大きいと、滑車を固定しているボルト等が負けて外れ、内角側に飛んでくることになります。このため、その内角側に労働者が立ち入ると、滑車が外れたときに大きな災害につながりますから、ワイヤロープの内角側への立入禁止措置を講じなければなりません。船内荷役作業について規定している安衛則第461条を参考にしてください。

3　合図

　運転するときの合図を決めておくことも重要です。

　なお、くい打機、くい抜機又はボーリングマシンに使用している巻上げ機については、安衛則第172条から第194条の3までの規定に留意してください。

4　乱巻き防止

　巻上げ機には、ワイヤロープの巻上げドラムがついています。ワイヤロープをきちんと巻いていれば問題はないのですが、斜めに交差してワイヤロープが重なるようになると、その重なっている部分に荷重が集中し、ワイヤロープが損傷したり切れるおそれが生じます。そのため、乱巻き防止は重要です。また、このため、巻上げドラムからワイヤロープを引き出す角度（フリート角、フリートアングル）を、巻上げ軸の中央で交差する垂線に対し2度以内としなければなりません。

　くい打機等に関する条文では、「巻上げ装置の巻胴の軸と巻上げ装置から第1番目のみぞ車の軸との間の距離については、巻上げ装置の巻胴の幅の15倍以上としなければならない。」と規定しています。計算では約1.9度であり、エレベーターの場合と同様の結果となります。

第15節　ゴンドラ

Q 195 ゴンドラとは、どのようなものでしょうか？

ANSWER つり足場及び昇降装置その他の装置並びにこれらに附属する物により構成され、当該つり足場の作業床が専用の昇降装置により上昇し、又は下降する設備をいいます（安衛令第1条第11号）。ビルの外壁の清掃や、補修工事等に用いられる昇降式の足場です。

昇降装置には、作業床をつり下げるため、単にシーブを内蔵したブロックが使用されている場合の当該ブロックは含まれません。また、作業床がワイヤロープ、チェーン又は鋼棒によりつり下げられておらず、アームの先端にピンその他によって、ヒンジの状態で取り付けられているもの（例えば、消防用はしご車、アーム付き柱上作業用車等）は含まれません（昭45.3.25基発第262号）。

「つり足場及び昇降装置その他の装置並びにこれらの附属する物」の「その他の装置」とは、走行装置、走行レール等をいい、「これらに附属する物」とは、アーム、ライフライン、緊結金具等をいいます（昭44.10.23基発第706号）。

「専用の昇降装置」とは、当該昇降装置が作業床の昇降のみに使用されるものであることをいいます（同通達）。

ゴンドラは、特定機械等に該当しますから、製造許可、検査証等の対象となります。一般的には、当該メーカーの工場を管轄する都道府県労働局長が発行する検査証とともに譲渡、貸与等がされています。

なお、ゴンドラには、移動式のものと、当該建築物等に設置されて移動できない方式（当該建築物等専用）のものとがあります。ゴンドラ安全規則（以下「ゴンドラ則」）では、次のように分類しています。

ゴンドラの種類	動力の種類	走行の型式
アーム俯仰型 アーム固定型 モノレール型 デッキ型	手動式 動力式　電動式	軌道式 無軌道式

| チェア型 | 空気式 | |

Q196 ゴンドラの使用にあたり、法令上どのようなことに注意しなければならないでしょうか？

ANSWER ゴンドラ則において、以下の事項が定められています。

1 使用の制限（構造規格の具備）（第11条）
　有効な検査証があれば大丈夫です。
2 特別の教育（第12条）
　ゴンドラの操作の業務に労働者をつかせるときには、安全のための特別の教育を実施しなければなりません。
3 過負荷の制限（第13条）
　積載荷重を超える荷重をかけて使用してはなりません。
4 脚立（きゃたつ）等の使用禁止（第14条）
　ゴンドラの作業床の上で脚立を使用してはなりません。
5 操作位置からの離脱の禁止（第15条）
　ゴンドラの操作を行う者を、当該ゴンドラが使用されている間は、操作位置から離れさせてはなりません。
6 操作の合図（第16条）
　ゴンドラの操作について一定の合図を定め、合図を行う者を指名して、その者に合図を行わせなければなりません。単独作業の場合を除きます。
7 安全帯等（第17条）
　ゴンドラの作業床において作業を行う労働者に安全帯その他の命綱（安全帯等）を使用させなければなりません。そして、つり上げのためのワイヤロープが1本であるゴンドラにあっては、この安全帯等は当該ゴンドラ以外のものに取り付けなければなりません。そうしないと、ゴンドラが落下するときに墜落防止にならないからです。
　この「ゴンドラ以外のもの」をライフラインと呼びます。
8 立入禁止（第18条）
　ゴンドラを使用して作業を行っている箇所の下方には関係労働者以外の者がみだりに立ち入ることを禁止し、かつ、その旨を見やすい箇所に表示しなければなりません。

一般的には、ゴンドラの下方に四角くカラーコーンと黄色のバーなどで区画するなどしています。ゴンドラが落下したり、工具や材料等が落下したときに、通行人等に当たるのを防ぐためです。

9 悪天候時の作業禁止（第19条）

強風、大雨、大雪等の悪天候のため、ゴンドラを使用する作業の実施について危険が予想されるときは、当該作業を行ってはなりません。悪天候が予想される場合も含まれます（昭44.10.23基発第706号）。

石油タンク等の内部でゴンドラを使用する場合など、屋内で作業を行う場合には、本条の適用はありません。

10 照明（第20条）

ゴンドラを使用して作業を行う場合については、当該作業を安全に行うため必要な照度を保持しなければなりません。

必要な照度は、作業の区分により次のように定められています（安衛則第604条）。

作業の区分	必要な照度基準
精密な作業	300ルクス以上
普通の作業	150ルクス以上
粗な作業	70ルクス以上

必要な照度を確保しなければならないのは、ゴンドラの操作及び合図を行う場所も該当します（昭44.10.23基発第706号）。

Q 197 ゴンドラの定期自主検査については、法令上どのようなことに注意しなければならないでしょうか？

ANSWER ゴンドラ則において、次のとおり定めています。

1 定期自主検査（第21条）

事業者は、ゴンドラについて、1月以内ごとに1回、定期に、次の事項について自主検査を行わなければなりません。ただし、1月を超える期間使用しないゴンドラの当該使用しない期間においては、この限りではありません。

(1) 巻過防止装置その他の安全装置、ブレーキ及び制御装置の異常の有無
(2) 突りょう、アーム及び作業床の損傷の有無

(3) 昇降装置、配線及び配電盤の異常の有無

　　事業者は、前項ただし書のゴンドラについては、その使用を再び開始する際に、同項各号に掲げる事項について自主検査を行わなければなりません。

　　事業者は、これらの自主検査を行ったときは、その結果を記録し、これを3年間保存しなければなりません。

2　作業開始前の点検（第22条）

　　事業者は、ゴンドラを使用して作業を行うときは、その日の作業を開始する前に次の事項について点検を行わなければなりません。

　(1) ワイヤロープ及び緊結金具類の損傷及び腐食の状態
　(2) 手すり等の取外し及び脱落の有無
　(3) 突りょう、昇降装置等とワイヤロープとの取付け部の状態及びライフラインの取付け部の状態
　(4) 巻過防止装置その他の安全装置、ブレーキ及び制御装置の機能
　(5) 昇降装置の歯止めの機能
　(6) ワイヤロープが通っている箇所の状態

3　悪天候後の点検（第22条）

　　事業者は、強風、大雨、大雪等の悪天候の後において、ゴンドラを使用して作業を行うときは、作業を開始する前に、2の(3)、(4)及び(6)に掲げる事項について点検を行わなければなりません。

4　補修（第23条）

　　事業者は、1から3の自主検査又は点検を行った場合において、異常を認めたときは、直ちに、補修しなければなりません。

5　定期自主検査指針

　　厚生労働省から「ゴンドラの定期自主検査指針」（昭61.5.26自主検査指針公示第10号）が示されていますので、これに基づいて実施するようにしてください。

6　事故報告書（安衛則第96条）

　　ゴンドラの次の事故が発生したときは、遅滞なく、様式第22号による報告書を所轄労働基準監督署長に提出しなければなりません。

　イ　逸走、転倒、落下又はアームの折損

ロ　ワイヤロープの切断

第16節　型枠支保工

Q198　型枠支保工とは、どのようなものでしょうか？

ANSWER　支柱、はり、つなぎ、筋かい等の部材により構成され、建設物におけるスラブ、けた等のコンクリートの打設に用いる型枠を支持する仮設の設備をいいます（安衛令第6条第14号）。

型枠支保工には、建築物の柱及び壁、橋脚、ずい道のアーチ及び側壁等のコンクリートの打設に用いるものは含まれません（昭47.9.18基発第602号）。ずい道については、別途規制されています。

型枠支保工には、次の種類があります。

種　類	名　　　称
鋼管支柱式	パイプサポート（補助サポート及びウイングサポートを含む。） 足場用鋼管
枠組式	鋼管枠 三角枠
組立鋼柱式	組立鋼柱
はり式	軽量型支保ばり 重量型支保ばり

型枠支保工の組立又は解体の作業には、型枠支保工の組立等作業主任者を選任しなければなりません（安衛法第14条、安衛令第6条第14号、安衛則第246条、第247条）。

また、支柱の高さが3.5メートル以上のものを設置する場合には、その工事着手の30日前までに所轄労働基準監督署長に計画の届出をしなければなりません（安衛法第88条第1項、第2項、安衛則第86条、第88条、安衛則別表第七）。

さらに、その計画の作成にあたっては、一定の資格者を参画させなければなりません（安衛法第88条第5項、安衛則第92条の2）。

Q199　型枠支保工の設計にあたり、どのようなことに注意しなければならないでしょうか？

ANSWER　まず、安衛則第237条から第239条の規定に沿って材料を選定し構造を決めます。

次に、第240条から第243条の規定に沿って設計をし、第245条から第247条の規定に沿って組み立て、第244条の規定に合わせてコンクリートの打設を行うことです。

型枠支保工を元請が設計する場合は、以上でよいのですが、スラブ厚を決め、型枠支保工のリース業者に設計をさせる場合には、さらに注意が必要です。

まず、設計変更が生じた場合に、直ちにリース業者にその旨を連絡することです。そうしないと、変更前のデータに基づいて型枠支保工の設計をすることになり、強度不足が生じます。

次に、そのリース業者の設計どおりに部材を発注することです。仮設機材費を浮かせる目的で部材の発注を抑えた結果、重大災害が発生した例があります（海上自衛隊厚木基地体育館崩落事故）。

型枠支保工は、スラブの重量に１平方メートル当たり150キログラムを加算したものを設計荷重とすることとされています（安衛則第240条）。そして、水平方向の荷重（水平力）を、鋼管枠を使用する場合には2.5パーセント、それ以外の場合には５パーセント見なければならないこととされています。

Q200　型枠支保工の組立ての際には、どのようなことに注意しなければならないでしょうか？

ANSWER　組立図を作成し、当該組立図により組み立てなければなりません（安衛則第240条第１項）。

型枠支保工は、支柱の高さが3.5メートル以上の場合に計画届の対象となります。このことと混同して、3.5メートル未満の場合には組立図を作成していない例がまま見受けられます。

しかし、作業者が経験や勘で組立てをしないように、組立図の作成は重要です。なぜなら、型枠支保工が座屈するなどの事故を防ぐのは、組立図だからです。

型枠支保工の支柱は、長さ（高さ）が短く、その間隔が狭いほど強度が出ます。支柱の高さが3.5メートルを超えるときは、高さが２メートル以内ごとに

水平つなぎを2方向設け、その変位を防止すること（安衛則第242条）としているのはそのためです。根がらみ等により脚部の変位防止のための措置も必要です。2方向に水平つなぎを設けてその変位防止措置が講じられている場合には、その部分で支柱の高さが区切られたものとして座屈を考えればよいことになるからです。

　パイプサポート以外の型枠支保工には、3SシステムやTSサポートなど種々の製品があります。それらは、それぞれ独自の長所と短所を有しており、どのような組立て方をすれば、どれだけの強度が得られるかが異なります。それらを熟知した上で組立図を作成し、それに基づいて組み立てることによって所定の強度（支持力）が確保できるのです。

Q201 型枠支保工の支柱の根がらみと水平つなぎについて、法令上どのような取扱いとなっているのでしょうか？

ANSWER　安衛則第242条と第243条で次のように定めています。
1　型枠支保工についての措置等（第242条）
　　事業者は、型枠支保工については、次に定めるところによらなければなりません。
(1) 敷角の使用、コンクリートの打設、くいの打込み等支柱の沈下を防止するための措置を講ずること。
(2) 支柱の脚部の固定、根がらみの取付け等支柱の脚部の滑動を防止するための措置を講ずること。
　　サポートメイトと呼ばれる製品がありますが、これだけでは活動防止措置として認められませんので、注意が必要です。
(3) 支柱の継手は、突合せ継手又は差込み継手とすること。
　　重合せ継手はだめだということです。
(4) 鋼材と鋼材との接合部及び交差部は、ボルト、クランプ等の金具を用いて緊結すること。
(5) 型枠が曲面のものであるときは、控えの取付け等当該型枠の浮上がりを防止するための措置を講ずること。
(5)の2　H型鋼又はI型鋼（以下この号において「H型鋼等」という。）を大引き、敷角等の水平材として用いる場合であって、当該H型鋼等と

支柱、ジャッキ等とが接続する箇所に集中荷重が作用することにより、当該Ｈ型鋼等の断面が変形するおそれがあるときは、当該接続する箇所に補強材を取り付けること。

　　この補強材は、「スティフナー」と呼ばれています。

(6) 鋼管（パイプサポートを除く。以下この条において同じ。）を支柱として用いるものにあっては、当該鋼管の部分について次に定めるところによること。

　イ　高さ2メートル以内ごとに水平つなぎを2方向に設け、かつ、水平つなぎの変位を防止すること。

　ロ　はり又は大引きを上端に載せるときは、当該上端に鋼製の端板を取り付け、これをはり又は大引きに固定すること。

(7) パイプサポートを支柱として用いるものにあっては、当該パイプサポートの部分について次に定めるところによること。

　イ　パイプサポートを3以上継いで用いないこと。

　ロ　パイプサポートを継いで用いるときは、4以上のボルト又は専用の金具を用いて継ぐこと。

　ハ　高さが3.5メートルを超えるときは、前号イに定める措置を講ずること。

(8) 鋼管枠を支柱として用いるものにあっては、当該鋼管枠の部分について次に定めるところによること。

　イ　鋼管枠と鋼管枠との間に交差筋かいを設けること。

　ロ　最上層及び5層以内ごとの箇所において、型枠支保工の側面並びに枠面の方向及び交差筋かいの方向における5枠以内ごとの箇所に、水平つなぎを設け、かつ、水平つなぎの変位を防止すること。

　　「水平つなぎの変位を防止」とは、水平方向に動かないよう固定することをいいます。

　ハ　最上層及び5層以内ごとの箇所において、型枠支保工の枠面の方向における両端及び5枠以内ごとの箇所に、交差筋かいの方向に布枠を設けること。

　ニ　(6)のロに定める措置を講ずること。

(9) 組立て鋼柱を支柱として用いるものにあっては、当該組立て鋼柱の部

分について次に定めるところによること。
　　イ　(6)のロに定める措置を講ずること。
　　ロ　高さが4メートルを超えるときは、高さ4メートル以内ごとに水平つなぎを2方向に設け、かつ、水平つなぎの変異を防止すること。
(9)の2　H型鋼を支柱として用いるものにあっては、当該H型鋼の部分について(6)のロに定める措置を講ずること。
(10)　木材を支柱として用いるものにあっては、当該木材の部分について次に定めるところによること。
　　イ　(6)のイに定める措置を講ずること。
　　ロ　木材を継いで用いるときは、2個以上の添え物を用いて継ぐこと。
　　ハ　はり又は大引きを上端に載せるときは、添え物を用いて、当該上端をはり又は大引きに固定すること。
(11)　はりで構成するものにあっては、次に定めるところによること。
　　イ　はりの両端を支持物に固定することにより、はりの滑動及び脱落を防止すること。
　　ロ　はりとはりとの間につなぎを設けることにより、はりの横倒れを防止すること。
2　段状の型枠支保工（第243条）
　事業者は、敷板、敷角等を挟んで段状に組み立てる型枠支保工については、1に定めるところによるほか、次に定めるところによらなければなりません。
(1)　型枠の形状によりやむを得ない場合を除き、敷板、敷角等を2段以上挟まないこと。
(2)　敷板、敷角等を継いで用いるときは、当該敷板、敷角等を緊結すること。
(3)　支柱は、敷板、敷角等に固定すること。

Q 202　型枠支保工の組立て等の作業にあたっては、法令上どのようなことに注意しなければならないでしょうか？

ANSWER　安衛則で次のように定めています。
1　型枠支保工の組立て等の作業（第245条）

事業者は、型枠支保工の組立て又は解体の作業を行うときは、次の措置を講じなければなりません。
(1) 当該作業を行う区域には、関係労働者以外の労働者の立入りを禁止すること。
(2) 強風、大雨、大雪等の悪天候のため、作業の実施について危険が予想されるときは、当該作業に労働者を従事させないこと。
(3) 材料、器具又は工具を上げ、又は下ろすときは、つり綱、つり袋等を労働者に使用させること。

2　型枠支保工の組立て等作業主任者の選任（安衛法第14条、安衛令第6条第14号、安衛則第246条）
　型枠支保工の組立て又は解体の作業の作業については、型枠支保工の組立て等作業主任者技能講習を修了した者のうちから、型枠支保工の組立て等作業主任者を選任しなければなりません。

3　型枠支保工の組立て等作業主任者の職務（安衛則第247条）
　事業者は、型枠支保工の組立て等作業主任者に、次の事項を行わせなければなりません。
(1) 作業の方法を決定し、作業を直接指揮すること。
(2) 材料の欠点の有無並びに器具及び工具を点検し、不良品を取り除くこと。
(3) 作業中、安全帯等及び保護帽の使用状況を監視すること。

Q203　フラットデッキを使用する場合には、型枠支保工に関する条文の適用はないのでしょうか？

ANSWER　ありません。

　フラットデッキ（「デッキプレート」とも呼ばれる。）は、超高層ビルの建築などで用いられます。鉄骨にフラットデッキを電気溶接で固定し、鉄筋を配筋して生コンクリートを流し込むことで床スラブが構築されます。型枠支保工の組立て・解体がないので、工期の短縮にもつながります。

　しかしながら、施工の際に災害が発生していることから、厚生労働省から平成17年8月8日付け基安発第0808003号「フラットデッキの使用に係る注意喚起について」が出されていますので、留意してください。

Q 204 コンクリート打設の作業については、法令上どのようなことに注意しなければならないでしょうか？

ANSWER 安衛則第244条で、次のように定めています。

事業者は、コンクリートの打設の作業を行うときは、次に定めるところによらなければなりません。

(1) その日の作業を開始する前に、当該作業に係る型枠支保工について点検し、異状を認めたときは、補修すること。

(2) 作業中に型枠支保工に異状が認められた際における作業中止のための措置をあらかじめ講じておくこと。

生コンクリートが出荷されると、時々刻々固まる一方です。このため、異状時に打設を中止する判断が難しく、結果として大きな災害につながることがあります。そこで、このような規定が設けられているものです。

なお、「コンクリート打設用機械」の項（P147）も参照してください。

第17節　明り掘削

Q 205 明り掘削とは、どのようなものでしょうか？

ANSWER 建設工事における掘削作業のうち、たて坑とずい道以外の掘削工事のことです。バックホウ（パワーショベル）などの車両系建設機械を使用する場合と、人力による場合とがあります。「オープンカット」とも呼ばれます。

土砂崩壊のおそれがあるため、土質と掘削面の高さにより法面の傾斜角が定められているほか、土止め支保工の設置等が義務づけられています。

Q 206 明り掘削を行う場合、法令上どのようなことに注意しなければならないでしょうか？

ANSWER 掘削の時期及び順序等として、安衛則第355条から第367条までに次の事項が定められています。

1　作業箇所等の調査（第355条）

2　掘削面の勾配の基準（第356条）

3　地山掘削作業時の措置（第357条）

4 点検（第358条）

5 地山の掘削作業主任者の選任（第359条）

6 地山の掘削作業主任者の職務（第360条）

7 地山の崩壊等による危険の防止（第361条）

8 埋設物等による危険の防止（第362条）

9 掘削機械等の使用禁止（第363条）

10 運搬機械等の運行の経路等（第364条）

11 誘導者の配置（第365条）

12 保護帽の着用（第366条）

13 照度の保持（第367条）

14 計画の届出（安衛法第88条第4項、安衛則第90条）

さらに、「掘削の高さ又は深さが10メートル以上である地山の掘削（ずい道等の掘削及び岩石の採取のための掘削を除く。）の作業（掘削機械を用いる作業で、掘削面の下方に労働者が立ち入らないものを除く。）を行う仕事」は、当該仕事開始の14日前までに所轄労働基準監督署長に計画の届出をしなければなりません（安衛法第88条第4項、安衛則第90条）。

Q207 作業箇所等の調査としては、どのようなことをしなければならないのでしょうか？

ANSWER 地山の崩壊、埋設物等の損壊等により労働者に危険を及ぼすおそれのあるときは、あらかじめ、作業箇所及びその周辺の地山について次の事項をボーリングその他適当な方法により調査し、これらの事項について知り得たところに適応する掘削の時期及び順序を定めて、当該定めにより作業を行わなければなりません（安衛則第355条）。

(1) 形状、地質及び地層の状態

(2) き裂、含水、湧（ゆう）水及び凍結の有無及び状態

(3) 埋設物等の有無及び状態

(4) 高温のガス及び蒸気の有無及び状態

Q208 掘削面の勾配について、法令上の基準があるのでしょうか？

ANSWER あります。

安衛則第356条において、次のように定めています。

　事業者は、手掘り（パワー・シヨベル、トラクター・シヨベル等の掘削機械を用いないで行なう掘削の方法をいう。以下次条において同じ。）により地山（崩壊又は岩石の落下の原因となるき裂がない岩盤からなる地山、砂からなる地山及び発破等により崩壊しやすい状態になつている地山を除く。以下この条において同じ。）の掘削の作業を行なうときは、掘削面（掘削面に奥行きが２メートル以上の水平な段があるときは、当該段により区切られるそれぞれの掘削面をいう。以下同じ。）のこう配を、次の表の左欄に掲げる地山の種類及び同表の中欄に掲げる掘削面の高さに応じ、それぞれ同表の右欄に掲げる値以下としなければならない。

地山の種類	掘削面の高さ （単位　メートル）	掘削面の勾配 （単位　度）
岩盤又は堅い粘土からなる地山	5未満	90
	5以上	75
その他の地山	2未満	90
	2以上5未満	75
	5以上	60

そして、同条第２項では、次のように定めています。

　前項の場合において、掘削面に傾斜の異なる部分があるため、そのこう配が算定できないときは、当該掘削面について、同項の基準に従い、それよりも崩壊の危険が大きくないように当該各部分の傾斜を保持しなければならない。

Q209 地山掘削作業において、地下にあるガス管等については、法令上どのようなことに注意しなければならないでしょうか？

ANSWER 道路脇の擁壁や敷地境界のブロック塀の倒壊などの災害もあり、安衛則第362条では、次のように定めています。

1　埋設物等の補強等

　事業者は、埋設物等又はれんが壁、コンクリートブロック塀（へい）、擁壁等の建設物に近接する箇所で明り掘削の作業を行う場合において、これらの損壊等により労働者に危険を及ぼすおそれのあるときは、これらを

補強し、移設する等当該危険を防止するための措置が講じられた後でなければ、作業を行ってはなりません。

2　ガス導管等の防護

明り掘削の作業により露出したガス導管の損壊により労働者に危険を及ぼすおそれのある場合の前項の措置は、つり防護、受け防護等による当該ガス導管についての防護を行い、又は当該ガス導管を移設する等の措置でなければなりません。

3　作業指揮者

事業者は、前項のガス導管の防護の作業については、当該作業を指揮する者を指名して、その者の直接の指揮のもとに当該作業を行わせなければなりません。

なお、「ガス導管等」については、「くい打機、くい抜機及びボーリングマシン」の項（P141）を参照してください。

Q 210　土止め支保工の設置について、法令上の根拠があるのでしょうか？

ANSWER　あります。

安衛則第361条において、「事業者は、明り掘削の作業を行なう場合において、地山の崩壊又は土石の落下により労働者に危険を及ぼすおそれのあるときは、あらかじめ、土止め支保工を設け、防護網を張り、労働者の立入りを禁止する等当該危険を防止するための措置を講じなければならない。」と定めています。

Q 211　土止め支保工の構造等について、法令上どのようなことに注意しなければならないでしょうか？

ANSWER　安衛則で、以下の事項が定められています。

1　土止め支保工の材料（安衛則第368条）

まず、土止め支保工の材料については、著しい損傷、変形又は腐食があるものを使用してはなりません。

2　土止め支保工の構造（安衛則第369条）

次に、構造ですが、「当該土止め支保工を設ける箇所の地山に係る形

状、地質、地層、き裂、含水、湧（ゆう）水、凍結及び埋設物等の状態に応じた堅固なものとしなければならない。」とされています。

　土止め支保工には、矢板、切ばり、腹起こし、ほおづえ、筋かい等により構成されるものと、アースアンカー方式とに大別されます。後者の場合には、切ばり等がない分、矢板の根入れ不足による土砂崩壊もありますので、設計にあたり注意が必要です。

　ＳＭＷ工法などによる自立壁の場合も、安全を見込んだ設計とすべきでしょう。

3　土止め支保工の部材の取付け等（安衛則第371条）

　事業者は、土止め支保工の部材の取付け等については、次に定めるところによらなければなりません。

⑴　切ばり及び腹起こしは、脱落を防止するため、矢板、くい等に確実に取り付けること。

⑵　圧縮材（火打ちを除く。）の継手は、突合せ継手とすること。

⑶　切ばり又は火打ちの接続部及び切ばりと切ばりとの交さ部は、当て板をあててボルトにより緊結し、溶接により接合する等の方法により堅固なものとすること。

⑷　中間支持柱を備えた土止め支保工にあっては、切ばりを当該中間支持柱に確実に取り付けること。

⑸　切ばりを建築物の柱等部材以外の物により支持する場合にあっては、当該支持物は、これにかかる荷重に耐えうるものとすること。

4　土止め支保工の組立て、解体等

⑴　事業者は、土止め支保工を組み立てるときは、あらかじめ、組立図を作成し、かつ、当該組立図により組み立てなければなりません（安衛則第370条第1項）。

　　この組立図は、矢板、くい、背板、腹起こし、切ばり等の部材の配置、寸法及び材質並びに取付けの時期及び順序が示されているものでなければなりません（同条第2項）。

⑵　事業者は、土止め支保工の切ばり又は腹起こしの取付け又は取外しの作業を行うときは、次の措置を講じなければなりません（安衛則第372条）。

①　当該作業を行う箇所には、関係労働者以外の労働者が立ち入ることを禁止すること。
②　材料、器具又は工具を上げ、又は下ろすときは、つり綱、つり袋等を労働者に使用させること。

5　土止め支保工作業主任者
(1)　土止め支保工の切ばり又は腹起こしの取付け又は取外しの作業には、地山の掘削及び土止め支保工作業主任者技能講習を修了した者のうちから、土止め支保工作業主任者を選任しなければなりません（安衛則第374条）。
(2)　土止め支保工作業主任者に、次の事項を行わせなければなりません（安衛則第375条）。
①　作業の方法を決定し、作業を直接指揮すること。
②　材料の欠点の有無並びに器具及び工具を点検し、不良品を取り除くこと。
③　安全帯等及び保護帽の使用状況を監視すること。

6　点検
事業者は、土止め支保工を設けたときは、その後7日を超えない期間ごと、中震以上の地震の後及び大雨等により地山が急激に軟弱化するおそれのある事態が生じた後に、次の事項について点検し、異常を認めたときは、直ちに、補強し、又は補修しなければなりません（安衛則第375条）。
(1)　部材の損傷、変形、腐食、変位及び脱落の有無及び状態
(2)　切ばりの緊圧の度合
(3)　部材の接続部、取付け部及び交さ部の状態

「中震以上の地震」や「大雨等」については「悪天候時の措置」の項（P53）を参照してください。

Q212 「土止め先行工法」とは、どのようなものでしょうか？

ANSWER　上下水道等工事において、溝掘削作業及び溝内作業を行うにあたって、労働者が溝内に立ち入る前に適切な土止め支保工等を先行して設置する工法であり、かつ、土止め支保工等の組立て又は解体の作業も原則として労

働者が溝内に立ち入らずに行うことが可能な工法をいいます（平15.12.17基発第1217001号「土止め先行工法に関するガイドラインの策定について」）。

　小規模な溝掘削を伴う上水道、下水道、電気通信施設、ガス供給施設等の建設工事（上下水道等工事）において、土止め支保工の組立て、解体をはじめとする溝内作業中に被災する労働災害が多発していることから、これらの作業中における労働災害の防止対策として考え出されたものです。

　「小規模な溝掘削作業」とは、「掘削深さが概ね1.5メートル以上4メートル以下で、掘削幅がおおむね3メートル以下の溝をほぼ鉛直に掘削する作業をいい、掘削方法は機械掘削又は手掘りのいずれも含む。」ものです。

　「溝内作業」とは、「管きょの敷設、測量、点検、締固め等溝内に立ち入って行う作業（掘削作業を除く。）」をいいます（同通達）。

　詳細は、同通達を参照してください。

第18節　墜落防止措置

Q213　高所作業とは、どのような場合でしょうか？

ANSWER　高さが2メートル以上の箇所（作業床の端、開口部等を除く。）又は高さが2メートル以上の作業床の端、開口部等で墜落により労働者に危険を及ぼすおそれのある箇所での作業をいいます。

Q214　高所作業では、法令上どのようなことに注意が必要でしょうか？

ANSWER　作業床の設置等の措置、又は開口部等の囲い等の設置があります。
1　作業床の設置等
　安衛則第518条第1項では、「事業者は、高さが2メートル以上の箇所（作業床の端、開口部等を除く。）で作業を行なう場合において墜落により労働者に危険を及ぼすおそれのあるときは、足場を組み立てる等の方法により作業床を設けなければならない。」と定めています。作業内容によっては、高所作業車の使用も認められます。
　また、同条第2項では、「事業者は、前項の規定により作業床を設ける

ことが困難なときは、防網を張り、労働者に安全帯を使用させる等墜落による労働者の危険を防止するための措置を講じなければならない。」と規定しています。

高所作業車（P159参照）を使用する方法もありますし、作業場所によってはゴンドラ（P183参照）を使用する方法もあります。

2　開口部等の囲い等

次に、安衛則第519条第1項では、「事業者は、高さが2メートル以上の作業床の端、開口部等で墜落により労働者に危険を及ぼすおそれのある箇所には、囲い、手すり、覆（おお）い等（以下この条において「囲い等」という。）を設けなければならない。」と定めています。

床面の開口部に、蓋板を設けることがありますが、作業員の体重に耐えられる厚さで、下面にたる木を打ち付けてずれないようにするなどの工夫が必要です。

さらに、同条第2項では、「事業者は、前項の規定により、囲い等を設けることが著しく困難なとき又は作業の必要上臨時に囲い等を取りはずすときは、防網を張り、労働者に安全帯を使用させる等墜落による労働者の危険を防止するための措置を講じなければならない。」と規定しています。

「防網」とは、安全ネットのことで、足場の作業床と躯体の間、鉄骨の梁の間の空間や開口部などに使用します。厚生労働省から「墜落による危険を防止するためのネットの構造等の安全基準に関する技術上の指針」（昭和51技術上の指針公示第8号）が示されています。

3　安全帯の使用

安衛則第520条では、「労働者は、第518条第2項及び前条第2項の場合において、安全帯等の使用を命じられたときは、これを使用しなければならない。」と定めるとともに、安衛則第521条第1項では、「事業者は、高さが2メートル以上の箇所で作業を行なう場合において、労働者に安全帯等を使用させるときは、安全帯等を安全に取り付けるための設備等を設けなければならない。」と規定しています。

さらに同条第2項では、「事業者は、労働者に安全帯等を使用させるときは、安全帯等及びその取付け設備等の異常の有無について、随時点検しなければならない。」と規定しています。

4　保護帽の着用

　2に関して通達では、「「労働者に安全帯を使用させる等」の「等」には、荷の上の作業等であって、労働者に安全帯等を使用させることが著しく困難な場合において、墜落による危害を防止するための保護帽を着用させる等の措置が含まれる」（昭43.6.14安発第100号、昭50.7.21基発第415号）とされています。

　つまり、万一墜落災害が発生した場合であっても、状況によっては、保護帽をかぶっていれば違反にならないことがあるわけです。ただし、顎紐をきちんと締めていなければなりません。

　保護帽（ヘルメット）には、飛来落下物用、墜落時保護用及び感電防止用があります。高所作業には、墜落時保護用のものを使用しなければなりません。近年は、3つの機能をすべて兼ね備えたものも発売されています。

　墜落時保護用の保護帽は、帽体とハンモックの間に発泡スチロール製のライナーが入っています。夏季に汗ばむことからときどきすべてをばらして洗い、元に戻すときにライナーを入れない例を見かけることがあります。ライナーがないと、墜落時保護用としての機能は失われますから、時に一斉点検をすることも必要です。

5　昇降設備

　安衛則第526条第1項では、「事業者は、高さ又は深さが1.5メートルをこえる箇所で作業を行なうときは当該作業に従事する労働者が安全に昇降するための設備等を設けなければならない。ただし、安全に昇降するための設備等を設けることが作業の性質上著しく困難なときは、この限りでない。」と定めています。

　これは、労働者が飛び上がったり飛び降りたりする際の災害を防止するための規定です。

第19節　足場

Q215　足場とは、どのようなものでしょうか？

ANSWER いわゆる本足場、一側足場、つり足場、張出し足場、脚立足場等のように、建設物、船舶等の高所部に対する塗装、鋲打ち、部材の取付け又は取外し等の作業において、労働者を作業箇所に接近させて作業させるために設ける仮設の作業床及びこれを支持する仮設物をいいます（昭34.2.18基発第101号、昭47.9.18基発第602号）。

資材等の運搬又は集積を主目的として設けるさん橋又はステージング、コンクリート打設のためのサポート等は足場には該当しません（同通達）。さん橋又はステージングは「作業構台」の項（**P 211**）を、コンクリート打設のためのサポートは「型枠支保工」の項（**P 187**）を参照してください。

足場には、次の区分があります。

構造別 用途別	支柱足場			つり足場	機械足場	その他
	本足場	一側足場	たな足場			
外 壁 工事用	枠組足場 単管足場 丸太足場 張出し枠組足場	単管足場 丸太足場 布板一側足場			機械駆動式 足場 ゴンドラ	ブラケット 足場
内 装 工事用			枠組足場 単管足場 丸太足場			脚立足場 うま足場 移動式足場
躯 体 工事用	枠組足場 単管足場 丸太足場	単管足場 丸太足場		つり枠足場 つりだな足場		
補修用	枠組足場	単管足場 布板一側足場 丸太足場	枠組足場 単管足場 丸太足場	つり枠足場 つりだな足場	ゴンドラ	移動式足場 脚立足場 うま足場

Q 216 足場については、どのような法規制がありますか？

ANSWER 安衛則で次のように規定しています。

1 足場の組立等作業主任者（安衛法第14条、安衛令第6条、安衛則第565条、第566条）

まず、足場の組立て又は解体の作業を行う場合には、足場の組立て等作業主任者を選任しなければなりません。これは、つり足場、張出し足場又は高さが5メートル以上の足場の場合です。

2 材質、構造等

次に、材質の規制、構造の規制があります。最大積載荷重の表示をしなければなりません。安衛則第559条以下に、次の規制が設けられています。

(1) 材料等（第559条）
(2) 鋼管足場に使用する鋼管等（第560条）
(3) 構造（第561条）
(4) 最大積載荷重（第562条）
(5) 作業床（第563条）
(6) 足場の組立等における危険防止（第564条から第568条）
(7) 丸太足場（第569条）
(8) 鋼管足場（第570条から第573条）
(9) つり足場（第574条、第575条）

3　計画の届出（安衛法第88条第2項、安衛則第88条、同別表第七）

　　足場（つり足場、張出し足場以外の足場にあっては、高さが10メートル以上の構造のものに限る。）は、当該工事開始の30日前までに所轄労働基準監督署長に計画届を提出しなければなりません。ただし、組立てから解体までの期間が60日未満のものは、届出を要しません（安衛則第89条）。

Q217　足場の倒壊防止措置としては、法令上どのようなことに注意しなければならないでしょうか？

ANSWER　壁つなぎ又は控えの設置です。

　足場は、高さに比べて幅が狭いので、自立するのが困難です。このため、壁つなぎ又は控えを垂直方向にあっては5.5メートル以下、水平方向にあっては7.5メートル以下で設けなければならないこととされています（安衛則第569条、第570条）。

鋼管足場の種類	間隔（単位メートル）	
	垂直方向	水平方向
単管足場	5	5.5
枠組足場（高さが5メートル未満のものを除く。）	9	8

　しかしながら、この条文は、台風等の場合を考慮していません。台風や爆弾低気圧等の場合の風荷重を考えた数値としては、少なくとも2層2スパンごとに壁つなぎ又は控えを設けるべきです。

Q218 足場の組立等作業主任者には、どのようなことをさせなければならないのでしょうか？

ANSWER 次の事項を行わせなければなりません（安衛則第566条）。ただし、解体の作業のときは、(1)の事項は、必要ありません。

(1) 材料の欠点の有無を点検し、不良品を取り除くこと。
(2) 器具、工具、安全帯等及び保護帽の機能を点検し、不良品を取り除くこと。
(3) 作業の方法及び労働者の配置を決定し、作業の進行状況を監視すること。
(4) 安全帯等及び保護帽の使用状況を監視すること。

Q219 足場の組立等の作業における墜落防止措置は、どのようになっていますか？

ANSWER 安衛則第564条に規定する事項を実施しなければなりません。同条では、次の事項を実施すべき旨定めています。

(1) 組立て、解体又は変更の時期、範囲及び順序を当該作業に従事する労働者に周知させること。
(2) 組立て、解体又は変更の作業を行う区域内には、関係労働者以外の労働者の立入りを禁止すること。
(3) 強風、大雨、大雪等の悪天候のため、作業の実施について危険が予想されるときは、作業を中止すること。
(4) 足場材の緊結、取外し、受渡し等の作業にあっては、幅20センチメートル以上の足場板を設け、労働者に安全帯を使用させる等労働者の墜落による危険を防止するための措置を講ずること。
(5) 材料、器具、工具等を上げ、又は下ろすときは、つり綱、つり袋等を労働者に使用させること。

なお、平成21年4月24日付け基発第0424002号「「手すり先行工法に関するガイドライン」について」と、平成24年2月9日付け基安発第0209第2号「足場からの墜落・転落災害防止総合対策推進要綱」にも留意してください。

Q220 足場の点検については、どのようなことをしなければならないのでしょうか？

ANSWER まず、足場（つり足場を除く。）における作業を行うときは、その日の作業を開始する前に、作業を行う箇所に設けた安衛則第563条第1項第3号イからハまでに掲げる設備の取外し及び脱落の有無について点検し、異常を認めたときは、直ちに補修しなければなりません（安衛則第567条第1項）。

　イ　交さ筋かい及び高さ15センチメートル以上40センチメートル以下のさん若しくは高さ15センチメートル以上の幅木又はこれらと同等以上の機能を有する設備

　ロ　手すりわく

　ハ　高さ85センチメートル以上の手すり又はこれと同等以上の機能を有する設備（手すり等）及び中さん等

次に、強風、大雨、大雪等の悪天候若しくは中震以上の地震又は足場の組立て、一部解体若しくは変更の後において、足場における作業を行うときは、作業を開始する前に、次の事項について、点検し、異常を認めたときは、直ちに補修しなければなりません（同条第2項）。

(1) 床材の損傷、取付け及び掛渡しの状態

(2) 建地、布、腕木等の緊結部、接続部及び取付部のゆるみの状態

(3) 緊結材及び緊結金具の損傷及び腐食の状態

(4) 前述のイからハまでに掲げる設備の取外し及び脱落の有無

(5) 幅木等の取付け状態及び取外しの有無

(6) 脚部の沈下及び滑動の状態

(7) 筋かい、控え、壁つなぎ等の補強材の取付け状態及び取外しの有無

(8) 建地、布及び腕木の損傷の有無

(9) 突りょうとつり索との取付部の状態及びつり装置の歯止めの機能

さらに、平成24年2月9日付け基安発第0209第2号「足場からの墜落・転落災害防止総合対策推進要綱」の別添2「足場等の種類別点検チェックシート」にも留意してください。

Q 221 ローリングタワーについては、法令上どのようなことに注意しなければならないでしょうか？

ANSWER ローリングタワーは、法令上、鋼管足場のうちの移動式足場とされています。

したがって、まず、鋼管足場に関する安衛則第570条から第573条の規定に適合するようにしなければなりません。

特に、「脚輪を取り付けた移動式足場にあつては、不意に移動することを防止するため、ブレーキ、歯止め等で脚輪を確実に固定させ、足場の一部を堅固な建築物に固定させる等の措置を講ずること。」(第570条第1項第2号)とされている点に留意してください。

また、「高さ又は深さが1.5メートルをこえる箇所で作業を行なうときは当該作業に従事する労働者が安全に昇降するための設備等を設けなければならない。ただし、安全に昇降するための設備等を設けることが作業の性質上著しく困難なときは、この限りでない。」(第526条)と定められていますから、昇降設備(はしご又は階段)を設けなければなりません。

Q 222 つり足場については、法令上どのようなことに注意しなければならないでしょうか?

ANSWER 高さにかかわらず、その組立て又は解体の作業には、足場の組立等作業主任者の選任が必要です(安衛法第14条、安衛令第6条)。

そのほか、以下の規制があります。

1 構造等

事業者は、つり足場については、次に定めるところに適合したものでなければ、使用してはならない。

(1) つりワイヤロープは、次のいずれかに該当するものを使用しないこと。
　イ　ワイヤロープひとよりの間において素線(フィラ線を除く。以下この号において同じ。)の数の10パーセント以上の素線が切断しているもの
　ロ　直径の減少が公称径の7パーセントを超えるもの
　ハ　キンクしたもの
　ニ　著しい形くずれ又は腐食があるもの

(2) つり鎖は、次のいずれかに該当するものを使用しないこと。
　イ　伸びが、当該つり鎖が製造されたときの長さの5パーセントを超えるもの
　ロ　リンクの断面の直径の減少が、当該つり鎖が製造されたときの当

　　　　該リンクの断面の直径の10パーセントを超えるもの
　　　ハ　き裂があるもの
　⑶　つり鋼線及びつり鋼帯は、著しい損傷、変形又は腐食のあるものを使用しないこと。
　⑷　つり繊維索は、次のいずれかに該当するものを使用しないこと。
　　　イ　ストランドが切断しているもの
　　　ロ　著しい損傷又は腐食があるもの
　⑸　つりワイヤロープ、つり鎖、つり鋼線、つり鋼帯又はつり繊維索は、その一端を足場けた、スターラップ等に、他端を突りょう、アンカーボルト、建築物のはり等にそれぞれ確実に取り付けること。
　⑹　作業床は、幅を40センチメートル以上とし、かつ、すき間がないようにすること。
　⑺　床材は、転位し、又は脱落しないように、足場けた、スターラップ等に取り付けること。
　⑻　足場けた、スターラップ、作業床等に控えを設ける等動揺又は転位を防止するための措置を講ずること。
　⑼　たな足場であるものにあっては、けたの接続部及び交さ部は、鉄線、継手金具又は緊結金具を用いて、確実に接続し、又は緊結すること。
2　作業禁止
　　つり足場の上で脚立（きゃたつ）、はしご等を用いて労働者に作業させてはなりません（安衛則第575条）。
3　点検
　　事業者は、つり足場における作業を行うときは、その日の作業を開始する前に、次に掲げる事項について、点検し、異常を認めたときは、直ちに補修しなければなりません（安衛則第568条）。
　⑴　床材の損傷、取付け及び掛渡しの状態
　⑵　建地、布、腕木等の緊結部、接続部及び取付部のゆるみの状態
　⑶　緊結材及び緊結金具の損傷及び腐食の状態
　⑷　次に掲げる設備の取外し及び脱落の有無
　　　イ　交さ筋かい及び高さ15センチメートル以上40センチメートル以下のさん若しくは高さ15センチメートル以上の幅木又はこれらと同等

以上の機能を有する設備
- ロ　手すりわく
- ハ　高さ85センチメートル以上の手すり又はこれと同等以上の機能を有する設備（手すり等）及び中さん等

(5) 木等の取付け状態及び取外しの有無
(6) 筋かい、控え、壁つなぎ等の補強材の取付け状態及び取外しの有無
(7) 突りょうとつり索との取付部の状態及びつり装置の歯止めの機能

4　計画の届出

つり足場は、その高さにかかわらず計画届が必要です（安衛法第88条第2項、安衛則第88条、同則別表第七）。ただし、組立てから解体までの期間が60日未満のものは、届出を要しません（安衛則第89条）。

Q 223　張出し足場については、法令上どのようなことに注意しなければならないでしょうか？

ANSWER　張出し足場とは、建地（柱）の上部から外側に張り出す形で作業床を設けるものをいいます。通常の足場より倒壊等の危険性が高いので、安衛則第570条において、壁つなぎ又は控えについて規制をしています。

一側足場、本足場又は張出し足場であるものにあっては、次に定めるところにより、壁つなぎ又は控えを設けること。

イ　間隔は、次の表の上欄に掲げる鋼管足場の種類に応じ、それぞれ同表の下欄に掲げる値以下とすること。

鋼管足場の種類	間隔（単位　メートル）	
	垂直方向	水平方向
単管足場	5	5.5
枠組足場（高さが5メートル未満のものを除く。）	9	8

ロ　鋼管、丸太等の材料を用いて、堅固なものとすること。

ハ　引張材と圧縮材とで構成されているものであるときは、引張材と圧縮材との間隔は、1メートル以内とすること。

なお、この間隔は、最低限のものですから、台風等の風荷重を考慮し、枠組足場の場合でも2層2スパンごとに壁つなぎをとるべきでしょう。

また、張出し足場は、その高さにかかわらず計画届が必要です（安衛法第88条第2項、安衛則第88条、同則別表第七）。ただし、組立てから解体までの期間が60日未満のものは、届出を要しません（安衛則第89条）。

Q224 足場に設ける架設通路については、法令上どのようなことに注意しなければならないでしょうか？

ANSWER　足場に設ける登りさん橋を架設通路といいます。安衛則第552条で「事業者は、架設通路については、次に定めるところに適合したものでなければ使用してはならない。」と定めています。

(1) 丈夫な構造とすること。
(2) 勾配は、30度以下とすること。ただし、階段を設けたもの又は高さが2メートル未満で丈夫な手掛を設けたものはこの限りでない。
(3) 勾配が15度を超えるものには、踏さんその他の滑止めを設けること。
(4) 墜落の危険のある箇所には、次に掲げる設備（丈夫な構造の設備であって、たわみが生ずるおそれがなく、かつ、著しい損傷、変形又は腐食がないものに限る。）を設けること。ただし、作業上やむを得ない場合は、必要な部分を限って臨時にこれを取り外すことができる。
　　イ　高さ85センチメートル以上の手すり
　　ロ　高さ35センチメートル以上50センチメートル以下のさん又はこれと同等以上の機能を有する設備（中さん等）
(5) たて坑内の架設通路でその長さが15メートル以上であるものは、10メートル以内ごとに踊場を設けること。
(6) 建設工事に使用する高さ8メートル以上の登さん橋には、7メートル以内ごとに踊場を設けること。

　また、架設通路で高さ及び長さがそれぞれ10メートル以上のものは、その工事着手の30日前までに所轄労働基準監督署長に計画届を提出しなければなりません（安衛法第88条第2項、安衛則第88条、同則別表第七）。ただし、組立てから解体までの期間が60日未満のものは、届出を要しません（安衛則第89条）。

Q225 足場についての元方規制はどのようになっていますか？

ANSWER 安衛則第655条において、次のように定めています。
1 構造等
　注文者は、安衛法第31条第1項の場合において、請負人の労働者に、足場を使用させるときは、当該足場について、次の措置を講じなければなりません。
(1) 構造及び材料に応じて、作業床の最大積載荷重を定め、かつ、これを足場の見やすい場所に表示すること。
(2) 強風、大雨、大雪等の悪天候又は中震以上の地震の後においては、足場における作業を開始する前に、次の事項について点検し、危険のおそれがあるときは、速やかに修理すること。
　イ　床材の損傷、取付け及び掛渡しの状態
　ロ　建地、布、腕木等の緊結部、接続部及び取付部のゆるみの状態
　ハ　緊結材及び緊結金具の損傷及び腐食の状態
　ニ　安衛則第563条第1項第3号イからハまでに掲げる設備の取外し及び脱落の有無
　ホ　幅木等の取付け状態及び取外しの有無
　ヘ　脚部の沈下及び滑動の状態
　ト　筋かい、控え、壁つなぎ等の補強材の取付けの状態
　チ　建地、布及び腕木の損傷の有無
　リ　突りょうとつり索との取付部の状態及びつり装置の歯止めの機能
(3) 前2号に定めるもののほか、安衛法第42条の規定に基づき厚生労働大臣が定める規格及び安衛則第2編第10章第2節（第559条から第561条まで、第562条第2項、第563条、第569条から第572条まで及び第574条に限る。）に規定する足場の基準に適合するものとすること。
　つまり、足場に関する規制は、そのままほぼ元方の責任にもなるということです。
2 点検
　注文者は、前項第2号の点検を行ったときは、次の事項を記録し、足場を使用する作業を行う仕事が終了するまでの間、これを保存しなければなりません（安衛則第655条第2項）。
(1) 当該点検の結果

(2) 前号の結果に基づいて修理等の措置を講じた場合にあっては、当該措置の内容

なお、厚生労働省から「手すり先行工法に関するガイドライン」(平成15年4月24日基発第0424001号)が示されていますので、参考にしてください。

第20節　作業構台

Q 226 作業構台とは、どのようなものでしょうか？

ANSWER　仮設の支柱及び作業床等により構成され、材料若しくは仮設機材の集積又は建設機械等の設置若しくは移動を目的とする高さが2メートル以上の設備で、建設工事に使用するもの(安衛則第575条の2)をいいます。

作業構台には、ビル建築工事において建築資材等を上部に一時的に集積し、建築物の内部等に取り込むことを目的として設ける荷上げ構台(ステージング)、地下工事期間中に行われる根切り工事等のため、掘削機械、残土搬出用トラック及びコンクリート工事用の生コン車等の設置又は移動を目的として設ける乗入れ構台等があり、次図に示すようなものがあります(昭55.11.25基発第648号)。

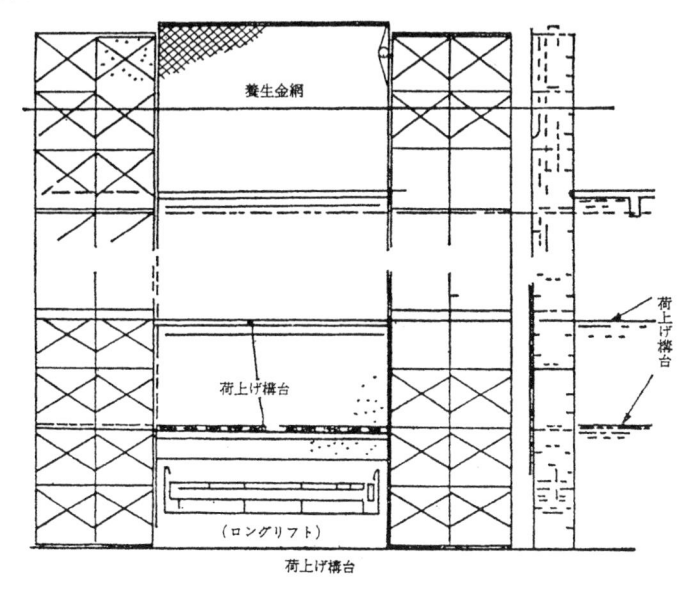

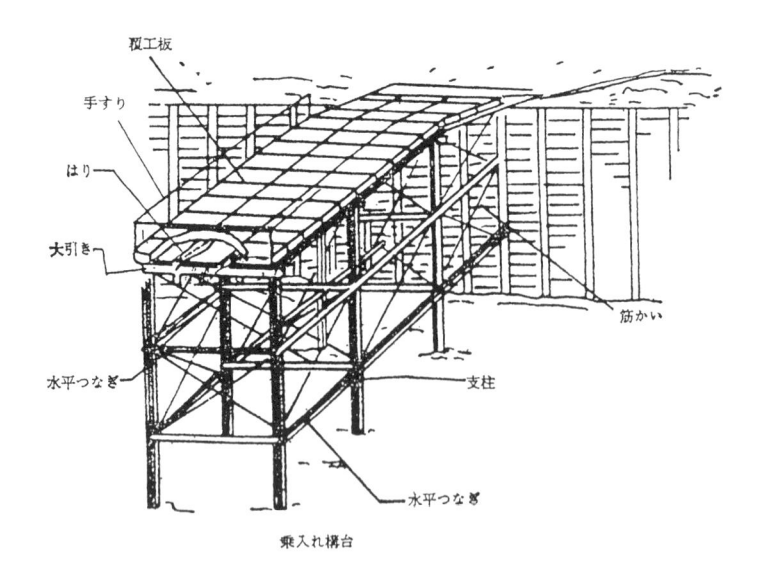

図中ラベル: 覆工板、手すり、はり、大引き、水平つなぎ、筋かい、支柱、水平つなぎ、乗入れ構台

Q227 作業構台について、法令上どのようなことに注意しなければならないでしょうか?

ANSWER 安衛則第575条の2以降に次の事項が定められています。

1　材料等（第575条の2）
2　構造（第575条の3）
3　最大積載荷重（第575条の4）
4　組立図（第575条の5）
5　作業構台についての措置（第575条の6）
6　作業構台の組立て等の作業（第575条の7）
7　点検（第575条の8）

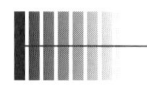

第21節　踏抜き防止措置

Q228 踏抜きとは、どのようなことでしょうか?

ANSWER　2つあります。

まず、床上の釘等を踏んで靴底を貫通して足を負傷することです。
次は、スレート、木毛板等の材料でふかれた屋根の上に乗って、自分の重さ

により屋根を突き抜けて墜落することです。
　これらの災害を防止するため、安衛則で次の事項を定めています。
1　事業者は、作業中の労働者に、通路等の構造又は当該作業の状態に応じて、安全靴その他の適当な履（はき）物を定め、当該履物を使用させなければなりません（安衛則第558条）。
2　事業者は、スレート、木毛板等の材料でふかれた屋根の上で作業を行う場合において、踏抜きにより労働者に危険を及ぼすおそれのあるときは、幅が30センチメートル以上の歩み板を設け、防網を張る等踏み抜きによる労働者の危険を防止するための措置を講じなければなりません（安衛則第524条）。
　「木毛板等」の「等」には、塩化ビニール板等であって労働者が踏み抜くおそれがある材料が含まれます（昭43.6.14安発第100号）。
　しかしながら、スレート、木毛板等ぜい弱な材料でふかれた屋根であっても、当該材料の下に野地板、間隔が30センチメートル以下の母屋（もや）等が設けられており、労働者が踏み抜きによる危害を受けるおそれがない場合には、本条を適用しないこと（同通達）とされています。
　なお、「防網を張る等」の「等」には、労働者に命綱を使用させる等の措置が含まれること（同通達）とされています。防網とは、安全ネットのことです。

第22節　橋梁（上部工と下部工）架設工事

Q229　橋梁とはどのようなものでしょうか？

ANSWER　橋梁とは、河川、道路等を横切りその下方に空間を存して建設された通路及びこれを支持する構造物をいい、高速道路等の高架橋が含まれます（昭53.2.10基発第77号）。高架の鉄道も該当します。
　橋梁には、その材料から大別すると鋼橋とコンクリート橋があります。それぞれについて、法令において一定の規制をしています。規制の対象は、上部工に関するものです。

アーチ橋

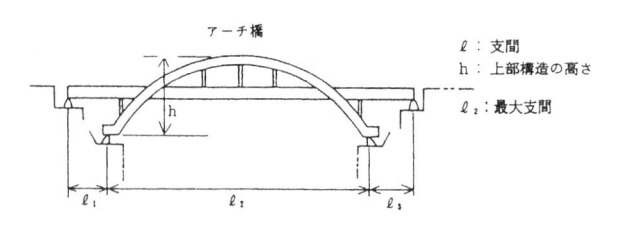

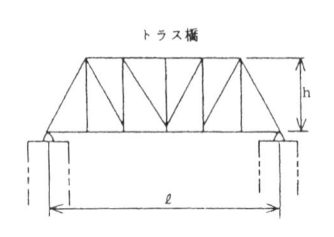

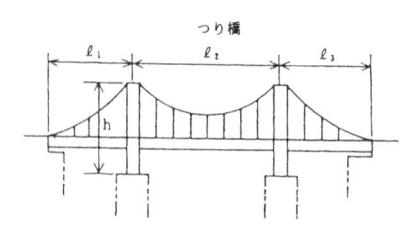

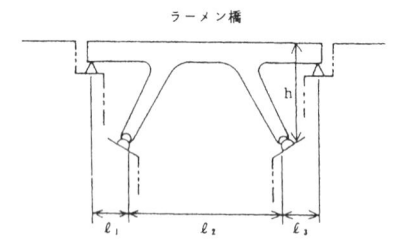

ℓ：支間
h：上部構造の高さ
ℓ₂：最大支間

トラス橋

つり橋

ラーメン橋

　河川や海上に橋梁を設ける場合、橋脚部分（下部工）は、潜函工法等によることがあります。これは、「高気圧業務」の項（P257）を参照してください。

Q230 橋梁に関する法令上の規制は、どのようなことでしょうか？

ANSWER 計画の届出、作業主任者の選任、作業時における規制等となります。
1　計画の届出（安衛法第88条第3項、第4項）
　橋梁関係の工事に関する計画届の対象と提出先は次のとおりです。

届出区分	仕事の種類	期限	届出先
安衛法第88条第3項の届出	最大支間500メートル（つり橋にあっては、1,000メートル）以上の橋梁（りょう）の建設の仕事	当該仕事開始の30日前まで	厚生労働大臣
	ゲージ圧力が0.3メガパスカル以上の圧気工法による		

安衛法第88条第4項の届出	作業を行う仕事	当該仕事開始の14日前まで	所轄労働基準監督署長
	最大支間50メートル以上の橋梁（りょう）の建設等の仕事		
	最大支間30メートル以上50メートル未満の橋梁（りょう）の上部構造の建設等の仕事（第18条の2の場所において行われるものに限る。）		
	圧気工法による作業を行う仕事		

2 作業主任者の選任（安衛法第14条、安衛令第6条）

次の工事の区分により、作業主任者の選任を要します。

作業の種類	資格を有する者	作業主任者の名称
橋梁（りょう）の上部構造であって、金属製の部材により構成されるもの（その高さが5メートル以上であるもの又は当該上部構造のうち橋梁（りょう）の支間が30メートル以上である部分に限る。）の架設、解体又は変更の作業	鋼橋架設等作業主任者技能講習を修了した者	鋼橋架設等作業主任者
橋梁（りょう）の上部構造であって、コンクリート造のもの（その高さが5メートル以上であるもの又は当該上部構造のうち橋梁（りょう）の支間が30メートル以上である部分に限る。）の架設又は変更の作業	コンクリート橋架設等作業主任者	コンクリート橋架設等作業主任者

3 作業に関する規制（安衛則第517条の6～第517条の10）

上部工の架設、解体又は変更の作業については、それぞれ次の規制があります。

実施すべき事項	鋼橋架設等の作業	コンクリート橋等の作業
作業計画 あらかじめ、作業計画を定め、かつ、当該作業計画により作業を行わなければなりません。 この作業計画は、次の事項が示されているものでなければなりません。 (1) 作業の方法及び順序 (2) 部材（部材により構成されているものを含む。）の落下又は倒壊を防止するための方法 (3) 作業に従事する労働者の墜落による危険を防止するための設備の設置の方法 (4) 使用する機械等の種類及び能力 この作業計画を定めたときは、(1)から(4)の事項について関係労働者に周知させなければなりません。	第517条の6	第517条の20
橋架設等の作業 次の措置を講じなければなりません。	第517条の7	第517条の21

(1) 作業を行う区域内には、関係労働者以外の労働者の立入りを禁止すること。 (2) 強風、大雨、大雪等の悪天候のため、作業の実施について危険が予想されるときは、当該作業を中止すること。 (3) 材料、器具、工具類等を上げ、又は下ろすときは、つり綱、つり袋等を労働者に使用させること。 (4) 部材又は架設用設備の落下又は倒壊により労働者に危険を及ぼすおそれのあるときは、控えの設置、部材又は架設用設備の座屈又は変形の防止のための補強材の取付け等の措置を講ずること。		
橋架設等作業主任者の選任 　鋼橋架設等作業主任者技能講習又はコンクリート橋架設等作業主任者技能講習を修了した者のうちから、各橋架設等作業主任者を選任しなければなりません。	第517条の8	第517条の22
橋架設等作業主任者の職務 　事業者は、各橋架設等作業主任者に、次の事項を行わせなければなりません。 (1) 作業の方法及び労働者の配置を決定し、作業を直接指揮すること。 (2) 器具、工具、安全帯等及び保護帽の機能を点検し、不良品を取り除くこと。 (3) 安全帯等及び保護帽の使用状況を監視すること。	第517条の9	第517条の23
保護帽の着用 　物体の飛来又は落下による労働者の危険を防止するため、当該作業に従事する労働者に保護帽を着用させなければなりません。	第517条の10	第517条の24

4　ジャッキ式つり上げ機械

　橋梁の架設等の作業にあたり、ジャッキ式つり上げ機械を使用することがあります。「ジャッキ式つり上げ機械」の項（P 161）を参照してください。

Q 231　橋梁の下部工についての法規制はどのようになっているのでしょうか？

ANSWER　下部工は、河川や海に掛ける橋梁の場合、潜函工法によることがあります。潜函工法は、高気圧作業に該当するので、特別の規制があります。

　河川や海でない場合には、地山掘削に伴う土止め支保工等についての規制があります。P 196を参照してください。

　高気圧作業に該当するのは、潜函工法の場合です。ニューマチックケーソン工法とも呼ばれます。コンクリート製の箱をかぶせ、内部に大気圧を超える空気を注入し、その圧力で湧水を抑えて掘削する工法です。法令では「圧気工

法」と呼んでいます。その内部での作業を「高圧室内業務」と呼んでいます。高気圧作業安全衛生規則（以下「高圧則」）において、後述の規制を設けています。

1　計画の届出

　圧気工法による作業は、計画届の対象となっています（安衛法第88条第3項、第4項、安衛則第89条の2、第90条）。

　ゲージ圧力が0.3メガパスカルを超えるものは、工事着手の30日前までに厚生労働大臣に届出が必要です。それ以下の圧力で行うものは、工事着手の30日前までに所轄労働基準監督署長に計画届を提出しなければなりません。

2　高圧室内業務の設備

　高圧室内業務の設備について、高圧則で次の事項を定めています。

(1) 作業室の気積（第2条）

(2) 気閘室の床面積及び気積（第3条）

(3) 送気管の配管等（第4条）

(4) 空気清浄装置（第5条）

(5) 排気管（第6条）

(6) 圧力計（第7条）

(7) 異常温度の自動警報装置（第7条の2）

(8) のぞき窓等（第7条の3）

(9) 避難用具等（第7条の4）

3　高圧室内作業主任者の選任

　高圧室内業務を行う場合には、高圧室内作業主任者免許を受けた者のうちから、作業室ごとに、高圧室内作業主任者を選任しなければなりません（安衛法第14条、安衛令第6条、高圧則第10条）。

　また、高圧室内作業主任者に、次の事項を行わせなければなりません（高圧則第10条第2項）。

(1) 作業の方法を決定し、高圧室内作業者を直接指揮すること。

(2) 炭酸ガス及び有害ガス（一酸化炭素、メタンガス、硫化水素その他炭酸ガス以外のガスであって、爆発、火災その他の危険又は健康障害を生ずるおそれのあるものをいう。以下同じ。）の濃度を測定するための

　　　　測定器具を点検すること。
　　(3) 高圧室内作業者を作業室に入室させ、又は作業室から退室させるときに、当該高圧室内作業者の人数を点検すること。
　　(4) 作業室への送気の調節を行うためのバルブ又はコックを操作する業務に従事する者と連絡して、作業室内の圧力を適正な状態に保つこと。
　　(5) 気閘室への送気又は気閘室からの排気の調節を行うためのバルブ又はコックを操作する業務に従事する者と連絡して、高圧室内作業者に対する加圧又は減圧が高圧則第14条又は第18条の規定に適合して行われるように措置すること。
　　(6) 作業室及び気閘室において高圧室内作業者が健康に異常を生じたときは、必要な措置を講ずること。

4　特別教育

　　事業者は、次の業務に労働者をつかせるときは、当該労働者に対し、当該業務に関する特別の教育を行わなければなりません（高圧則第11条）。
　　(1) 作業室及び気閘室へ送気するための空気圧縮機を運転する業務
　　(2) 作業室への送気の調節を行うためのバルブ又はコックを操作する業務
　　(3) 気閘室への送気又は気閘室からの排気の調節を行うためのバルブ又はコックを操作する業務
　　(4) 潜水作業者への送気の調節を行うためのバルブ又はコックを操作する業務
　　(5) 再圧室を操作する業務
　　(6) 高圧室内業務

5　高圧室内業務の管理

　　(1) 立入禁止（高圧則第13条）
　　(2) 加圧の速度（高圧則第14条）
　　(3) 高圧下の時間（高圧則第15条）
　　(4) 炭酸ガスの抑制（高圧則第16条）
　　(5) 有害ガスの抑制（高圧則第17条）
　　(6) 減圧の速度等（高圧則第18条）
　　(7) 減圧の特例等（高圧則第19条）
　　(8) 減圧時の措置（高圧則第20条）

(9) 減圧状況の記録等（高圧則第20条の2）

(10) 連絡（高圧則第21条）

(11) 設備の点検及び修理（高圧則第22条）

(12) 送気設備の使用開始時等の点検（高圧則第22条の2）

(13) 事故が発生した場合の措置（高圧則第23条）

(14) 排気沈下の場合の措置（高圧則第24条）

(15) 発破を行った場合の措置（高圧則第25条）

(16) 火傷等の防止（高圧則第25条の2）

(17) 刃口の下方の掘下げの制限（高圧則第25条の3）

(18) 高圧室内作業主任者の携行器具（高圧則第26条）

6　健康診断及び病者の就業禁止

(1) 健康診断（高圧則第38条）

(2) 健康診断の結果（高圧則第39条）

(3) 健康診断の結果についての医師からの意見聴取（高圧則第39条の2）

(4) 健康診断の結果の通知（高圧則第39条の3）

(5) 健康診断結果報告（高圧則第40条）

(6) 病者の就業禁止（高圧則第41条）

7　再圧室

(1) 設置（高圧則第42条）

(2) 立入禁止（高圧則第43条）

(3) 再圧室の使用（高圧則第44条）

(4) 点検（高圧則第45条）

(5) 危険物等の持込禁止（高圧則第46条）

8　救護に関する措置

P46以下を参照して下さい。

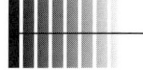

第23節　土石流危険河川

Q 232 土石流災害とは、どのようなことでしょうか？

ANSWER　「土石流」とは、土砂又は巨れきが水を含み、一体となって流

下する現象をいいます（平10.2.16基発第49号）。

　大雨や積雪の融解に伴い発生した土石流により、主として河川改修等の土木工事に従事している労働者が被災することを土石流災害といいます。

Q233　土石流危険河川というのは、どのようなことでしょうか？

ANSWER　基本的な用語の意味が通達で定められていて、次のとおりです。

　「河川」とは、河道及び河岸をいいます。河道とは、河川の流水が継続して存する土地をいい、河岸とは、地形、草木の生茂の状況その他の状況が河道に類する状況を呈している土地（洪水その他異常な自然現象により一時的に当該状況を呈している土地を除く。）をいい、天然の河川のみならず、堤防等による人工の河岸が含まれます（平10.2.16基発第49号）。

　なお、河川については、流域全体（源流から河口まで）ではなく、当該作業場所から上流側の部分（支川を含む。）について土石流危険河川に該当するか否かを検討する必要があります（同通達）。

　「土石流危険河川」とは、次のいずれかに該当する河川をいいます（同通達）。
　　イ　作業場所の上流側（支川を含む。）の流域面積が0.2km^{2}以上であって、上流側（支川を含む。）の0.2kmにおける平均河床が勾配が3度以上の河川
　　ロ　市町村が「土石流危険渓流」として公表している河川
　　ハ　都道府県又は市町村が「崩壊土砂流出危険地区」として公表している地区内の河川

　「臨時の作業」とは、道路の標識の取替え、橋梁の欄干の塗装等の小規模な補修工事等、数日程度で終了する一時的な作業で、事業者が降雨、融雪又は地震に際して作業を行わないこととしているものをいいます（同通達）。

　「河川の状況」とは、河川の形状、流域面積及び河床勾配を、「河川の周辺の状況」とは、作業場所に到達するおそれのある土石流の発生の端緒となる土砂崩壊等が発生するおそれのある場所における崩壊地の状況、積雪の状況等をいうものです。

　「調査」には、2万5,000分の1又はそれ以上に詳細な地形図による調査、気象台、河川管理者、発注機関、付近の元方事業者等からの情報の把握及び作業

場所周辺における測量調査等による調査が含まれるものであり、積雪の状況については、作業場所からの目視による調査も含まれます（同通達）。

Q234 土石流災害を防止するため、法令上どのようなことに注意しなければならないでしょうか？

ANSWER　安衛則で、次の事項を定めていますので、これにしたがって工事を進める必要があります。

1　調査及び記録（第575条の9）
2　土石流による労働災害の防止に関する規程（第575条の10）
3　把握及び記録（第575条の11）
4　降雨時の措置（第575条の12）
5　退避（第575条の13）
6　警報用の設備（第575条の14）
7　避難用の設備（第575条の15）
8　避難の訓練（第575条の16）

Q235 「規程」というのは、どのようなものでしょうか？

ANSWER　安衛則第575条の10において、次の事項を示したもので、土石流による労働災害防止に関する規程であると定めています。

(1) 降雨量の把握の方法
(2) 降雨又は融雪があった場合及び地震が発生した場合に講ずる措置
(3) 土石流の発生の前兆となる現象を把握した場合に講ずる措置
(4) 土石流が発生した場合の警報及び避難の方法
(5) 避難の訓練の内容及び時期

「降雨量の把握の方法」としては、事業者自ら又は他の事業者と共同で設置した雨量計による測定のほか、地方気象台による設置された地域気象観測システム（アメダス）、気象データ供給会社、河川管理者等（以下「アメダス等」という。）からの降雨量に関する情報の把握等、各事業場における具体的な降雨量の把握の方法が定められていなければなりません（平10.2.16基発第49号）。

「降雨があった場合に講ずる措置」としては、降雨があったことにより土石

流が発生するおそれがあるときに、監視人の配置等土石流の発生を早期に把握するための措置又は作業を中止して労働者を速やかに安全な場所に退避させることが定められていなければなりません（同通達）。

「融雪があった場合に講ずる措置」としては、降雨に融雪が加わることを考慮して積雪の比重を積雪深の減少量に乗じて降水量に換算し降雨量に加算するなど、融雪を実際に把握した際に講ずる措置が定められていなければなりません（同通達）。

また、「融雪があった場合」とは、アメダス等からの積雪深の減少に関する情報、各地方気象台による雪崩注意報の発表、気温摂氏０度以上の時間が継続していること等をいうものです（同通達）。

「地震が発生した場合に講ずる措置」としては、作業をいったん中止して労働者を安全な場所に退避させ、土石流の前兆となる現象の有無を観察するなど、地震を把握した際に講ずる措置が定められていなければなりません（同通達）。

また、「地震が発生した場合」とは、中震以上の地震が作業現場において体感された場合及びアメダス等からの情報により、作業場所から上流及びその周辺の河川における中震以上の地震を把握した場合等をいうものです（同通達）。

「土石流の発生の前兆となる現象を把握した場合に講ずる措置」としては、いったん作業を中止して前兆となる現象が継続するか否かを観察すること、土石流を早期に把握するための措置を講ずること等、土石流の発生の前兆となる現象を実際に把握した際に講ずる措置が定められていなければなりません（同通達）。

なお、「土石流の前兆となる現象」とは、土石流が発生した際に、機能的に土石流との因果関係が推定されている現象であり、具体的には、河川の付近での山崩れ、流水の異常な増水又は急激な減少、山鳴り、地鳴り等の異常な音、湧水の停止、流木の出現、著しい流水の濁りの発生等をいうものです（同通達）。

「土石流が発生した場合の警報の方法」としては、警報の種類、警報用の設備の種類及び設置場所、これらを労働者に周知する方法及び警報用の設備の有効性保持のための措置が定められていなければなりません（同通達）。

「土石流が発生した場合の避難の方法」としては、避難用の設備の種類及び

設置場所、これらを労働者に周知する方法及び避難用の設備の有効性保持のための措置が定められていなければなりません（同通達）。

第24節　管渠内作業

Q 236 管渠内作業とは、どのようなものでしょうか？

ANSWER　下水道の管渠の内部で行う作業をいいます。

平成20年に、既設下水道管再構築工事において、いわゆるゲリラ豪雨により作業員6名が流水に巻き込まれ、5名が死亡する災害が発生しました。

これにより、厚生労働省と国土交通省とで、安全対策検討委員会がつくられ、安全な作業の実施に関する対策が検討されました。

Q 237 管渠内作業については、どのようなことをしなければならないのでしょうか？

ANSWER　上流域の降雨により、河川、下水道管内等の水位が急激に上昇することにより、作業員が流水に巻き込まれる災害につながります。

雨水は、1立方メートルで1トンの重量があり、これに流速が加わると、多少体重がある労働者でもたやすく流されます。

このため、平成20年8月5日付け基安安発第0805001号「局地的な大雨等による河川・下水道管内等作業における労働災害の防止について」において、次の措置を講ずるように求められています。

1　上流域の降雨による河川、下水道管内等の水位の上昇による危険性について、あらかじめ発注者からの情報等をもとに把握しておくこと。
2　大雨注意報の発令等、上流域への降雨に関する情報を迅速に把握する体制を構築しておくこと。
3　緊急時の警報並びに避難の方法をあらかじめ定めておくこと。
4　大雨等により河川、下水道管内等の水位が急激に上昇するおそれのあるときは、河川、下水道管内等での作業を行わないこと。
5　作業中において、大雨等により河川、下水道管内等の水位が急激に上昇するおそれが生じたときは、直ちに作業を中止し、労働者を安全な場所

に退避させること。

6　河川、下水道管内等で作業を行う労働者に対して、大雨により急激に水位が上昇する場合があること及びその場合の避難方法について、あらかじめ周知しておくこと。

また、これを受けて国土交通省において設置された「局地的な大雨に対する下水道管渠内工事等安全対策検討委員会」に厚生労働省からも参画し、「局地的な大雨に対する下水道管渠内工事等安全対策の手引き（案）」が取りまとめられました（平20.10.10基安安発第1010002号「局地的な大雨による下水道管渠内工事等における労働災害の防止について」）。

これは、案のまま現在に至っており、これに沿って工事をすることとされています。その基本は、ぽつりときたら直ちに作業を中止することです。

併せて、国土交通省から「下水道管路管理に関する安全衛生管理マニュアル」が示されていますので、これも参考にしてください。

なお、既設下水道管渠内での作業は、酸素欠乏危険作業にも該当することに注意が必要です。

第25節　ずい道

Q 238　ずい道とは、どのようなものでしょうか？

ANSWER　いわゆるトンネルです。道路や鉄道だけでなく、近年では都市部等でのゲリラ豪雨等の際に河川の氾濫防止を目的に設けられる雨水貯留管等の築造もこれにあたります。

工法としては、次のようなものがあります。

1　山岳トンネル工法（在来型のトンネル掘進工法）
2　NATM（ナトム）工法（新オーストリア式トンネル掘進工法）
3　シールド工法
4　圧気シールド工法

Q 239　ずい道等の建設工事において、法令上どのようなことに注意しなければならないでしょうか？

ANSWER　計画の届出、作業主任者の選任、作業の実施にあたっての措置、圧気工事の場合には高気圧業務としての規制があります。

1　計画の届出

工事の種類により、計画の届出が次のように義務づけられています（安衛法第88条第3項、第4項、安衛則第89条の2、第90条）。

届出区分	仕 事 の 種 類	期　　限	届出先
安衛法第88条第3項の届出	長さが3,000メートル以上のずい道等の建設の仕事	当該仕事開始の30日前	厚生労働大臣
	長さが1,000メートル以上3,000メートル未満のずい道等の建設の仕事で、深さが50メートル以上のたて坑（通路として使用されるものに限る。）の掘削を伴うもの		
	ゲージ圧力が0.3メガパスカル以上の圧気工法による作業を行う仕事		
安衛法第88条第4項の届出	ずい道等の建設等の仕事（ずい道等の内部に労働者が立ち入らないものを除く。）	当該仕事開始の30日前	所轄労働基準監督署長
	圧気工法による作業を行う仕事		

2　作業主任者の選任

ずい道工事で作業主任者の選任が必要なのは、次の区分により、右欄の作業主任者です（安衛法第14条、安衛令第6条、安衛則別表第一）。

作業の区分	資格を有する者	作業主任者の名称
ずい道等（ずい道及びたて坑以外の坑（採石法第2条に規定する岩石の採取のためのものを除く。）をいう。以下同じ。）の掘削の作業（掘削用機械を用いて行う掘削の作業のうち労働者が切羽に近接することなく行うものを除く。）又はこれに伴うずり積み、ずい道支保工（ずい道等における落盤、肌落ち等を防止するための支保工をいう。）の組立、ロックボルトの取付け若しくはコンクリート等の吹付けの作業	ずい道等の掘削等作業主任者技能講習を修了した者	ずい道等の掘削等作業主任者
ずい道等の覆工（ずい道型枠支保工（ずい道等におけるアーチコンクリート及び側壁コンクリートの打設に用いる型枠並びにこれを支持するための支柱、はり、つなぎ、筋かい等の部材により構成される仮設の設備をいう。）の組立て、移動若しくは解体又は当該組立て若しくは移動に伴うコンクリートの打設をいう。）の作業	ずい道等の覆工作業主任者技能講習を修了した者	ずい道等の覆工作業主任者

この「ずい道等の覆工の組立て等の作業」については、ずい道等の内部で行うものに限定しているわけではないので、注意が必要です。

3　作業にあたっての措置

安衛則において次のように規制されています。

(1) 調査等（第379条～第383条の5）

(2) 落盤、地山の崩壊等のよる危険の防止（第384条～第388条）

(3) 爆発、火災等の防止（第389条～第389条の5）

(4) 退避等（第389条の7～第389条の11）

(5) ずい道支保工（第390条～第396条）

(6) ずい道型枠支保工（第397条、第398条）

(7) 救護に関する措置（第24条の3～第24条の9）（P46以下参照）

4　圧気工事の場合

　　基本的に高圧則の適用を受けます。「高気圧業務」の項（P257）を参照してください。

5　粉じん作業

　　坑内でのずい道等の建設工事現場での作業は、じん肺法と粉じん障害防止規則（以下「粉じん則」）に定める粉じん作業に該当します。このため、じん肺健康診断の対象となるとともに、換気装置による換気（粉じん則第6条以下）が必要です。

　　また、動力により掘削する場所等においては、電動ファン式呼吸用保護具の使用が義務づけられています（粉じん則第27条）。

6　就業制限

　　ずい道等の内部での作業は、「坑内労働」に該当します。坑内労働は、満18歳未満の者の就業が禁止されています（労基法第63条）。

　　また、次の各号に掲げる女性を当該各号に定める業務につかせてはなりません（労基法第64条の2）。

女性の区分	就業制限業務
(1) 妊娠中の女性及び坑内で行われる業務に従事しない旨を使用者に申し出た産後1年を経過しない女性	坑内で行われるすべての業務
(2) 前号に掲げる女性以外の満18歳以上の女性	坑内で行われる業務のうち人力により行われる掘削の業務その他の女性に有害な業務として厚生労働省令で定めるもの（女性労働基準規則第1条） (1) 人力により行われる土石、岩石若しくは鉱物（以下「鉱物等」という。）の掘削又は掘採の業務 (2) 動力により行われる鉱物等の掘削又は掘採の業務（遠隔操作により行うものを除く。）

	(3) 発破による鉱物等の掘削又は掘採の業務
	(4) ずり、資材等の運搬若しくは覆工のコンクリートの打設等鉱物等の掘削又は掘採の業務に付随して行われる業務（鉱物等の掘削又は掘採に係る計画の作成、工程管理、品質管理、安全管理、保安管理その他の技術上の管理の業務並びに鉱物等の掘削又は掘採の業務に従事する者及び鉱物等の掘削又は掘採の業務に付随して行われる業務に従事する者の技術上の指導監督の業務を除く。）

7　セーフティアセスメント指針

　　厚生労働省から次のものが示されていますので参考にしてください。

　(1) 山岳トンネル工事に係るセーフティアセスメントに関する指針について（平8.7.5基発第448号の2）

　(2) シールド工事に係るセーフティアセスメントについて（平7.2.24基発第94号の2）

第26節　軌道装置

Q 240　軌道装置とは、どのようなものでしょうか？

ANSWER　事業場附帯の軌道及び車両、動力車、巻上げ機等を含む一切の装置で、動力を用いて軌条（レール）により労働者又は荷物を運搬する用に供されるもの（鉄道営業法（明治33年法律第65号）、鉄道事業法（昭和61年法律第92号）又は軌道法（大正10年法律第76号）の適用を受けるものを除く。）をいいます（安衛則第195条）。

　ずい道工事や鉄道や高速道路等の高架橋の工事現場などで使用されています。

Q 241　軌道装置を使用するには、法令上どのようなことに注意しなければならないでしょうか？

ANSWER　安衛則第196条以下に、次のように定めています。

1　軌道等

　(1) 軌条の重量（第196条）

　(2) 軌条の継目（第197条）

(3) 軌条の敷設（第198条）

　(4) まくら木（第199条）

　(5) 道床（第200条）

　(6) 曲線部（第201条）

　(7) 軌道の勾配（第202条）

　(8) 軌道の分岐点等（第203条）

　(9) 逸走防止装置（第204条）

　(10) 車両と側壁等との間隔（第205条）

　(11) 車両とう乗者の接触予防措置（第206条）

　(12) 信号装置（第207条）

2　車両

　(1) 動力車のブレーキ（第208条）

　(2) 動力車の設備（第209条）

　(3) 動力車の運転者席（第210条）

　(4) 人車（第211条）

　(5) 車輪（第212条）

　(6) 連結装置（第213条）

　(7) 斜道における人車の連結（第214条）

3　巻上げ装置

　(1) 巻上げ装置のブレーキ（第215条）

　(2) ワイヤロープ（第216条）

　(3) 不適格なワイヤロープの使用禁止（第217条）

　(4) 深度指示器（第218条）

4　軌道装置の使用に係る危険の防止

　(1) 信号装置の表示方法（第219条）

　(2) 合図（第220条）

　(3) 人車の使用（第221条）

　(4) 制限速度（第222条）

　(5) とう乗定員（第223条）

　(6) 車両の後押し運転時における措置（第224条）

　(7) 誘導者を車両にとう乗させる場合の措置（第225条）

(8) 運転席から離れる場合の措置（第226条）

(9) 運転位置からの離脱の禁止（第227条）

5　定期自主検査等

(1) 定期自主検査（第228条～第230条）

(2) 定期自主検査の記録（第231条）

(3) 点検（第232条）

(4) 補修（第233条）

6　手押し車両

(1) 手押し車両の軌道（第234条）

(2) ブレーキの具備（第235条）

(3) 車両間隔等（第236条）

7　計画の届出

　　軌道装置は、その工事着手の30日前までに、所轄労働基準監督署長に計画届を提出しなければなりません（安衛法第88条第2項、安衛則第88条、第89条、同則別表第七）。

Q 242　ずい道等の建設工事現場で軌道装置を使用する場合には、どのようなことに注意しなければならないでしょうか？

ANSWER　ずい道等の建設工事現場では、蓄電池式の機関車が使用されるのが一般的です。一酸化炭素中毒予防のためです。

　ずい道内では機関車の方向転換ができませんから、必ず後押し運転が生じます。このとき、労働者との接触防止をどうするかが最も重要です。

　ずい道内に適宜待避場所を確保することがポイントです。その上で、ずい道内の照度を確保し、運転時にブザー等で警報を発し、警告灯を回すなど、関係労働者が運転状況に気がつくようにすべきでしょう。

　また、傾斜のある軌道の場合、逸走防止が重要です。ブレーキの点検を励行することが望まれます。

第27節　電気工事

Q243 電気工事において、法令上どのようなことに注意しなければならないでしょうか？

ANSWER 原則は停電作業とすべきですが、活線作業の場合など、安衛則第339条以下の規定を遵守して作業を行うべきです。

1　停電作業
　(1)　停電作業を行う場合の措置（第339条）
　(2)　断路器等の開路（第340条）
2　活線作業及び活線近接作業
　(1)　高圧活線作業（第341条）
　(2)　高圧活線近接作業（第342条）
　(3)　絶縁用防具の装着等（第343条）
　(4)　特別高圧活線作業（第344条）
　(5)　特別高圧活線近接作業（第345条）
　(6)　低圧活線作業（第346条）
　(7)　低圧活線近接作業（第347条）
　(8)　絶縁用保護具等（第348条）
　(9)　工作物の建設等の作業を行う場合の感電の防止（第349条）
3　管理
　(1)　電気工事の作業を行う場合の作業指揮等（第350条）
　(2)　絶縁用保護具等の定期自主検査（第351条）
　(3)　電気機械器具等の使用前点検等（第352条）
　(4)　電気機械器具の囲い等の点検等（第353条）
4　高所作業車

該当などでの電気工事では、高所作業車や建柱車を用いることがあります。「高所作業車」の項（P159）や「移動式クレーン」の項（P163）も参照してください。

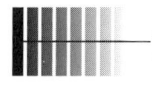

第28節　木造建築物の組立て等

Q 244　法令でいう「木造建築物の組立て等の作業」とは、どのようなものでしょうか？

ANSWER　「建築基準法施行令（昭和25年政令第338号）第2条第1項第7号に規定する軒の高さが5メートル以上の木造建築物の構造部材の組立て又はこれに伴う屋根下地若しくは外壁下地の取付けの作業」をいいます（安衛令第6条第15号の4）。

Q 245　木造建築物の組立て等の作業にあたり、法令上どのようなことに注意しなければならないでしょうか？

ANSWER　作業主任者の選任等の規制があります。

1　木造建築物の組立て等の作業（安衛則第517条の11）

　事業者は、軒の高さが5メートル以上の木造建築物の構造部材の組立て又はこれに伴う屋根下地若しくは外壁下地の取付けの作業（以下「木造建築物の組立て等の作業」という。）を行うときは、次の措置を講じなければなりません。

(1)　作業を行う区域内には、関係労働者以外の労働者の立入りを禁止すること。

(2)　強風、大雨、大雪等の悪天候のため、作業の実施について危険が予想されるときは、当該作業を中止すること。

(3)　材料、器具、工具等を上げ、又は下ろすときは、つり綱、つり袋等を労働者に使用させること。

2　足場の組立等作業主任者の選任（安衛則第517条の12）

　事業者は、木造建築物の組立て等の作業については、木造建築物の組立て等作業主任者技能講習を修了した者のうちから、木造建築物の組立て等作業主任者を選任しなければなりません。

3　木造建築物の組立て等作業主任者の職務（安衛則第517条の13）

　事業者は、木造建築物の組立て等作業主任者に、次の事項を行わせなければなりません。

(1)　作業の方法及び順序を決定し、作業を直接指揮すること。

(2) 器具、工具、安全帯等及び保護帽の機能を点検し、不良品を取り除くこと。
　(3) 安全帯等及び保護帽の使用状況を監視すること。
4　感電の防止
　(1) 現場内で使用する仮設電気には、感電防止用漏電しゃ断装置を接続しなければなりません（安衛則第333条）。
　(2) 移動電線に接続する手持型の電燈、仮設の配線又は移動電線に接続する架空つり下げ電燈等には、口金に接触することによる感電の危険及び電球の破損による危険を防止するため、ガードを取り付けなければなりません（安衛則第330条）。
　　このガードについては、次に定めるところに適合するものとしなければなりません。
　① 電球の口金の露出部分に容易に手が触れない構造のものとすること。
　② 材料は、容易に破損又は変形をしないものとすること。
5　携帯用丸のこ盤
　平成22年7月14日付け基安発0714第1号「建設業等において「携帯用丸のこ盤」を使用する作業に従事する者に対する安全教育の徹底について」により、特別教育に準じた教育を行うよう指示されています。

Q 246　「足場先行工法」とは、どのようなものでしょうか？

ANSWER　木造家屋等の低層住宅建築工事において、建方作業開始前に足場の設置を行い、その後の工事を施工する方法をいいます（平18.2.10基発第0210001号）。

　木造家屋等の低層住宅建築工事においては、建方作業（いわゆる建前）時に墜落等により死亡災害等の重篤な災害が発生しています。これらの災害を防ぐため、先に足場を設置し、その後に建方作業を行うこととしています。

　この通達で示されている「足場先行工法に関するガイドライン」の目的は、「このガイドラインは、足場先行工法に係る具体的な足場の基準、施工手順、留意事項等を明らかにすることにより、当該工法の普及を促進し、木造家屋等低層住宅建築工事における労働災害防止対策の推進に資することを目的とす

る。」です。

　このガイドラインの対象は、「軒の高さ10メートル未満の住宅等の建築物（現場打設の鉄筋コンクリート構造の建築物を除く。）の建設工事」です。

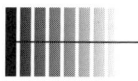

第29節　建築物等の鉄骨等の組立て等（解体を含む。）

Q247 近年鉄骨造のビル建築が増えていますが、法令上どのようなことに注意しなければならないでしょうか？

ANSWER　建築物の骨組み又は塔であって、金属製の部材により構成されるもの（その高さが5メートル以上であるものに限る。）の組立て、解体又は変更の作業（以下「建築物等の鉄骨の組立て等の作業」という。）については、安衛則で、次の事項が定められています。

1　作業計画（第517条の2）

　　事業者は、建築物等の鉄骨の組立て等の作業を行うときは、あらかじめ、作業計画を定め、かつ、当該作業計画により作業を行わなければなりません。

　　この作業計画は、次の事項が示されているものでなければなりません。

　(1)　作業の方法及び順序

　(2)　部材の落下又は部材により構成されているものの倒壊を防止するための方法

　(3)　作業に従事する労働者の墜落による危険を防止するための設備の設置の方法

　　この作業計画を定めたときは、(1)から(3)の事項について関係労働者に周知させなければなりません。

2　建築物等の鉄骨の組立て等の作業（第517条の3）

　　事業者は、建築物等の鉄骨の組立て等の作業を行うときは、次の措置を講じなければなりません。

　(1)　作業を行う区域内には、関係労働者以外の労働者の立入りを禁止すること。

　(2)　強風、大雨、大雪等の悪天候のため、作業の実施について危険が予想されるときは、当該作業を中止すること。

⑶ 材料、器具、工具等を上げ、又は下ろすときは、つり綱、つり袋等を労働者に使用させること。

3　建築物等の鉄骨の組立て等作業主任者の選任（第517条の４）

　事業者は、建築物等の鉄骨の組立て等の作業については、建築物等の鉄骨の組立て等作業主任者技能講習を修了した者のうちから、建築物等の鉄骨の組立て等作業主任者を選任しなければなりません。

4　建築物等の鉄骨の組立て等作業主任者の職務（第517条の５）

　事業者は、建築物等の鉄骨の組立て等作業主任者に、次の事項を行わせなければなりません。

⑴　作業の方法及び労働者の配置を決定し、作業を直接指揮すること。

⑵　器具、工具、安全帯等及び保護帽の機能を点検し、不良品を取り除くこと。

⑶　安全帯等及び保護帽の使用状況を監視すること。

5　解体用機械の使用

　解体の作業（コンクリート造のものを除く。）を行うにあたり、解体用機械を使用することがあります。その場合には、「解体用機械」の項（P149）を参照してください。

6　石綿

　建築物等の解体にあたり、あらかじめ、石綿等の使用状況を確認し、石綿等による労働者の健康障害を防止するための措置を講じなければなりません（石綿則第３条）。詳細は、「石綿」の項（P244）を参照してください。

7　計画の届出（安衛法第88条第３項、第４項）

　次の仕事の区分により、計画の届出をしなければなりません。

仕事の範囲	提出期限	提出先
高さが300メートル以上の塔の建設の仕事	当該仕事の開始の日の30日前まで	厚生労働大臣
高さ31メートルを超える建築物又は工作物（橋梁（りょう）を除く。）の建設、改造、解体又は破壊（建設等）の仕事	当該仕事の開始の日の14日前まで	所轄労働基準監督署長

8　店社安全衛生管理者の選任（安衛法第15条の３）

　建設業に属する事業の元方事業者は、その労働者及び関係請負人の労働

者が一の場所（これらの労働者の数が一定数未満である場所及び統括安全衛生責任者を選任しなければならない場所を除く。）において作業を行うときは、当該場所において行われる仕事に係る請負契約を締結している事業場ごとに、これらの労働者の作業が同一の場所で行われることによって生ずる労働災害を防止するため、厚生労働省令で定める資格を有する者のうちから、厚生労働省令で定めるところにより、店社安全衛生管理者を選任し、その者に、当該事業場で締結している当該請負契約に係る仕事を行う場所における安衛法第30条第1項各号の事項を担当する者に対する指導その他厚生労働省令で定める事項を行わせなければなりません。P36を参照してください。

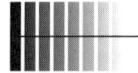

第30節　コンクリート造の工作物の解体等

Q248 コンクリート造の工作物の解体等の作業を行う場合、法令上どのようなことに注意しなければならないでしょうか？

ANSWER　コンクリート造の工作物（その高さが5メートル以上であるものに限る。）の解体又は破壊の作業（以下「コンクリート造の工作物の解体等の作業」という。）を行う場合について、安衛則第517条の14以下に次の事項が定められています。

1　調査及び作業計画（第517条の14）

　　事業者は、コンクリート造の工作物の解体等の作業を行うときは、工作物の倒壊、物体の飛来又は落下等による労働者の危険を防止するため、あらかじめ、当該工作物の形状、き裂の有無、周囲の状況等を調査し、当該調査により知り得たところに適応する作業計画を定め、かつ、当該作業計画により作業を行わなければなりません。

　　この作業計画は、次の事項が示されているものでなければなりません。

(1) 作業の方法及び順序

(2) 使用する機械等の種類及び能力

(3) 控えの設置、立入禁止区域の設定その他の外壁、柱、はり等の倒壊又は落下による労働者の危険を防止するための方法

　　事業者は、この作業計画を定めたときは、(1)及び(3)の事項について関係

労働者に周知させなければなりません。
2 コンクリート造の工作物の解体等の作業（第517条の15）
　事業者は、コンクリート造の工作物の解体等の作業を行うときは、次の措置を講じなければなりません。
⑴ 作業を行う区域内には、関係労働者以外の労働者の立入りを禁止すること。
⑵ 強風、大雨、大雪等の悪天候のため、作業の実施について危険が予想されるときは、当該作業を中止すること。
⑶ 器具、工具等を上げ、又は下ろすときは、つり綱、つり袋等を労働者に使用させること。
3 引倒し等の作業の合図（第517条の16）
　事業者は、コンクリート造の工作物の解体等の作業を行う場合において、外壁、柱等の引倒し等の作業を行うときは、引倒し等について一定の合図を定め、関係労働者に周知させなければなりません。
　事業者は、前項の引倒し等の作業を行う場合において、当該引倒し等の作業に従事する労働者以外の労働者（以下このＱ＆Ａにおいて「他の労働者」という。）に引倒し等により危険を生ずるおそれのあるときは、当該引倒し等の作業に従事する労働者に、あらかじめ、この合図を行わせ、他の労働者が避難したことを確認させた後でなければ、当該引倒し等の作業を行わせてはなりません。
　そして、引倒し等の作業に従事する労働者は、前項の危険を生ずるおそれのあるときは、あらかじめ、合図を行い、他の労働者が避難したことを確認した後でなければ、当該引倒し等の作業を行ってはなりません。
4 コンクリート造の工作物の解体等作業主任者の選任（第517条の17）
　事業者は、コンクリート造の工作物の解体等の作業については、コンクリート造の工作物の解体等作業主任者技能講習を修了した者のうちから、コンクリート造の工作物の解体等作業主任者を選任しなければなりません。
5 コンクリート造の工作物の解体等作業主任者の職務（第517条の18）
　事業者は、コンクリート造の工作物の解体等作業主任者に、次の事項を行わせなければなりません。

⑴ 作業の方法及び労働者の配置を決定し、作業を直接指揮すること。
⑵ 器具、工具、安全帯等及び保護帽の機能を点検し、不良品を取り除くこと。
⑶ 安全帯等及び保護帽の使用状況を監視すること。

6　保護帽の着用（第517条の19）
　　事業者は、コンクリート造の工作物の解体等の作業を行うときは、物体の飛来又は落下による労働者の危険を防止するため、当該作業に従事する労働者に保護帽を着用させなければなりません。

7　解体用機械の使用
　　解体の作業（鉄骨造のものを除く。）を行うにあたり、解体用機械を使用することがあります。その場合には、「解体用機械」の項（**P 149**）を参照してください。

8　石綿
　　建築物等の解体にあたり、あらかじめ、石綿等の使用状況を確認し、石綿等による労働者の健康障害を防止するための措置を講じなければなりません（石綿則第3条）。詳細は、「石綿」の項（**P 244**）を参照してください。

9　計画の届出（安衛法第88条第4項、安衛則第90条）
　　高さ31メートルを超える建築物又は工作物（橋梁（りょう）を除く。）の建設、改造、解体又は破壊（建設等）の仕事については、当該仕事開始の14日前までに、所轄労働基準監督署長に、計画の届出をしなければなりません。

10　ガイドライン
　　厚生労働省から「建築物の解体工事における外壁の崩落等による公衆災害防止対策に関するガイドラインについて」（平15.7.11事務連絡）が出されていますので、参考にしてください。

Q 249　コンクリート破砕器とは、どのようなものでしょうか？

ANSWER　クロム酸鉛等を主成分とする火薬を充填した薬筒と点火具からなる火工品であって、コンクリート建設物、岩盤等の破砕に使用されるものを

いいます。

　火薬を用いますが、コンクリート破砕器を用いて行う破砕の作業に限り、発破の業務としては取り扱われません。そのかわり、コンクリート破砕器作業主任者の選任を要します（安衛法第14条、安衛令第6条第8号の2）。

Q250 コンクリート破砕器を使用する作業においては、どのようなことに注意しなければならないでしょうか？

ANSWER　安衛則第321条の2から第321条の4までに、次のことが定められています。

1　コンクリート破砕器作業の基準（第321条の2）

　　事業者は、コンクリート破砕器を用いて破砕の作業を行うときは、次に定めるところによらなければなりません。

　(1)　コンクリート破砕器を装てんするときは、その付近での裸火の使用又は喫煙を禁止すること。

　(2)　装てん具は、摩擦、衝撃、静電気等によりコンクリート破砕器が発火するおそれのない安全なものを使用すること。

　(3)　込物は、セメントモルタル、砂その他の発火又は引火の危険のないものを使用すること。

　(4)　破砕された物等の飛散を防止するための措置を講ずること。

　(5)　点火後、装てんされたコンクリート破砕器が発火しないとき、又は装てんされたコンクリート破砕器が発火したことの確認が困難であるときは、コンクリート破砕器の母線を点火器から取り外し、その端を短絡させておき、かつ、再点火できないように措置を講じ、その後5分以上経過した後でなければ、当該作業に従事する労働者をコンクリート破砕器の装てん箇所に接近させないこと。

2　コンクリート破砕器作業主任者の選任（第321条の3）

　　事業者は、コンクリート破砕器を用いて行う破砕の作業については、コンクリート破砕器作業主任者技能講習を修了した者のうちから、コンクリート破砕器作業主任者を選任しなければなりません。

3　コンクリート破砕器作業主任者の職務（第321条の4）

　　事業者は、コンクリート破砕器作業主任者に次の事項を行わせなければ

なりません。
(1) 作業の方法を決定し、作業を直接指揮すること。
(2) 作業に従事する労働者に対し、退避の場所及び経路を指示すること。
(3) 点火前に危険区域内から労働者が退避したことを確認すること。
(4) 点火者を定めること。
(5) 点火の合図をすること。
(6) 不発の装薬又は残薬の有無について点検すること。

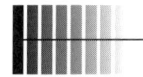

第31節　発破の作業

Q 251 発破とは、どのようなことをいうのでしょうか？

ANSWER 爆薬を使って土砂を崩したり、工作物を解体したりする作業です。電気発破と導火線発破とに分かれます。ずい道の掘削、切通しの開削でも行われます。

Q 252 発破の作業は、法令上どのようなことに注意しなければならないでしょうか？

ANSWER 安衛則第318条から第321条までにおいて、次の規制があります。
1　発破の作業の基準（第318条）
　事業者は、発破の場合におけるせん孔、装てん、結線、点火並びに不発の装薬又は残薬の点検及び処理の業務（以下「発破の業務」という。）に従事する労働者に次の事項を行わせなければなりません。
(1) 凍結したダイナマイトは、火気に接近させ、蒸気管その他の高熱物に直接接触させる等危険な方法で融解しないこと。
(2) 火薬又は爆薬を装てんするときは、その付近で裸火の使用又は喫煙をしないこと。
(3) 装てん具は、摩擦、衝撃、静電気等による爆発を生ずるおそれのない安全なものを使用すること。
(4) 込物は、粘土、砂その他の発火又は引火の危険のないものを使用すること。

(5) 点火後、装てんされた火薬類が爆発しないとき、又は装てんされた火薬類が爆発したことの確認が困難であるときは、次に定めるところによること。
　　イ　電気雷管によったときは、発破母線を点火器から取り外し、その端を短絡させておき、かつ、再点火できないように措置を講じ、その後5分以上経過した後でなければ、火薬類の装てん箇所に接近しないこと。
　　ロ　電気雷管以外のものによったときは、点火後15分以上経過した後でなければ、火薬類の装てん箇所に接近しないこと。
2　導火線発破作業の指揮者（第319条）
　事業者は、導火線発破の作業を行うときは、発破の業務につくことができる者のうちから作業の指揮者を定め、その者に次の事項を行わせなければなりません。
(1) 点火前に、点火作業に従事する労働者以外の労働者に対して、退避を指示すること。
(2) 点火作業に従事する労働者に対して、退避の場所及び経路を指示すること。
(3) 1人の点火数が同時に5以上のときは、発破時計、捨て導火線等の退避時期を知らせる物を使用すること。
(4) 点火の順序及び区分について指示すること。
(5) 点火の合図をすること。
(6) 点火作業に従事した労働者に対して、退避の合図をすること。
(7) 不発の装薬又は残薬の有無について点検すること。
　なお、導火線発破の作業の指揮者は、前項各号に掲げる事項を行わなければなりませんし、導火線発破の作業に従事する労働者は、指揮者が行う指示及び合図に従わなければなりません（同条第2項、第3項）。
3　電気発破作業の指揮者（第320条）
　事業者は、電気発破の作業を行うときは、発破の業務につくことができる者のうちから作業の指揮者を定め、その者に2の(5)及び(7)並びに次の事項を行わせなければなりません。
(1) 当該作業に従事する労働者に対し、退避の場所及び経路を指示するこ

と。
(2) 点火前に危険区域内から労働者が退避したことを確認すること。
(3) 点火者を定めること。
(4) 点火場所について指示すること。

　なお、電気発破の作業の指揮者は、上記に掲げる事項を行わなければなりませんし、電気発破の作業に従事する労働者は、指揮者が行う指示及び合図に従わなければなりません（同条第2項、第3項）。

4　避難（第321条）

　事業者は、発破の作業を行う場合において、労働者が安全な距離に避難し得ないときは、前面と上部を堅固に防護した避難所を設けなければなりません。

Q253 発破の業務は、資格が必要なのでしょうか？

ANSWER　必要です。

　発破の業務（発破の場合におけるせん孔、装てん、結線、点火並びに不発の装薬又は残薬の点検及び処理の業務）につくことができるのは、発破技士免許を有する者など一定の資格を有する者だけです（安衛法第61条、安衛令第20条第1号）。

1　発破技士免許を受けた者
2　火薬類取締法第31条の火薬類取扱保安責任者免許状を有する者
3　鉱山保安法施行規則（平成16年経済産業省令第96号）附則第2条の規定による廃止前の保安技術職員国家試験規則（昭和25年通商産業省令第72号。以下「旧保安技術職員国家試験規則」という。）による甲種上級保安技術職員試験、乙種上級保安技術職員試験若しくは丁種上級保安技術職員試験、甲種発破係員試験若しくは乙種発破係員試験、甲種坑外保安係員試験若しくは丁種坑外保安係員試験又は甲種坑内保安係員試験、乙種坑内保安係員試験若しくは丁種坑内保安係員試験に合格した者

第32節　有機溶剤等

Q 254　有機溶剤とは、どのようなものでしょうか？

ANSWER　建設業では、塗料、接着剤と、これらを使う作業に使用した機材等を洗浄するときに用いる溶剤が主体でしょう。法令で規制しているのは、安衛令別表第六の2に掲げる55の物質です。5パーセントを超えて含有する物が規制対象です。

非常に物を溶かす力が強いのと、蒸発力が強く、ほとんどのものが引火性です。スプレーガン等で使用すると、作業者のみならず、周辺の作業者もその蒸気を吸引して健康障害を起こすおそれがあります。

Q 255　有機溶剤を使用するにあたり、法令上どのようなことに注意しなければならないでしょうか？

ANSWER　危険物としての取扱い（P 122参照）と、有機溶剤中毒予防規則（以下「有機則」）に規定する措置を講じなければなりません。

有機則では、自然換気が不十分な場所として屋内作業場等での作業を規制するとともに、さらに通風が不十分な場所としてタンク等の内部に分けて規制しています。

具体的には、有機則で次の事項を定めています。

1　設備
　(1)　第一種有機溶剤等又は第二種有機溶剤等に係る設備（第5条）
　(2)　第三種有機溶剤等に係る設備（第6条）
　(3)　屋内作業場の周壁が開放されている場合の適用除外（第7条）
　(4)　臨時に有機溶剤業務を行う場合の適用除外等（第8条）
　(5)　短時間有機溶剤業務を行う場合の設備の特例（第9条）
　(6)　局所排気装置等の設備が困難な場合における設備の特例（第10条）
2　換気装置の性能等
　(1)　全体換気装置の性能（第17条）
　(2)　換気装置の稼働（第18条）
3　管理

(1) 有機溶剤作業主任者の選任（第19条）

　(2) 有機溶剤作業主任者の職務（第20条）

　(3) 掲示（第24条）

　(4) 有機溶剤等の区分の表示（第25条）

　(5) タンク内作業（第26条）

　(6) 事故の場合の退避等（第26条）

4　健康診断

　(1) 健康診断（第29条）

　(2) 健康診断の結果（第30条）

　(3) 健康診断の結果についての医師からの意見聴取（第30条の2）

　(4) 健康診断の結果の通知（第30条の2の2）

　(5) 健康診断結果報告（第30条の3）

　(6) 緊急診断（第30条の4）

　(7) 健康診断の特例（第31条）

5　保護具

　(1) 送気マスクの使用（第32条）

　(2) 送気マスク又は有機ガス用防毒マスクの使用（第33条）

　(3) 保護具の数等（第33条の2）

　(4) 労働者の使用義務（第34条）

6　有機溶剤の貯蔵及び空容器の処理

　(1) 有機溶剤等の貯蔵（第35条）

　(2) 空容器の処理（第36条）

7　ガイドライン

　　厚生労働省から「建設業における有機溶剤中毒予防のためのガイドライン」（平9.3.25基発第197号）が示されていますので、参考にしてください。

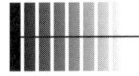

第33節　特定化学物質

Q256 特定化学物質とは、どのようなものでしょうか？

ANSWER 安衛令別表第三に定める物質と、これを1パーセントを超えて含有する製剤その他の物です。発がん性や急性中毒のおそれがある物質です。

Q257 建設工事現場では、どのような場合に特定化学物質を扱うのでしょうか？

ANSWER 塗料に含まれている場合がありますので、容器の表示を確認してください。

また、化学プラント等の改修工事において、配管やタンク等に内蔵されている物が何かのきっかけで噴出するなどして作業者がばく露することがあります。

Q258 特定化学物質を取り扱う作業は、法令上どのようなことに注意しなければならないでしょうか？

ANSWER 特定化学物質作業主任者の選任、作業者が特定化学物質にばく露しないよう、設備的に対応するか、長期に及ばないような場合には不浸透性の保護衣や防毒マスク等を着用させることになります。そして、作業者に対する特定化学物質健康診断の実施等です。

第34節　石綿

Q259 石綿について、建設業としては、どのようなことに注意しなければならないでしょうか？

ANSWER 建築物等の解体等の場合と、既設建築物等における石綿の除去又は封込めの場合とがあり、石綿則に定める事項を遵守する必要があります。

Q260 建築物等の解体等の作業を行う場合、法令上どのようなことに注意しなければならないでしょうか？

ANSWER 石綿則において、次の事項が定められています。
1　石綿等を取り扱う業務等に係る措置
　(1) 事前調査（第3条）
　(2) 作業計画（第4条）

(3) 作業の届出（第5条）
 (4) 吹き付けられた石綿等の除去等に係る措置（第6条）
 (5) 石綿等が使用されている保温材、耐火被覆材等の除去等に係る措置（第7条）
 (6) 石綿等の使用の状況の通知（第8条）
 (7) 建築物の解体工事等の条件（第9条）
 (8) 石綿等が吹き付けられた建築物等における業務に係る措置（第10条）
 (9) 作業に係る設備等（第12条）
 (10) 石綿等の切断等の作業に係る措置（第13条、第14条）
 (11) 立入禁止措置（第15条）
2　管理
 (1) 石綿作業主任者の選任（第19条）
 (2) 石綿作業主任者の職務（第20条）
 (3) 定期自主検査を行うべき機械等（第21条）
 (4) 定期自主検査（第22条）
 (5) 定期自主検査の記録（第23条）
 (6) 点検（第24条）
 (7) 点検の記録（第25条）
 (8) 補修等（第26条）
 (9) 特別の教育（第27条）
 (10) 休憩室（第28条）
 (11) 床（第29条）
 (12) 掃除の実施（第30条）
 (13) 洗浄設備（第31条）
 (14) 容器等（第32条）
 (15) 使用された器具等の付着物の除去（第32条の2）
 (16) 喫煙等の禁止（第33条）
 (17) 掲示（第34条）
 (18) 作業の記録（第35条）
3　測定
 (1) 測定及びその記録（第36条）

(2) 測定結果の評価（第37条）

(3) 評価の結果に基づく措置（第38条、第39条）

4　健康診断

(1) 健康診断の実施（第40条）

(2) 健康診断の結果の記録（第41条）

(3) 健康診断の結果についての医師からの意見聴取（第42条）

(4) 健康診断の結果の通知（第42条の２）

(5) 健康診断結果報告（第43条）

5　保護具

(1) 呼吸用保護具（第44条）

(2) 保護具の数等（第45条）

(3) 保護具等の管理（第46条）

6　報告

石綿関係記録等の報告（第49条）

7　計画の届出（安衛法第88条第４項、安衛則第90条）

　建築基準法に規定する耐火建築物又は準耐火建築物で、石綿等が吹き付けられているものにおける石綿等の除去の作業を行う仕事は、当該仕事開始の30日前までに、所轄労働基準監督署長に計画の届出をしなければなりません。

8　掲示

　建築物の解体等の作業を行うにあたっての石綿のばく露防止対策等の実施内容を、周辺住民に周知するため、作業現場の見やすい場所に掲示することとされています（平17.8.2第0802001号「建築物の解体等の作業を行うに当たっての石綿ばく露防止対策等の実施内容の掲示について」）。

9　石綿粉じんへのばく露防止マニュアル

　石綿は毒性が強く、石綿粉じんにばく露すると、中皮腫等の疾病を発症することがあります。このため、単に法令違反をしないことにとどまらず、関係通達等も踏まえ一層の健康障害を防止するため、建設業労働災害防止協会から「建築物等の解体等工事における石綿粉じんへのばく露防止マニュアル」が発行されています。参考とすべきでしょう。

第35節　酸素欠乏等

Q 261　酸素欠乏等とは、どのようなことをいうのでしょうか？

ANSWER　作業をしている場所で、次のいずれかの状態が生じることをいいます。

1　酸素濃度が18パーセント未満となるおそれがある場合
2　硫化水素濃度が10ppmを超えるおそれがある場合

Q 262　酸素欠乏危険作業とは、どのようなものでしょうか？

ANSWER　酸素濃度が18パーセント未満となり、又は硫化水素濃度が10ppmを超えるおそれがある場所（酸素欠乏危険場所）での作業をいいます。

安衛令別表第六において、酸素欠乏危険場所として、次のものが示されています。

1　次の地層に接し、又は通ずる井戸等（井戸、井筒、たて坑、ずい道、潜函（かん）、ピットその他これらに類するものをいう。次号において同じ。）の内部（次号に掲げる場所を除く。）
　　イ　上層に不透水層がある砂れき層のうち含水若しくは湧（ゆう）水がなく、又は少ない部分
　　ロ　第一鉄塩類又は第一マンガン塩類を含有している地層
　　ハ　メタン、エタン又はブタンを含有する地層
　　ニ　炭酸水を湧出しており、又は湧出するおそれのある地層
　　ホ　腐泥層
2　長期間使用されていない井戸等の内部
3　ケーブル、ガス管その他地下に敷設される物を収容するための暗きょ、マンホール又はピットの内部
3の2　雨水、河川の流水又は湧水が滞留しており、又は滞留したことのある槽、暗きょ、マンホール又はピットの内部
3の3　海水が滞留しており、若しくは滞留したことのある熱交換器、管、暗きょ、マンホール、溝若しくはピット（以下この号において「熱交換

器等」という。）又は海水を相当期間入れてあり、若しくは入れたことのある熱交換器等の内部

4 相当期間密閉されていた鋼製のボイラー、タンク、反応塔、船倉その他その内壁が酸化されやすい施設（その内壁がステンレス鋼製のもの又はその内壁の酸化を防止するために必要な措置が講ぜられているものを除く。）の内部

5 石炭、亜炭、硫化鉱、鋼材、くず鉄、原木、チップ、乾性油、魚油その他空気中の酸素を吸収する物質を入れてあるタンク、船倉、ホッパーその他の貯蔵施設の内部

6 天井、床若しくは周壁又は格納物が乾性油を含むペイントで塗装され、そのペイントが乾燥する前に密閉された地下室、倉庫、タンク、船倉その他通風が不十分な施設の内部

7 穀物若しくは飼料の貯蔵、果菜の熟成、種子の発芽又はきのこ類の栽培のために使用しているサイロ、むろ、倉庫、船倉又はピットの内部

8 しょうゆ、酒類、もろみ、酵母その他発酵する物を入れてあり、又は入れたことのあるタンク、むろ又は醸造槽の内部

9 し尿、腐泥、汚水、パルプ液その他腐敗し、又は分解しやすい物質を入れてあり、又は入れたことのあるタンク、船倉、槽、管、暗きょ、マンホール、溝又はピットの内部

10 ドライアイスを使用して冷蔵、冷凍又は水セメントのあく抜きを行っている冷蔵庫、冷凍庫、保冷貨車、保冷貨物自動車、船倉又は冷凍コンテナーの内部

11 ヘリウム、アルゴン、窒素、フロン、炭酸ガスその他不活性の気体を入れてあり、又は入れたことのあるボイラー、タンク、反応塔、船倉その他の施設の内部

12 前各号に掲げる場所のほか、厚生労働大臣が定める場所（現在のところ定められていない。）

注意しなければならないのは、これらの場所に該当すれば、実際の酸素濃度や硫化水素濃度に関係なく、酸素欠乏危険作業に該当するということです。例えば、3の2ですが、小規模のビル工事でも、地下室を築造し、その上部構造が完成する前に雨が降ることが少なくありません。雨水等の腐敗により当該地

下室やピット内の酸素が消費されて酸素欠乏空気が生成されるのです。

Q263 硫化水素濃度が10ppmを超えるおそれのある場所とはどのような場所でしょうか？

ANSWER 海水又は腐敗が関係する次の場所です。

3の3　海水が滞留しており、若しくは滞留したことのある熱交換器、管、暗きょ、マンホール、溝若しくはピット（以下この号において「熱交換器等」という。）又は海水を相当期間入れてあり、若しくは入れたことのある熱交換器等の内部

9　し尿、腐泥、汚水、パルプ液その他腐敗し、又は分解しやすい物質を入れてあり、又は入れたことのあるタンク、船倉、槽、管、暗きょ、マンホール、溝又はピットの内部

「海水を・・・入れたことのある熱交換器等の内部」とは、火力発電所や原子力発電所の冷却水等の配管関係を指しています。化学工場や鉄鋼業でも冷却水関係で、このような場所があることがあります。また、下水管内や処理場関係に多いといえます。これらの酸素欠乏と硫化水素中毒の危険を併せ持つ場所を「第二種酸素欠乏危険場所」といいます（酸欠則第2条）。

Q264 酸素欠乏危険作業を行う場合には、法令上どのようなことをしなければならないのでしょうか？

ANSWER 次の事項です。

まず、工事施工計画を作る段階で、酸素欠乏危険場所の有無を確認します。これが最も重要です。酸素欠乏危険場所の認識がないと、中で誰かが倒れているときに直ちに救助に入って二次災害が発生します。一度に5人死亡した例もあります。

厚生労働省による酸欠事故の調査結果では、その原因の第1位として酸素濃度等を測定していなかったことがあげられています。しかし、その前に、そこが酸素欠乏危険場所との認識がなかったことが本当の原因ではないでしょうか。

酸欠則では、次のことを実施すべきとしています。

1　酸素欠乏危険作業主任者の選任（資格に2種類あり、第一種酸素欠乏危

険場所における作業については酸素欠乏危険作業主任者を、第二種酸素欠乏危険場所における作業については酸素欠乏・硫化水素中毒危険作業主任者を、それぞれ選任しなければなりません。）（安衛法第14条、安衛令第6条、酸欠則第11条）

2　酸素欠乏危険場所であることの表示と立入禁止措置（酸欠則第9条）
3　作業者全員に対する特別教育の実施（酸欠則第12条）
4　当該場所に立ち入る前に酸素濃度等を測定（酸欠則第3条）
　　このため、必要な測定器を備え付けておかなければなりません（酸欠則第4条）。
5　監視人の配置（酸欠則第13条）
　　この監視人は、内部で異常が発生した場合であっても、絶対に救助に入ってはいけません。
6　換気の実施（酸欠則第5条）
　　換気は、酸素ボンベの酸素を使ってはいけません。火災・爆発の原因となります。
7　空気呼吸器、酸素呼吸器又は送気マスクの備付けと使用（酸欠則第5条の2）
8　墜落・転落の危険がある場所では、安全帯等を使用すること（酸欠則第6条）
　　空気呼吸器等と安全帯等は、その日の作業を開始する前に点検を実施し、異常を認めたときは、直ちに補修するか、取り替えなければなりません（酸欠則第7条）。
9　労働者を当該作業を行う場所に入場させ、及び退場させる時に、人員を点検しなければなりません（酸欠則第8条）。
10　当該酸素欠乏危険作業に近接する作業場で行われる作業による酸素欠乏等のおそれがあるときは、当該作業場との間の連絡を保たなければなりません（酸欠則第10条）。
　　これは、炭酸ガス等の不活性ガスを使用している場所や、砂れき層を有する地層を挟む形で圧気工事が行われている場合などをいいます。
なお、下水道の保守管理作業等について、国土交通省から「下水道管路管理に関する安全衛生管理マニュアル」が示されていますので、これも参考にして

ください。

Q 265 酸素欠乏危険作業とは、前問と前々問ですべてでしょうか?

ANSWER　ほかにもあります。

酸欠則では、次のような作業について別途規制しています。

1　ボーリング等（第18条）

　　ずい道その他坑を掘削する作業に労働者を従事させる場合で、メタン又は炭酸ガスの突出により労働者が酸素欠乏症にかかるおそれのあるときは、あらかじめ、作業を行う場所及びその周辺について、メタン又は炭酸ガスの有無及び状態をボーリングその他適当な方法により調査し、その結果に基づいて、メタン又は炭酸ガスの処理の方法並びに掘削の時期及び順序を定め、当該定めにより作業を行わなければなりません。

2　消火設備等に係る措置（第19条）

　　地下室、機関室、船倉その他通風が不十分な場所に備える消火器又は消火設備で炭酸ガスを使用するものについては、次の措置を講じなければなりません。

一　労働者が誤って接触したことにより、容易に転倒し、又はハンドルが容易に作動することのないようにすること。

二　みだりに作動させることを禁止し、かつ、その旨を見やすい箇所に表示すること。

3　冷蔵室等に係る措置（第20条）

　　冷蔵室、冷凍室、むろその他密閉して使用する施設又は設備の内部における作業に労働者を従事させる場合は、労働者が作業している間、当該施設又は設備の出入口の扉又はふたが締まらないような措置を講じなければなりません。ただし、当該施設若しくは設備の出入口の扉若しくはふたが内部から容易に開くことができる構造のものである場合又は当該施設若しくは設備の内部に通報装置若しくは警報装置が設けられている場合を除きます。

4　溶接に係る措置（第21条）

　　タンク、ボイラー又は反応塔の内部その他通風が不十分な場所におい

て、アルゴン、炭酸ガス又はヘリウムを使用して行う溶接の作業に労働者を従事させるときは、次の各号のいずれかの措置を講じなければなりません。

　一　作業を行う場所の空気中の酸素の濃度を18パーセント以上に保つように換気すること。

　二　労働者に空気呼吸器等を使用させること。

5　ガス漏出防止措置（第22条）

　ボイラー、タンク、反応塔、船倉等の内部で不活性気体（ヘリウム、アルゴン、窒素、フロン、炭酸ガスその他不活性の気体をいう。以下本問で同じ。）を送給する配管があるところにおける作業に労働者を従事させるときは、次の措置を講じなければなりません。

　一　バルブ若しくはコックを閉止し、又は閉止板を施すこと。

　二　前号により閉止したバルブ若しくはコック又は施した閉止板には施錠をし、これらを開放してはならない旨を見やすい箇所に表示すること。

6　ガス排出に係る措置（第22条の2）

　タンク、反応塔等の容器の安全弁等から排出される不活性気体が流入するおそれがあり、かつ、通風又は換気が不十分である場所における作業に労働者を従事させるときは、当該安全弁等から排出される不活性気体を直接外部へ放出することができる設備を設ける等当該不活性気体が当該場所に滞留することを防止するための措置を講じなければなりません。

7　空気の稀薄化の防止（第23条）

　その内部の空気を吸引する配管（その内部の空気を換気するためのものを除く。）に通ずるタンク、反応塔その他密閉して使用する施設又は設備の内部における作業に労働者を従事させるときは、労働者が作業をしている間、当該施設又は設備の出入口のふた又は扉が締まらないような措置を講じなければなりません。

8　ガス配管工事に係る措置（第23条の2）

　地下室又は溝の内部その他通風が不十分な場所において、メタン、エタン、プロパン若しくはブタンを主成分とするガス又はこれらに空気を混入したガスを送給する配管を取り外し、又は取り付ける作業に労働者を従事させるときは、次の措置を講じなければなりません。

一　配管を取り外し、又は取り付ける箇所にこれらのガスが流入しないように当該ガスを確実に遮断すること。
　二　作業を行う場所の空気中の酸素の濃度を18パーセント以上に保つように換気し、又は労働者に空気呼吸器等を使用させること。
９　圧気工法に係る措置（第24条）
　　次に掲げる地層が存在する箇所又はこれに隣接する箇所において圧気工法による作業を行うときは、適時、当該作業により酸素欠乏の空気が漏出するおそれのある井戸又は配管について、空気の漏出の有無、その程度及びその空気中の酸素の濃度を調査しなければなりません。
　イ　上層に不透水層がある砂れき層のうち含水若しくは湧（ゆう）水がなく、又は少ない部分
　ロ　第一鉄塩類又は第一マンガン塩類を含有している地層
　　また、この調査の結果、酸素欠乏の空気が漏出しているときは、その旨を関係者に通知し、酸素欠乏症の発生を防止するための方法を教示し、酸素欠乏の空気が漏出している場所への立入りを禁止する等必要な措置を講じなければなりません。
10　地下室等に係る措置（第25条）
　　９に掲げる地層に接し、又は当該地層に通ずる井戸若しくは配管が設けられている地下室、ピット等の内部における作業に労働者を従事させるときは、酸素欠乏の空気が漏出するおそれのある箇所を閉そくし、酸素欠乏の空気を直接外部へ放出することができる設備を設ける等酸素欠乏の空気が作業を行う場所に流入することを防止するための措置を講じなければなりません。
11　設備の改造等の作業（第25条の２）
　　し尿、腐泥、汚水、パルプ液その他腐敗し、若しくは分解しやすい物質を入れてあり、若しくは入れたことのあるポンプ若しくは配管等又はこれらに附属する設備の改造、修理、清掃等を行う場合において、これらの設備を分解する作業に労働者を従事させるときは、次の措置を講じなければなりません。
　一　作業の方法及び順序を決定し、あらかじめ、これらを作業に従事する労働者に周知させること。

二　硫化水素中毒の防止について必要な知識を有する者のうちから指揮者を選任し、その者に当該作業を指揮させること。
三　作業を行う設備から硫化水素を確実に排出し、かつ、当該設備に接続しているすべての配管から当該設備に硫化水素が流入しないようバルブ、コック等を確実に閉止すること。
四　前号により閉止したバルブ、コック等には、施錠をし、これらを開放してはならない旨を見やすい箇所に表示し、又は監視人を置くこと。
五　作業を行う設備の周辺における硫化水素の濃度の測定を行い、労働者が硫化水素中毒にかかるおそれがあるときは、換気その他必要な措置を講ずること。

Q266 酸素欠乏危険作業主任者は、どのような職務をしなければならないのですか？

ANSWER　次のものです（酸欠則第11条）。
1　作業に従事する労働者が酸素欠乏の空気を吸入しないように、作業の方法を決定し、労働者を指揮すること。
2　その日の作業を開始する前、作業に従事するすべての労働者が作業を行う場所を離れた後再び作業を開始する前及び労働者の身体、換気装置等に異常があったときに、作業を行う場所の空気中の酸素の濃度を測定すること。
3　測定器具、換気装置、空気呼吸器等その他労働者が酸素欠乏症にかかることを防止するための器具又は設備を点検すること。
4　空気呼吸器等の使用状況を監視すること。

なお、硫化水素中毒の危険もある第二種酸素欠乏危険場所における作業については、「酸素欠乏」を「酸素欠乏等」と、「酸素」とあるのは「酸素及び硫化水素」と、「酸素欠乏症」とあるのは「酸素欠乏症等」と読み替えて担当させることになります。

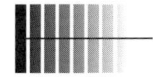

第36節　一酸化炭素中毒の予防

Q 267 建設工事現場で一酸化炭素中毒が発生することがあるのでしょうか？

ANSWER　死亡災害が発生しています。

燃焼器具や内燃機関を使用して換気が不十分だと、不完全燃焼により一酸化炭素が発生します。建設工事現場では、次のような例があります。

1　コンクリートを打設した後で凍結防止のために練炭を使用
2　エンジン式発電機の使用
3　エンジン式水中ポンプの使用
4　屋内でのフォークリフトや高所作業車を使用する際に、バッテリー式でないエンジン式のものの使用
5　屋内等でのチェーンソーや刈払機（ブッシュクリーナー）の使用
6　ビル等建築工事現場における暖房用ジェットファンヒーターの使用

Q 268 一酸化炭素中毒を予防するため、法令ではどのように定めていますか？

ANSWER　安衛則第579条において、「事業者は、坑、井筒、潜函（かん）、タンク又は船倉の内部その他の場所で、自然換気が不十分なところにおいては、内燃機関を有する機械を使用してはならない。ただし、当該内燃機関の排気ガスによる健康障害を防止するため当該場所を換気するときは、この限りでない。」と定めています。

これは、自然換気状態において、一酸化炭素が100ppm（1気圧、25℃において）以上の濃度に蓄積するおそれのあるところで内燃機関を有する機械の使用を規制する趣旨です（昭42.2.6基発第122号）。

この規定の対象となるのは、次のような場所です（同通達）。

1　坑の内部（坑口附近を除く。）
2　井筒、潜函、又はタンクの内部
3　自然換気のための開放された換気口のない倉庫の内部（出入口附近を除く。）、地下室の内部等の屋内作業場

また、「換気するとき」とは、内燃機関の排気をダクトを通して建造物

の外部の大気中に放出する場合が含まれます（同通達）。

　ビルの工事現場で、工事の初期に地下室を朝礼場所や昼食場所に使用している例が少なくありませんが、石油ファンヒーターなどで暖房する際にも、換気に注意したいものです。

　また、ビル工事等における逆打ち工法で地下を掘削する際の重機類、石綿除去・解体工事で電源がないためのエンジン式発電機の使用などでもご注意ください。

Q269　一酸化炭素の濃度基準はあるのでしょうか？

ANSWER　事務所衛生基準規則（以下「事務所則」）に規定があります。

　事務所則第3条において、一酸化炭素は50ppm、二酸化炭素は5,000ppm以下とされています。中央管理方式の空調や機械換気設備が入っているところでは、さらにその5分の1以下としなければなりません（事務所則第5条）。

　工事現場については、事務所則の適用はありません。前問の通達がひとつの基準と考えられます。なお、現場事務所は事務所則の適用があります。瞬間湯沸かし器にも注意が必要です。

Q270　室内や坑内を換気する場合、風量はどのように計算すればよいでしょうか？

ANSWER　発生する一酸化炭素の1万倍の風量が必要です。

　一酸化炭素の濃度基準が100ppm以下でなければなりませんから、その発生量の1万倍の空気を送り込めば、濃度基準を満たすことができます。

　一酸化炭素の排出量は、当該機械等のカタログや取扱説明書に記載があります。思わぬ大量の一酸化炭素を発生するので、換気扇等で対応することは不可能といってよいでしょう。

　屋外に設置をすれば、風量を考える必要はありません。

第37節　電離放射線

Q271 建設工事現場で、電離放射線が使用されるのでしょうか？

ANSWER 鋼橋架設の場合などの非破壊検査ですから、建設工事の一環ではありますが、直接の工事ではありません。

通常は、専門業者が来てエックス線で写真を撮り、溶接箇所に問題がないかの確認をします。火力発電所や原子力発電所では、内部に設置される圧力容器について、エックス線やガンマ線が用いられます。化学プラントでも、圧力容器があるところや関連する配管では、同様の検査が行われます。

非破壊検査業者との連絡を密にし、工事の作業員が管理区域に近寄らないように徹底することが重要です。

なお、管理区域とは、放射線被ばくの可能性のある区域のことで、非破壊検査を行うときに最初に設定されます。関係労働者以外の者は立入禁止です。

第38節　高気圧業務

Q272 高気圧業務とは、どのようなものでしょうか？

ANSWER 大気圧を超える圧力下で作業を行うことをいいます。

高気圧業務は、圧気工事と潜水業務とに分かれます。前者は、鋼殻ケーソン工法（ニューマチックケーソン工法とも呼ばれる。）などの潜函工法と圧気シールド工法に分かれます。

鋼殻ケーソン工法は、橋脚の基礎杭築造工事に用いられます。圧気シールド工法は、湧水のある地層でずい道を築造するときに用いられます。

潜水業務は、埋立地の築造や、港湾施設の工事に用いられます。海上空港の建設工事にも用いられています。潜水服を着て船上から空気を送給する方式と、空気ボンベを背負って潜るスキューバ方式があります。

Q273 高気圧業務は、安全衛生上どのような問題があるのでしょうか？

ANSWER 作業者が、潜水病をはじめとする高気圧障害に罹りやすいのです。

また、気圧が大気圧を超えていることから、火災を発生しやすいことが知られています。

高気圧障害としては、耳の傷害、副鼻腔や歯の傷害、酸素中毒、窒素酔い、炭酸ガス中毒、減圧症等があります。

これらを防ぐため、高圧則に定める加圧速度と減圧時間を厳守することが重要です。

なお、減圧症等が発生した場合には、再圧室に収容して再加圧し、ゆっくり減圧することで治療をします。再圧室をあらかじめ設けておくか、最寄りの医療機関を確認しておくべきです。

Q274 高気圧業務の就業制限等は、どのようになっていますか？

ANSWER 潜水士は、潜水士免許を有する者でなければつかせてはなりません（安衛法第61条、安衛令第20条）。

また、高圧室内業務については、高圧室内業務作業主任者の選任を要します（安衛法第14条、安衛令第6条）。高圧室内業務作業主任者は、免許です。

さらに、次のいずれかの業務につかせる労働者には、安全衛生のための特別教育を行わなければなりません（安衛法第59条第3項、安衛則第36条第21号～第24号の2）。

1 高圧室内作業に係る作業室への送気の調節を行うためのバルブ又はコックを操作する業務

作業室とは、潜函の内部や、圧気シールドの切羽の部分をいいます。気圧が高く保たれています。

2 気閘（こう）室への送気又は気閘室からの排気の調整を行うためのバルブ又はコックを操作する業務

気閘室とは、作業者が作業室への出入りをするための小部屋であり、加圧又は減圧を行うものです。材料や資材の出入りをするマテリアルロックに対し、マンロックとも呼ばれます。

3 潜水作業者への送気の調節を行うためのバルブ又はコックを操作する業務

4　再圧室を操作する業務
5　高圧室内作業に係る業務

Q275　高気圧業務は、労働基準監督署への届出が必要でしょうか？

ANSWER　次のようになっています（安衛法第88条第3項、第4項、安衛則第89条の2、第90条）。

対象となる仕事	届出先	期日
ゲージ圧力が0.3メガパスカル以上の圧気工法による作業を行う仕事	厚生労働大臣	当該仕事開始の30日前まで
圧気工法による作業を行う仕事	所轄労働基準監督署長	当該仕事開始の14日前まで

詳しいことは、計画届（P38）を参照してください。

Q276　潜函内作業について、法規制はどのようになっているでしょうか？

ANSWER　安衛則第376条から第378条において、次の事項を定めていますので、高圧則と合わせて対応する必要があります。

1　沈下関係図等（第376条）

事業者は、潜函（かん）又は井筒の内部で明り掘削の作業を行うときは、潜函又は井筒の急激な沈下による労働者の危険を防止するため、次の措置を講じなければなりません。

(1) 沈下関係図に基づき、掘削の方法、載荷の量等を定めること。
(2) 刃口から天井又ははりまでの高さは、1.8メートル以上とすること。

これは、底部を掘削した後、潜函内の圧力を抜くことで潜函を沈下させるのですが、あらかじめボーリング調査等を行い、その結果を踏まえて沈下関係図を作成するものです。

これにより、潜函又は井筒の沈下に関する諸力の各深度における値を一括作図して、潜函又は井筒の釣り合い状態を示すものです（昭40.2.10基発第139号）。計画届に添付しなければなりません。

2　潜函等の内部における作業（第377条）

事業者は、潜函、井筒、たて坑、井戸その他これらに準ずる建設物又は設備（以下「潜函等」という。）の内部で明り掘削の作業を行うときは、次の措置を講じなければなりません。
　⑴　酸素が過剰になるおそれのあるときは、酸素の濃度を測定する者を指名して測定を行わせること。
　⑵　労働者が安全に昇降するための設備を設けること。
　⑶　掘下げの深さが20メートルを超えるときは、当該作業を行う箇所と外部との連絡のための電話、電鈴等の設備を設けること。
　この場合において、⑴の測定の結果等により酸素の過剰を認めたとき、又は掘下げの深さが20メートルを超えるときは、送気のための設備を設け、これにより必要な量の空気を送給しなければなりません。
　酸素が過剰になると、酸素中毒や火災の原因となるので、このような規定が設けられているものです。
3　作業の禁止（第378条）
　事業者は、次の各号のいずれかに該当するときは、潜函等の内部で明り掘削の作業を行ってはなりません。
　⑴　2の⑵若しくは⑶又は後段の送気設備が故障しているとき。
　⑵　潜函等の内部へ多量の水が侵入するおそれのあるとき。
なお、地層の途中に砂れき層があり、その地層でつながる工事現場がある場合には、加圧された空気が砂れき層を通ってもう一方の現場に噴出することがあります。その際、砂れき層が酸素を吸収して酸欠空気が噴出することにより、酸欠事故が発生することがありますので、周辺の工事にも注意が必要です。

Q277　高気圧業務従事者に対する健康診断は、どのようになっていますか？

ANSWER　高圧則において、高気圧業務に常時従事する労働者に対し、当該業務に雇入れの際、又は配置替えの際、及びその後6か月ごと1回定期に、次の項目について、医師による健康診断を実施しなければならない旨定められています（安衛法第66条第2項、高圧則第38条）。当該作業を行う下請の責任です。
　⑴　既往歴及び高気圧業務歴の調査

(2) 関節、腰若しくは下肢（し）の痛み、耳鳴り等の自覚症状又は他覚症状の有無の検査
(3) 四肢の運動機能の検査
(4) 鼓膜及び聴力の検査
(5) 血圧の測定並びに尿中の糖及び蛋（たん）白の有無の検査
(6) 肺活量の測定

さらに、事業者は、前項の健康診断の結果、医師が必要と認めた者については、次の項目について、医師による健康診断を追加して行わなければなりません（高圧則第38条第2項）。
(1) 作業条件調査
(2) 肺換気機能検査
(3) 心電図検査
(4) 関節部のエックス線直接撮影による検査

Q 278 高気圧業務健康診断は、記録や届出はどのようにすべきでしょうか？

ANSWER 高気圧業務健康診断個人票（様式第1号）を作成し、これを5年間保存しなければなりません（高圧則第39条）。その上で、次の措置が必要です。
1 健康診断結果についての医師からの意見聴取（高圧則第39条の2）
2 健康診断結果の本人への通知（高圧則第39条の3）
3 健康診断結果報告（高圧則第40条）

これは、定期の高気圧業務健康診断の結果について、実施後遅滞なく、高気圧業務健康診断結果報告書（様式第2号）を当該事業場の所在地を管轄する労働基準監督署長に提出しなければならないものです。

Q 279 高気圧業務につかせてはならない場合があるのでしょうか？

ANSWER 高圧則第41条で、「事業者は、次の各号のいずれかに掲げる疾病にかかつている労働者については、医師が必要と認める期間、高気圧業務への就業を禁止しなければならない。」と定めています。

(1) 減圧症その他高気圧による障害又はその後遺症
(2) 肺結核その他呼吸器の結核又は急性上気道感染、じん肺、肺気腫（しゅ）その他呼吸器系の疾病
(3) 貧血症、心臓弁膜症、冠状動脈硬化症、高血圧症その他血液又は循環器系の疾病
(4) 精神神経症、アルコール中毒、神経痛その他精神神経系の疾病
(5) メニエル氏病又は中耳炎その他耳管狭さくを伴う耳の疾病
(6) 関節炎、リウマチスその他運動器の疾病
(7) ぜんそく、肥満症、バセドー氏病その他アレルギー性、内分泌系、物質代謝又は栄養の疾病

これらの者は、高気圧業務により、症状が悪化するおそれがあるからです。

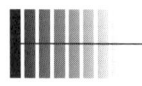

第39節　除染等業務

Q280 除染等業務とは、どのようなものでしょうか？

ANSWER　「除染等業務」とは、次の各号に掲げる業務（電離放射線障害防止規則第41条の3の処分の業務を行う事業場において行うものを除く。）をいいます（除染電離則第2条第7項）。

(1) 除染特別地域等内における事故由来放射性物質により汚染された土壌、草木、工作物等について講ずる当該汚染に係る土壌、落葉及び落枝、水路等に堆積した汚泥等（以下「汚染土壌等」という。）の除去、当該汚染の拡散の防止その他の当該汚染の影響の低減のために必要な措置を講ずる業務（以下「土壌等の除染等の業務」という。）

(2) 除染特別地域等内における次のイ又はロに掲げる事故由来放射性物質により汚染された物の収集、運搬又は保管に係るもの（以下「廃棄物収集等業務」という。）

　　イ　前号又は次号の業務に伴い生じた土壌（当該土壌に含まれる事故由来放射性物質のうち厚生労働大臣が定める方法によって求めるセシウム134及びセシウム137の放射能濃度の値が1万ベクレル毎キログラムを超えるものに限る。以下「除去土壌」という。）

ロ　事故由来放射性物質により汚染された廃棄物（当該廃棄物に含まれる事故由来放射性物質のうち厚生労働大臣が定める方法によって求めるセシウム134及びセシウム137の放射能濃度の値が１万ベクレル毎キログラムを超えるものに限る。以下「汚染廃棄物」という。）

(3) (1)と(2)に掲げる業務以外の業務であって、特定汚染土壌等（汚染土壌等であって、当該汚染土壌等に含まれる事故由来放射性物質のうち厚生労働大臣が定める方法によって求めるセシウム134及びセシウム137の放射能濃度の値が１万ベクレル毎キログラムを超えるものに限る。以下同じ。）を取り扱うもの（以下「特定汚染土壌等取扱業務」という。）

Q281 除染等業務においては、法令上どのようなことに注意しなければならないでしょうか？

ANSWER　除染電離則において、次の事項が定められています。

1　線量の限度及び測定
　(1) 除染等業務従事者の被ばく限度（第３条、第４条）
　(2) 線量の測定（第５条）
　(3) 線量の測定結果の確認、記録等（第６条）

2　除染等業務の実施に関する措置
　(1) 事前調査等（第７条）
　(2) 作業計画（第８条）
　(3) 作業の指揮者（第９条）
　(4) 作業の届出（第10条）
　(5) 診察等（第11条）

3　汚染の防止
　(1) 粉じんの発散を抑制するための措置（第12条）
　(2) 廃棄物収集等業務を行う際の容器の使用等（第13条）
　(3) 退出者の汚染検査（第14条）
　(4) 持出し物品の汚染検査（第15条）
　(5) 保護具（第16条）
　(6) 保護具の汚染除去（第17条）
　(7) 喫煙等の禁止（第18条）

4　特別の教育

(1) 除染等業務に係る特別の教育（第19条）

5　健康診断

(1) 健康診断（第20条）

(2) 健康診断の結果の記録（第21条）

(3) 健康診断の結果についての医師からの意見聴取（第22条）

(4) 健康診断の結果の通知（第23条）

(5) 健康診断結果報告（第24条）

(6) 健康診断等に基づく措置（第25条）

6　その他

(1) 放射線測定器の備付け（第26条）

(2) 記録等の引渡し等（第27条、第28条）

(3) 調整（第29条、第30条）

Q282 除染等業務の作業指揮者は、どのように教育すればよいでしょうか？

ANSWER　「除染等業務に従事する労働者の放射線障害防止のためのガイドライン」（平23.12.22基発第1222第6号、最終改正平24.6.15基発0615第6号）の別紙七において、次のとおり実施すべき旨定められています。

科　目	範　囲	時間
作業の方法の決定及び除染等業務従事者の配置に関すること	1　放射線測定機器の構造及び取扱方法 2　事前調査の方法 3　作業計画の策定 4　作業手順の作成	2時間30分
除染等業務従事者に対する指揮の方法に関すること	1　作業前点検、作業前打合せ等の指揮及び教育の方法 2　作業中における指示の方法 3　保護具の適切な使用に係る指導方法	2時間
異状時における措置に関すること	1　労働災害が発生した場合の応急の措置 2　病院への搬送等の方法	1時間

合計5.5時間

　この教育の講師の資格は特段定めがなく、必要な知識、経験を有する者であればよいこととされています。

なお、作業指揮者となる者は、職長・安全衛生責任者教育を修了していることが望まれます。

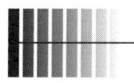

第40節　特定線量下業務

Q283 特定線量下業務とは、どのようなものでしょうか？

ANSWER　「特定線量下業務」とは、除染特別地域等内における厚生労働大臣が定める方法によって求める平均空間線量率（以下単に「平均空間線量率」という。）が事故由来放射性物質により2.5マイクロシーベルト毎時を超える場所において事業者が行う除染等業務その他の安衛令別表第二に掲げる業務以外の業務をいいます（除染電離則第2条第10号）。

つまり、平均空間線量率が2.5マイクロシーベルト毎時を超える場所（屋外に限る。）において事業者が行うすべての業務（除染等業務に該当するものを除く。）が該当することになります。

その結果、建設業でいえば、当該地域における造成、舗装、建築等の作業がその対象となります。

Q284 特定線量下業務は、法令上どのようなことに注意しなければならないでしょうか？

ANSWER　除染電離則において、次の事項が定められています。
1　線量の限度及び測定
　(1) 特定線量下業務従事者の被ばく限度（第25条の2、第25条の3）
　(2) 線量の測定（第25条の4）
　(3) 線量の測定結果の確認、記録等（第25条の5）
2　特定線量下業務の実施に関する措置
　(1) 事前調査等（第25条の6）
　(2) 診察等（第25条の7）
3　特別教育
　(1) 特定線量下業務に係る特別の教育（第25条の8）
4　被ばく歴の調査

(1) 被ばく歴の調査（第25条の9）
5 その他
(1) 放射線測定器の備付け（第26条）
(2) 記録等の引渡し等（第27条、第28条）
(3) 調整（第29条、第30条）

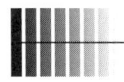

第41節　粉じん作業

Q285 粉じん作業とは、どのようなものでしょうか？

ANSWER 粉じん則別表第一に掲げる作業をいいます。

粉じん作業は、じん肺をはじめとする健康障害を起こすものとして、規制されています。建設業で該当するものとしては、次のものがあります。

別表の号	粉　じ　ん　作　業
1	鉱物等（湿潤な土石を除く。）を掘削する場所における作業（次号に掲げる作業を除く。）。ただし、次に掲げる作業を除く。 イ　坑外の、鉱物等を湿式により試錐（すい）する場所における作業 ロ　屋外の、鉱物等を動力又は発破によらないで掘削する場所における作業
1の2	ずい道等の内部の、ずい道等の建設の作業のうち、鉱物等を掘削する場所における作業
2	鉱物等（湿潤なものを除く。）を積載した車の荷台を覆し、又は傾けることにより鉱物等（湿潤なものを除く。）を積み卸す場所における作業（次号、第3号の2、第9号又は第18号に掲げる作業を除く。）
3	坑内の、鉱物等を破砕し、粉砕し、ふるい分け、積み込み、又は積み卸す場所における作業（次号に掲げる作業を除く。）。ただし、次に掲げる作業を除く。 イ　湿潤な鉱物等を積み込み、又は積み卸す場所における作業 ロ　水の中で破砕し、粉砕し、又はふるい分ける場所における作業
3の2	ずい道等の内部の、ずい道等の建設の作業のうち、鉱物等を積み込み、又は積み卸す場所における作業
4	坑内において鉱物等（湿潤なものを除く。）を運搬する作業。ただし、鉱物等を積載した車を牽（けん）引する機関車を運転する作業を除く。
5	坑内の、鉱物等（湿潤なものを除く。）を充てんし、又は岩粉を散布する場所における作業（次号に掲げる作業を除く。）
5の2	ずい道等の内部の、ずい道等の建設の作業のうち、コンクリート等を吹き付ける場所における作業
5の3	坑内であって、第1号から第3号の2まで又は前2号に規定する場所に近接する場所にお

	いて、粉じんが付着し、又は堆積した機械設備又は電気設備を移設し、撤去し、点検し、又は補修する作業
19	耐火物を用いて窯、炉等を築造し、若しくは修理し、又は耐火物を用いた窯、炉等を解体し、若しくは破砕する作業
20	屋内、坑内又はタンク、船舶、管、車両等の内部において、金属を溶断し、又はアークを用いてガウジングする作業
20の2	金属をアーク溶接する作業
23	長大ずい道（じん肺法施行規則別表第23号の長大ずい道をいう。）の内部の、ホッパー車からバラストを取り卸し、又はマルチプルタイタンパーにより道床を突き固める場所における作業

ずい道以外では、アーク溶接とはつりが多いでしょう。

Q 286　粉じんによる障害としては、どのようなものがあるでしょうか？

ANSWER　じん肺法施行規則（以下「じん肺則」）において、次のものが示されています（じん肺則第1条）。

1　肺結核
2　結核性胸膜炎
3　続発性気管支炎
4　続発性気管支拡張症
5　続発性気胸
6　原発性肺がん

Q 287　粉じん作業については、どのようなことをしなければならないのでしょうか？

ANSWER　労働者が粉じんを吸入することを防ぐことです。

基本的には、散水により発じんを抑えることです。その上で労働者に防じんマスクを着用させます。

なお、泥水加圧シールド工法によるずい道の掘進は、発じんが抑えられており、かつ、原則として労働者が切羽に入らないので、粉じん作業にはあたりません。

防じんマスクの着用については、労働者に教育を実施し、適切な防じんマスクの選定とその着用を徹底することが重要です。

Q288 健康管理面では、どのようなことをしなければならないのでしょうか？

ANSWER じん肺健康診断を実施し、毎年労働基準監督署に「じん肺健康管理実施状況報告」(じん肺則様式第8号)を提出しなければなりません。

じん肺健康診断は、実施後に、都道府県労働局長から管理区分の決定を受けます。それにより、健康診断の実施間隔が変わります。

1 就業時健康診断

まず、就業時健康診断を実施します。ただし、次に掲げるもののいずれかに該当する労働者は除きます(じん肺則第9条)。

(1) 新たに常時粉じん作業に従事することとなった日前に常時粉じん作業に従事すべき職業に従事したことがない労働者

(2) 新たに常時粉じん作業に従事することとなった日前1年以内にじん肺健康診断を受けて、じん肺の所見がないと診断され、又はじん肺管理区分が管理1と決定された労働者

(3) 新たに常時粉じん作業に従事することとなった日前6月以内にじん肺健康診断を受けて、じん肺管理区分が管理3ロと決定された労働者

2 定期健康診断

事業者は、粉じん作業に従事する又はしたことがある労働者に対し、次の表の区分でじん肺健康診断を実施しなければなりません(じん肺法第8条)。

労働者の区分	実施期間
1 常時粉じん作業に従事する労働者(次号に掲げる者を除く。)	3年
2 常時粉じん作業に従事する労働者でじん肺管理区分が管理2又は管理3であるもの	1年
3 常時粉じん作業に従事させたことのある労働者で、現に粉じん作業以外の作業に常時従事しているもののうち、じん肺管理区分が管理2である労働者(厚生労働省令で定める労働者を除く。)	3年
4 常時粉じん作業に従事させたことのある労働者で、現に粉じん作業以外の作業に常時従事しているもののうち、じん肺管理区分が管理3である労働者(厚生労働省令で定める労働者を除く。)	1年

3 定期外健康診断

事業者は、次の各号の場合には、当該労働者に対して、遅滞なく、じん肺健康診断を行わなければなりません(じん肺法第9条)。

(1) 常時粉じん作業に従事する労働者（じん肺管理区分が管理2、管理3又は管理4と決定された労働者を除く。）が、安衛法第66条第1項又は第2項の健康診断において、じん肺の所見があり、又はじん肺にかかっている疑いがあると診断されたとき。
(2) 合併症により1年を超えて療養のため休業した労働者が、医師により療養のため休業を要しなくなったと診断されたとき。
(3) 前2号に掲げる場合のほか、厚生労働省令で定めるとき（じん肺則第11条において、次の場合が定められている。）。
　① 合併症により1年を超えて療養した労働者が医師により療養を要しなくなったと診断されたとき（(2)に該当する場合を除く。）。
　② 常時粉じん作業に従事させたことのある労働者で、現に粉じん作業以外の作業に常時従事しているもののうち、じん肺管理区分が管理2である労働者が、安衛則第44条又は第45条の健康診断（胸部エックス線検査及び喀（かく）痰（たん）検査に限る。）において、肺がんにかかっている疑いがないと診断されたとき以外のとき。

4　離職時健康診断

　事業者は、次の各号に掲げる労働者で、離職の日まで引き続き1年を超えて使用していたものが、当該離職の際にじん肺健康診断を行うように求めたときは、当該労働者に対して、じん肺健康診断を行わなければなりません。ただし、当該労働者が直前にじん肺健康診断を受けた日から当該離職の日までの期間が、次の各号に掲げる労働者ごとに、それぞれ当該各号に掲げる期間に満たないときは、この限りではありません（じん肺法第9条の2）。

(1) 常時粉じん作業に従事する労働者（次号に掲げる者を除く。）　1年6月
(2) 常時粉じん作業に従事する労働者で、じん肺管理区分が管理2又は管理3であるもの　6月
(3) 常時粉じん作業に従事させたことのある労働者で、現に粉じん作業以外の作業に常時従事しているもののうち、じん肺管理区分が管理2又は管理3である労働者（厚生労働省令で定める労働者を除く。）　6月

第42節　熱中症予防

Q 289　熱中症とは、どのようなものでしょうか？

ANSWER　作業場所の暑熱な環境と作業負荷により、様々な症状を発症して死に至るものです。かつては、日射病、熱疲労、熱けいれん等と呼ばれていました。

熱中症では、毎年全国で20名前後が死亡しています（労災扱いのもの）。その4割前後が建設業で、7月と8月に多く発生しています。

症状と分類は次のとおりで、下に行くほど重症となります。

分類	症　　状
Ⅰ度	**めまい・失神** 「立ちくらみ」という状態で、脳への血流が瞬間的に不十分になったことを示し、"熱失神"と呼ぶこともある。 **筋肉痛・筋肉の硬直** 筋肉の「こむら返り」のことで、その部分の痛みを伴う。発汗に伴う塩分（ナトリウム等）の欠乏により生じる。これを"熱痙攣"と呼ぶこともある。 **大量の発汗**
Ⅱ度	**頭痛・気分の不快・吐き気・嘔吐・倦怠感・虚脱感** 体がぐったりする、力が入らないなどがあり、従来から"熱疲労"といわれていた状態である。
Ⅲ度	**意識障害・痙攣・手足の運動障害** 呼びかけや刺激への反応がおかしい、体がガクガクと引きつけがある、真直ぐに走れない・歩けないなど。 **高体温** 体に触ると熱いという感触がある。従来から"熱射病"や"重度の日射病"といわれていたものがこれに相当する。

Q 290　熱中症予防対策として、どのようなことをしなければならないのでしょうか？

ANSWER　まず、水分と塩分の補給措置です。

安衛則第617条では、「事業者は、多量の発汗を伴う作業場においては、労働者に与えるために、塩及び飲料水を備えなければならない。」と規定しています。

厚生労働省では、「作業中での定期的な水分及び塩分の摂取については、身体作業強度等に応じて必要な摂取量等は異なるが、作業場所のWBGT値が

WBGT基準値を超える場合には、少なくとも、0.1～0.2％の食塩水、ナトリウム40～80mg/100mlのスポーツドリンク又は経口補水液等を、20～30分ごとにカップ1～2杯程度を摂取することが望ましい」としています。

水分は、飲んでから体内に吸収されるまでに2時間ほどかかりますので、のどが渇いたと感じる前にこまめに補給することが重要です。

また、発汗に伴い、体内の塩分が排出され、ナトリウムバランスが崩れることにより重篤な症状に陥り、死に至ることもあります。そのため、これらを早め早めに補給することが重要です。

Q 291 そのほかに、実施すべき事項というのはあるのでしょうか？

ANSWER あります。

厚生労働省では、平成21年6月19日付け基発第0619001号「職場における熱中症の予防について」と平成17年7月29日付け基安発第0729001号「熱中症の予防対策におけるWBGTの活用について」を示していますので、これによって対策すべきです。

具体的には、WBGTを測定することにより、熱中症になりやすい職場の状態を把握すること、健康診断の実施を徹底してなりやすい人（疾病等）に特に注意すること、日陰を設けること、扇風機等を用意するなど冷涼な環境を用意すること、時に作業の中断をすること、などがあります。

発症した場合には、程度にもよりますが、命にかかわりますから、救急車の手配とともに涼しい場所に寝かせて衣服をゆるめます。

次に、体温を下げるために風通しをよくし、頸動脈、脇の下や太ももの付け根の動脈部分に蓄冷剤や氷を当てるなどして血液を冷やす対応が必要です。

Q 292 WBGTとは、どのようなものでしょうか？

ANSWER 別名「暑さ指数」ともいわれ、湿球黒球温度のことです。

1　WBGTとは

WBGT（Wet-Bulb Globe Temperature: 湿球黒球温度（単位:℃））は、労働環境において作業者が受ける暑熱環境による熱ストレスの評価を行う

簡便な指標です。暑熱環境を評価する場合には、気温に加え、湿度、風速、輻射（放射）熱を考慮して総合的に評価する必要があり、WBGTはこれらの基本的温熱諸要素を総合したものとなっているとされています（平17.7.29基安発第0729001号）。

WBGT値は、次のように区分されています。

WBGT値	危険区分
31℃以上	危　険
28～31℃	厳重注意
25～28℃	警　戒
25℃未満	注　意

2　WBGTの活用

WBGTの活用にあたっては、次の3に示す事項に留意するとともに、測定したWBGTの値が次表のWBGT基準値を超える場合には、熱中症が発生するリスクが高まると考えられるため、熱中症の予防対策をより徹底して実施することが望まれます。

WBGT熱ストレス指数の基準値表（各条件に対応した基準値）

区分	例	WBGT基準値	
		熱に順化している人（℃）	熱に順化していない人（℃）
0 安静	安静	33	32
1 低代謝率	楽な座位：軽い手作業（書く、タイピング、描く、縫う、簿記）；手及び腕の作業（小さいベンチツール、点検、組立てや軽い材料の区分け）；腕と脚の作業（普通の状態での乗り物の運転、足のスイッチやペダルの操作） 立体：ドリル（小さい部分）；フライス盤（小さい部分）；コイル巻；小さい電気子巻き；小さい力の道具の機械；ちょっとした歩き（速さ3.5km/h）	30	29
	継続した頭と腕の作業（くぎ打ち、盛土）；腕と脚の作業（ト		

2 中程度代謝率	ラックのオフロード操縦、トラクター及び建設車両）；腕と胴体の作業（空気ハンマーの作業、トラクター組立て、しっくい塗り、中くらいの重さの材料を断続的に持つ作業、草むしり、草掘り、果物や野菜を摘む）；軽量な荷車や手押し車を押したり引いたりする；3.5～5.5km/hの速さで歩く；追突	28		26	
3 高代謝率	強度の腕と胴体の作業；重い材料を運ぶ；シャベルを使う；大ハンマー作業；のこぎりをひく；硬い木にかんなをかけたりのみで彫る；草刈り；掘る；5.5～7km/hの速さで歩く。重い荷物の荷車や手押し車を押したり引いたりする；鋳物を削る；コンクリートブロックを積む。	気流を感じないとき 25	気流を感じるとき 26	気流を感じないとき 22	気流を感じるとき 23
4 極高代謝率	最大速度の速さでとても激しい活動；おのを振るう；激しくシャベルを使ったり掘ったりする；階段を上る、走る、7km/hより速く歩く。	23	25	18	20

注1　日本工業規格Z8504（人間工学―WBGT（湿球黒球温度）指数に基づく作業者の熱ストレスの評価―暑熱環境）附属書A「WBGT熱ストレス指数の基準値表」を基に、同表に示す代謝率レベルを具体的な例に置き換えて作成したものです。
注2　熱に順化していない人とは、「作業する前の週に毎日熱にばく露されていなかった人」をいいます。

　　この表に基づき、労働者が作業をする前の週における毎日の熱へのばく露の有無により、労働者の熱への順化の有無を判断した上で、その行う作業内容に応じて設定されたWBGT基準値を測定したWBGTの値が超えるかどうかを判断することとなります。
　3　WBGTを活用する場合の留意事項
　　熱中症の防止のためには、個々の作業場所に適した方法で、労働者の年齢、健康状態等を考慮し、適切に作業環境等の管理を行う必要があり、次の(1)から(4)までの事項に留意しつつ、WBGTを活用することが適当であるとされています。

(1) 中高年齢労働者への配慮

　　WBGT 基準値は、成年男性を基準に設定されていることから、労働者の年齢に合わせた作業強度を設定するなど、中高年齢労働者に配慮した対策が必要です。

　　なお、中高年齢労働者は、加齢に伴い、脱水していても口渇き感が少ないことがあることから、進んで水分を摂取する必要があることにも併せて留意すること。

(2) 労働者の健康状態への配慮

　　WBGT 基準値は、健康な状態を基準に設定されていることから、個々の労働者の健康状態を把握し、健康状態に合わせて作業強度を設定するなど、労働者の健康状態に配慮した対策が必要であること。

(3) 暑熱環境に対する順化への配慮

　　梅雨から夏季になる時期において急に暑くなった場合など、気温の急な上昇による暑熱環境下での作業を行う場合には、労働者が暑熱環境に順化していないため、作業時間を徐々に増加させることが必要であること。また、長期間暑熱環境から離れ、その後再び、暑熱環境下での作業を行う場合も同様であること。

(4) 作業を管理する者及び関係労働者への WBGT の周知

　　作業を管理する者及び関係労働者に対し、作業場所の WBGT の値が作業内容に応じて設定された WBGT 基準値を超えた場合には、熱中症が発生するリスクが高まること及び熱中症の予防措置を徹底することが特に重要であることの周知を図ることが必要であること。

Q293　WBGT の測定は、どのようにして行うのでしょうか？

ANSWER　次の測定方法が厚生労働省から示されています。

1　WBGT の値

　WBGT の値は、自然湿球温度と黒球温度を測定し、また、屋外で太陽照射のある場合は乾球温度を測定し、それぞれの測定値をもとに次式により計算したものです。

［1］屋内及び屋外で太陽照射のない場合

WBGT ＝0.7×自然湿球温度＋0.3×黒球温度

［2］屋外で太陽照射のある場合

WBGT ＝0.7×自然湿球温度＋0.2×黒球温度＋0.1×乾球温度

自然湿球温度	強制通風することなく、輻射（放射）熱を防ぐための球部の囲いをしない環境に置かれた濡れガーゼで覆った温度計が示す値
黒球温度	次の特性を持つ中空黒球の中心に位置する温度計の示す温度 ［1］直径が150mmであること ［2］平均放射率が0.95（つや消し黒色球）であること ［3］厚さができるだけ薄いこと
乾球温度	周囲の通風を妨げない状態で、輻射（放射）熱による影響を受けないように球部を囲って測定された乾球温度計が示す値

2　作業場所での WBGT の値の測定方法

　WBGT の値の測定を行うためには、状況に応じて、自然湿球温度計、黒球温度計又は乾球温度計を使用し、それぞれの測定値をもとに1の［1］又は［2］の式により計算します。なお、作業場所で測定するための WBGT の値を求める計算を自動的に行う機能を有した携帯用の簡易な WBGT 測定機器も市販されています（ハンドマイクぐらいの大きさで数万円前後）。

　作業場所において、WBGT の値の測定を行う場合に注意すべき事項は、次のとおりです。

［1］　屋内では、熱源ごとに熱源に最も近い位置で測定すること。また、測定位置は、床上0.5〜1.5m とすること。

［2］　屋外では、乾球に直接日光が当たらないように温度計を日陰に置き測定すること。

［3］　自然湿球温度計は強制通風することなく、自然気流中での温度を測定すること。

［4］　黒球温度は安定するまでに時間がかかるので、15分以上は放置した後に温度を測定すること。

［5］　少なくとも事前に WBGT の値が WBGT 基準値を超えることが予想されるときは、WBGT の値に測定すること。

3　WBGT 予報値などの利用

　WBGT 予報値、熱中症予報などがインターネットなどにおいて提供さ

れていますので、熱中症の予防対策を事前に準備するために、これを利用する方法もあります。

Q294 熱中症になりやすい人というのはあるのでしょうか？

ANSWER あります。

健康診断の結果として、高血圧、高血糖値、高コレステロール値及び肥満のいずれかが認められる方は、一般に動脈硬化を起こしかけているといえます。血液の循環が悪いため、熱中症を起こしやすいことが統計上明らかです。厚生労働省の通達でも、「糖尿病、高血圧症等が一般に熱中症の発症リスクを高める」（平21.6.19基発第0619001号）としていますし、「作業者が糖尿病、高血圧症、心疾患、腎不全、精神・神経関係の疾患、広範囲の皮膚疾患等の疾患を有する場合、熱中症の発症に影響を与えるおそれがあることから、作業の可否や作業時の留意事項等について、産業医・主治医の意見を聴き、必要に応じて、作業場所の変更や作業転換等を行うこと。」としています。

糖尿病や高血圧症等の人は、同時に脳血管疾患や虚血性心疾患（過労死等）を発症しやすいことも知られていますので、残業時間の制限にも注意が必要です。

そのような健康状態を把握するためには、工事現場で働くすべての作業員に健康診断を受診させることが重要です。

なお、深酒をした翌日は、起床した時点で体が脱水状態になっていますので、作業開始前からの水分と塩分の補給にも注意する必要がありますし、晩酌のための水分カットにも注意が必要です。

第43節　振動工具

Q295 振動工具とは、どのようなものでしょうか？

ANSWER チェーンソー、刈払機、サンダー、生コン打設時のコンクリートバイブレーター（バイブロ）、削岩機等、手指等に振動を感じさせる工具類をいいます。具体的には、次のものが厚生労働省から示されています（平21.7.10基発0710第1号、基発0710第2号）。

対象となる振動業務	振動工具
◎　チェーンソー	[1] チェーンソー
1　ピストンによる打撃機構を有する工具を取り扱う業務	[1] さく岩機 [2] チッピングハンマー [3] リベッティングハンマー [4] コーキングハンマー [5] ハンドハンマー [6] ベビーハンマー [7] コンクリートブレーカー [8] スケーリングハンマー [9] サンドランマー [10] ピックハンマー [11] 多針タガネ [12] オートケレン [13] 電動ハンマー
2　内燃機関を内蔵する工具（可搬式のもの）を取り扱う業務	[1] エンジンカッター [2] ブッシュクリーナー（刈払機）
3　携帯用皮はぎ機等の回転工具を取り扱う業務（5を除く。）	[1] 携帯用皮はぎ機 [2] サンダー [3] バイブレーションドリル
4　携帯用タイタンパー等の振動体内蔵工具を取り扱う業務	[1] 携帯用タイタンパー [2] コンクリートバイブレーター
5　携帯用研削盤、スイング研削盤その他手で保持し、又は支えて操作する型式の研削盤（使用する研削といしの直径が150mmを超えるものに限る。）を取り扱う業務（金属、石材等を研削し、又は切断する業務に限る。）	
6　卓上用研削盤又は床上用研削盤（使用するといしの直径が150mmを超えるものに限る。）を取り扱う業務（鋳物のばりとり又は溶接部のはつりをする業務に限る。）	
7　締付工具を取り扱う業務	[1] インパクトレンチ
8　往復動工具を取り扱う業務	[1] バイブレーションシャー [2] ジグソー

Q 296
振動工具を取り扱う作業は、どのような健康障害を引き起こすのでしょうか？

ANSWER　白蝋病をはじめとする振動障害です。

　手指、前腕等を中心に、末梢循環機能検査、末梢神経機能検査及び筋力、筋運動検査等の所見が現れます。自・他覚症状としては、振動による影響とみられるレイノー現象、しびれ、痛み、こわばり、その他があります。

　毛細血管への血液循環が悪くなることにより発症し、気温が低いほど、振動

加速度が大きいほど、作業従事時間が長いほど、悪化しやすくなります。

Q297 振動障害防止対策としては、どのようなことをしなければならないのでしょうか？

ANSWER 作業管理、作業環境管理と健康管理です。

作業管理としては、使用する振動工具を、できるだけ振動加速度が小さいもの（振動が小さいもの）を選ぶことです。また、防振手袋の着用や、冬期には保温に努めることも必要です。

次に、使用する振動工具の振動加速度に応じて作業時間を制限しなければなりません。

最後に、振動工具に関する特殊健康診断を年2回実施（うち1回は冬期）することです。この健康診断結果については、所轄労働基準監督署長に届け出るよう勧奨されています。

Q298 作業時間の管理はどのように行うのでしょうか？

ANSWER まず、当該振動工具の振動加速度を、取扱説明書又はメーカーに確認します。「3軸合成値」が必要です。単位は、「m/sec^2」です。「メートル毎秒毎秒」と読みます。

この3軸合成値を自乗し、その答で200を割ると、1日に就労できる時間（分）が出てきます。なお、1日の振動ばく露時間は2時間までとすべきとされています。

詳細は、「チェーンソー取扱い作業指針について」（平21.7.10基発0710第1号）と「チェーンソー以外の振動工具の取扱い業務に係る振動障害予防対策指針について」（平21.7.10基発0710第2号）を参照してください。

第44節　引金付工具

Q299 引金付工具とは、どのようなものでしょうか？

ANSWER 炭酸ガスアーク溶接トーチ、エヤーリベッター、自動刺しゅう

機、スプレーガン、エヤードライバー等手で保持し、引金を操作する工具をいいます（昭50.2.19基発第94号）。建築工事現場においては、近年、鉄筋の結束線を結ぶ作業に電池式のものが利用されています。また、電気ドリルや、釘打ち機も該当します。

Q300 引金付工具による健康障害としては、どのようなものがあるのでしょうか？

ANSWER 手指に障害を生ずる等のことが確認されています。

この種の障害を防止するため、厚生労働省では「引金付工具作業者要領」を示していますので、これによって作業を管理することが望まれます。

Q301 引金付工具作業者要領の内容は、どのようなものでしょうか？

ANSWER 以下のとおりです（昭50.2.19基発第94号）。

引金付工具作業者要領

本要領は、炭酸ガスアーク溶接トーチ、エヤーリベッター、自動刺しゅう機、スプレーガン、エヤードライバー等手で保持し、引金を操作する工具（以下「引金付工具」という。）の使用に伴う健康障害を防止するために定めたものである。

1 作業管理について
  (1) 引金付工具を取り扱う作業は、特定の労働者を長時間にわたって連続して行わせることなく、その他の適当な作業と交互に行わせるように努めること。
     なお、それぞれの作業の連続時間は、作業の状態等に応じ適正な時間であること。
  (2) 特定の労働者を引金付工具を取り扱う作業にもっぱら従事させる場合は、適正な時間ごとに10分ないし15分の休憩を与えること。
  (3) 上記(1)及び(2)の適正な時間の目安は、おおむね60分ないし120分とし、120分は超えないこと。
  (4) 作業者が連続して同一の作業をくりかえし行わないようにするため、

流れ作業方式をいわゆるJEL（Job Enlargement）方式（（注）参照）に替える等の措置についても配意すること。

(5) 引金付工具の形、重量、引金を引く又は押さえるに要する力、引金のストローク等は人間工学的に配慮された適正なものとすること。

(6) 引金付工具を使用する場合は、スプリングバランサー又はカウンターウエイトを取り付ける等によりその重量が作業者の上肢に直接かからないようにすること。

なお、スプリングバランサー又はカウンターウエイトを引金付工具に取り付ける位置は、通常の作業で引金付工具の重心の沿直線上にあるようにすることが望ましいこと。

(7) 引金付工具に接続するホース又はケーブルについては、適切な保持具で支える等により、作業者の上肢に負担がかからないようにすること。

(8) 工具のとっ手部（にぎり部）の形状は、作業者の手指の大きさ等に応じた適正なものとすること。

(9) 上肢を過度に屈曲し又は捻（ねん）転した状態で作業をさせないこと等、作業姿勢の適正化を図ること。

（注）JEL（Job Enlargement）方式とは、職務内容の単純化、定型化に伴う単調感、疎外感を克服し、能力の活用の増大による満足感を与えることを図るため、作業者の職務内容を極度に単純化することをせず、複数の機能内容を含ませる方式である。

2 作業環境について

(1) 作業を行う場所の気温等については、次によるように努めること。

気　　温	17～28℃
作業面の照度	300ルクス以上

換気等については、事務所衛生基準規則に準じて必要な措置を講ずるようにすること。

なお、気温、湿度、照明等についての測定を必要に応じ実施するようにすること。

(2) 作業を行う場所の広さ、作業台の配置等は、作業状態に応じた人間工学的に配慮されたものとすること。

(3) 持続的立業である作業については、必要に応じ手待ち時間等に利用しうるいすを備え、労働者が適宜に利用できるようにすること。

(4) 作業者が有効に利用することができる休憩のための設備を設けるようにすること。また、労働者が臥床することができる休養室又は休養所を男子用と女子用に区別して設けるようにすること。
　なお、これらの設備を設ける場合には、できるだけ作業室に近接した位置に設けるようにすること。
(5) その他、騒音の軽減、清掃の実施等衛生水準の維持向上について十分配慮すること。
3　健康管理について
(1) 引金付工具を使用する作業に従事する労働者に対して、雇入れの際、当該業務への配置替えの際及びその後6月以内ごとに1回、定期に、次の項目について医師により健康診断を行うこと。
　　イ　業務歴、既往歴等の調査
　　ロ　問診
　　　　肩こり、背痛、腕痛、項部の張り、手のしびれ、手指の痛み、こわばり、はれ及びしこり、手の脱力感、指の弾発現象等の継続する自覚症状の有無
　　ハ　視診、触診
　　　(イ)　せき柱の変形と可動性の異常の有無、棘（きょく）突起の圧痛、叩打痛の有無
　　　(ロ)　指、手、腕の運動機能の異常及び運動痛の有無
　　　(ハ)　指の弾発現象、軋（あつ）音の有無
　　　(ニ)　筋、腱、関節（頸、肩、背、手、指等）の圧痛、硬結及び腫張の有無
　　　(ホ)　腕神経そうの圧痛及び上肢末梢循環障害の有無
　　　(ヘ)　上肢の知覚異常、筋、腱反射の異常の有無
　　ニ　握力の測定
　　ホ　視機能検査
　　　　なお、上記の健康診断の結果医師が必要と認める者については、必要な検査を追加して行うこと。
(2) 健康診断結果に基づく事後措置
　　上記(1)の健康診断の結果、引金付工具作業による症状増悪のおそれ

がみられる等、作業を続けることが適当でない者又は作業時間の短縮を要すると認められる者については、作業転換、作業時間の短縮等当該労働者の健康保持のための適切な措置を講ずること。
(3) 職場体操を実施するとともに、体育活動、レクリエーションの実施等について便宜を与える等、労働者の健康の保持増進のために必要な措置を講ずるようにすること。
　頸肩腕症候群を予防するための職場体操は次に掲げるものがあるので、これを参考にして実施すること。

別紙1
※簡単で最も有効な体操
Ⅰ　体そらし　50回

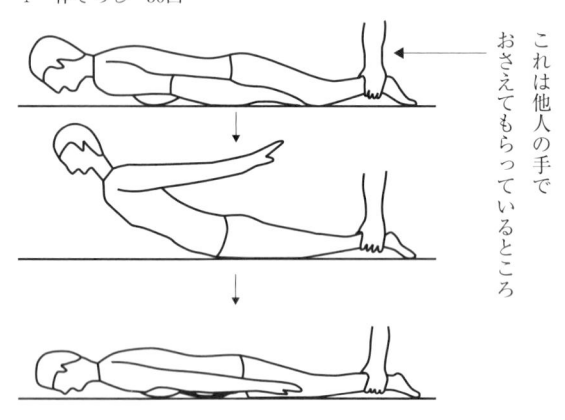

これは他人の手でおさえてもらっているところ

Ⅱ　腹筋の運動

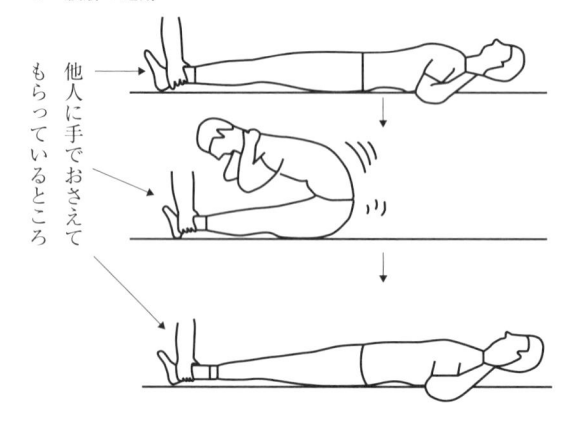

他人に手でおさえてもらっているところ

Ⅲ　開脚跳び（20歳の人ならば1秒間に1回の割で180回を目標とする。）

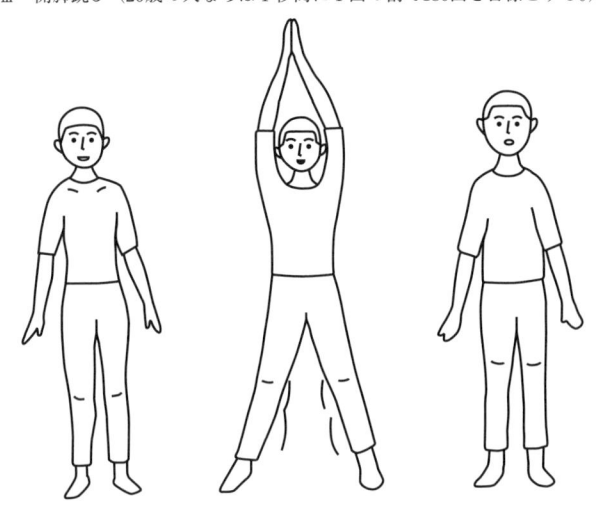

皆さん、リラックス体操で、からだをのびのびとさせ気分転換をしましょう。
体操の速さはマイペースで実施してください。

運　動	解説（音楽）	図　解	注　意
各関節	・首を前後へガクンと落とします。 ・横の方へもぐっとひねって。 ・首をゆっくり回しましょう。 ・首すじをトントンとたたいたり手首をブラブラさせて身体全体をほぐしてください。　（雨にぬれても）		・各自、自由に自分の身体の関節をほぐす。 ・音楽には自由に合わせてよい。
伸び	・気持ちよく伸びをしましょう。 ・ウーンと大きなあくびをして伸びをしましょう。 ・両手を組んで上へ身体を持ち上げるようにして伸びを。 　　　　　　　（ララのテーマ）		・身体全体を思いきり伸ばして後は脱力をする。 ・背筋、脇腹を特に伸ばす。
肩回し	・ひじを軽く曲げて、ひじの先で円を書くように前から後ろ、後ろから前へと回します。 ・ひじを伸ばして大きく腕を回しましょう。 　　　　　　　（夏の日の恋）		・手や腕だけでなく肩を充分に回す。 ・ひじを伸ばした時は耳を両腕でさわるくらい伸ばす。

前後屈	・次は前後屈です。 ・前の方へは深く曲げ、後へは大きくそりましょう。 ・前へ曲げる時は両手で腰をたたきながら反動をつけて。 　　　（ボニーとクライドのバラード）		・普段使わないので腰の曲げ伸ばしは充分に行う。 ・補助的な動作として腰をたたく。
	・最後は深呼吸。 ・大きく息を吸ってゆっくりと息をはきます。 　　　（愛のセレナーデ）		・音楽に合わせて大きく、ゆっくりと。

(4) 引金付工具を使用する労働者に対し、適切な作業方法及び必要な安全衛生教育を行うこと。

(5) 産業医、衛生管理者又は労働衛生管理員等に引金付工具を用いる作業に従事する労働者の健康管理、健康相談等にあたらせること。

　健康診断、健康相談等の結果、労働者の健康を保持するため必要と認める場合には、産業医等の指導により必要な措置を講ずること。

(6) 衛生委員会等においては、健康障害の防止、健康の保持増進等について関係労働者の意見を十分にきくこと。

　なお、衛生委員会等を設けない事業場においても、関係労働者の意見をきくための機会を設けるようにすること。

/ 第5章

労働者の退職時や退職後の事項

概　説

　安衛法関係では、一般の記録は3年間、健康診断記録は5年間、じん肺健康診断の記録は7年間の保存義務が定められています。

　一定の有害業務に従事していた労働者が退職する際には、当該有害業務に従事していたことの記録を作成し、一定期間保存しておかなければなりません。建設業では、石綿業務、除染等業務と特定線量下業務があります。

　これらの保存期間は、30年と長期に及びます。そのくらいの年月を経てがん等を発症することがあるからです。それらの治療に関して労災保険の給付請求が行われた場合に、記録が残っていれば給付手続が円滑に進められます。

　また、退職時に健康診断記録と合わせて当該労働者に交付しなければならない場合もあります。

　石綿等を取り扱う業務に従事していた労働者や粉じん作業に従事していた労働者については、一定の要件に該当する場合には、離職時に都道府県労働局に健康管理手帳の交付申請を行うことができます。退職後の健康管理のためです。

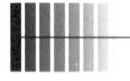

第1節　作業記録等の交付

Q 302 労働者が退職するときに、作業記録を交付しなければならない場合があると聞きましたが、どのような場合でしょうか？

ANSWER　労働者が有害物等にばく露した後、相当期間経過後に健康障害が発生するおそれのある作業が対象で、作業記録と健康診断個人票を交付します。

　具体的には、除染等業務と特定線量下業務（除染電離則第27条、第28条）が定められています。

Q 303 作業の記録を保存しておかなければならないのは、どのような場合でしょうか？

ANSWER　次の場合です。

1　石綿業務（30年間。石綿則第35条）
　(1) 石綿等の封じ込め業務

(2) 石綿等の除去業務

　これは、従事歴、作業環境測定記録と石綿健康診断個人票が対象です。

2　除染等業務（30年間。除染電離則第6条、第21条）

　これは、従事歴、被ばく歴と除染等電離放射線健康診断個人票が対象です。

3　特定線量下業務（30年間。除染電離則第25条の5）

　これは、従事歴と被ばく歴が対象です。

　以上の記録は、その保存年限が長いことから、1については、事業を廃止しようとするときは、石綿関係記録等報告書（様式第六号）に関係書類を添えて、所轄労働基準監督署長に提出すること（石綿則第49条）とされています。

　2と3については、5年間保存した後又は対象労働者が離職した後、あるいは事業を廃止するとき、厚生労働大臣が指定する機関（公益財団法人放射線影響協会）に引き渡すことができます（除染電離則第6条、第21条、第25条の9）。

第2節　離職時健康診断

Q 304　労働者が離職するときに、特殊健康診断を実施しなければならない場合があるのでしょうか？

ANSWER　じん肺健康診断があります（じん肺法第9条の2）。詳細は、「粉じん作業」の項（P266）を参照してください。

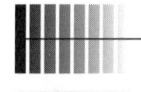

第3節　健康管理手帳

Q 305　健康管理手帳とは、どのようなものでしょうか？

ANSWER　がんその他の重度の健康障害を生ずるおそれのある業務に一定期間従事した者に対し、離職後の健康管理を国の費用負担で行います。その対象者に対し、国が交付するのが健康管理手帳です（安衛法第67条、安衛令第23条、安衛則第53条）。

建設業では、次の業務について、右欄の要件を満たした労働者に対し、離職時にその申請により交付されます。申請先は、労働者の住居地を管轄する都道府県労働局です。

業　務	要　件
粉じん作業（じん肺法第2条第1項第3号に規定する粉じん作業をいう。）に係る業務	じん肺法第13条第2項（同法第15条第3項、第16条第2項及び第16条の2第2項において準用する場合を含む。）の規定により決定されたじん肺管理区分が管理2又は管理3であること。
石綿等の製造又は取扱いに伴い石綿の粉じんを発散する場所における業務	1　石綿等を取り扱う業務	次のいずれかに該当すること。 一　両肺野に石綿による不整形陰影があり、又は石綿による胸膜肥厚があること。 二　石綿等の製造作業、石綿等が使用されている保温材、耐火被覆材等の張付け、補修若しくは除去の作業、石綿等の吹付けの作業又は石綿等が吹き付けられた建築物、工作物等の解体、破砕等の作業（吹き付けられた石綿等の除去の作業を含む。）に1年以上従事した経験を有し、かつ、初めて石綿等の粉じんにばく露した日から10年以上を経過していること。 三　石綿等を取り扱う作業（前号の作業を除く。）に10年以上従事した経験を有していること。 四　前2号に掲げる要件に準ずるものとして厚生労働大臣が定める要件に該当すること。
	2　石綿等を取り扱う場所における業務	両肺野に石綿による不整形陰影があり、又は石綿による胸膜肥厚があること。

Q 306　離職後疾病を発症した場合、病院に健康管理手帳を出せば治療が受けられるのでしょうか？

ANSWER　健康管理手帳で治療は受けられません。

　健康管理手帳は、労災保険による治療が必要ない段階の人に対し、疾病の早期発見の目的で交付されるものであり、あくまでも健康診断を受診するためのものです。

　従事していた業務が原因で疾病を発症したと思われるのであれば、勤務先の所在地を管轄する労働基準監督署に労災請求の手続をする必要があります。

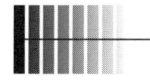

第4節　離職後の労災保険請求

Q307 退職した労働者が、何年かしてから病気が発症したとして労災請求した場合、どのようにすべきでしょうか？

ANSWER　当該疾病が、貴社での就労と因果関係が認められれば、労災保険給付の対象となりますので、所轄労働基準監督署長に請求手続をとってください。

労災保険給付が認められる疾病の例としては、次のような場合があります。いずれもその従事歴が重要です。

1　じん肺とその合併症（粉じん作業）

(1) 肺結核

(2) 結核性胸膜炎

(3) 続発性気管支炎

(4) 続発性気管支拡張症

(5) 続発性気胸

(6) 原発性肺がん

　じん肺は、管理4だと労災保険給付の対象となります。管理2か3であっても合併症がある場合には、給付の対象となります。請求を受けて労働基準監督署で従事歴等を調査の上、給付するか否かの決定を行います。

2　石綿による疾病（石綿除去作業、建築物等の解体作業等）

(1) 石綿肺（石綿によるじん肺。管理4が労災保険給付の対象）

(2) 悪性中皮腫

(3) 良性石綿胸水

(4) びまん性胸膜肥厚

(5) 肺がん

3　放射線に起因する疾病（除染等業務等）

　除染等業務や特定線量下業務に従事した場合には、ばく露した放射線の量にもよりますが、がんが発生することがあります。臓器がんのほか、皮膚がんや白内障等もありますので、労働基準監督署が実施する従事歴等の調査に協力してください。

Q308 前問の疾病以外には、労災補償は認められないのでしょうか？

ANSWER ほかにも対象となる疾病があります。

疾病については、労基則第35条において、「業務上の疾病は、別表第一の二に掲げる疾病とする。」と規定しています。

この表に掲げる物質を取り扱う作業に従事していて、その該当欄に記載された疾病を発症した場合には、自動的に業務上災害と認定され、労災保険による治療が認められます。

別表第一の二（第35条関係）

一　業務上の負傷に起因する疾病

二　物理的因子による次に掲げる疾病

　1　紫外線にさらされる業務による前眼部疾患又は皮膚疾患

　2　赤外線にさらされる業務による網膜火傷、白内障等の眼疾患又は皮膚疾患

　3　レーザー光線にさらされる業務による網膜火傷等の眼疾患又は皮膚疾患

　4　マイクロ波にさらされる業務による白内障等の眼疾患

　5　電離放射線にさらされる業務による急性放射線症、皮膚潰瘍（かいよう）等の放射線皮膚障害、白内障等の放射線眼疾患、放射線肺炎、再生不良性貧血等の造血器障害、骨壊（え）死その他の放射線障害

　6　高圧室内作業又は潜水作業に係る業務による潜函（かん）病又は潜水病

　7　気圧の低い場所における業務による高山病又は航空減圧症

　8　暑熱な場所における業務による熱中症

　9　高熱物体を取り扱う業務による熱傷

　10　寒冷な場所における業務又は低温物体を取り扱う業務による凍傷

　11　著しい騒音を発する場所における業務による難聴等の耳の疾患

　12　超音波にさらされる業務による手指等の組織壊死

　13　1から12までに掲げるもののほか、これらの疾病に付随する疾病その他物理的因子にさらされる業務に起因することの明らかな疾病

三　身体に過度の負担のかかる作業態様に起因する次に掲げる疾病

　1　重激な業務による筋肉、腱（けん）、骨若しくは関節の疾患又は内臓脱

　2　重量物を取り扱う業務、腰部に過度の負担を与える不自然な作業姿勢に

より行う業務その他腰部に過度の負担のかかる業務による腰痛
　3　さく岩機、鋲（びょう）打ち機、チェーンソー等の機械器具の使用により身体に振動を与える業務による手指、前腕等の末梢（しょう）循環障害、末梢神経障害又は運動器障害
　4　電子計算機への入力を反復して行う業務その他上肢（し）に過度の負担のかかる業務による後頭部、頸（けい）部、肩甲帯、上腕、前腕又は手指の運動器障害
　5　1から4までに掲げるもののほか、これらの疾病に付随する疾病その他身体に過度の負担のかかる作業態様の業務に起因することの明らかな疾病
四　化学物質等による次に掲げる疾病
　1　厚生労働大臣の指定する単体たる化学物質及び化合物（合金を含む。）にさらされる業務による疾病であって、厚生労働大臣が定めるもの
　2　弗（ふっ）素樹脂、塩化ビニル樹脂、アクリル樹脂等の合成樹脂の熱分解生成物にさらされる業務による眼粘膜の炎症又は気道粘膜の炎症等の呼吸器疾患
　3　すす、鉱物油、うるし、タール、セメント、アミン系の樹脂硬化剤等にさらされる業務による皮膚疾患
　4　蛋（たん）白分解酵素にさらされる業務による皮膚炎、結膜炎又は鼻炎、気管支喘（ぜん）息等の呼吸器疾患
　5　木材の粉じん、獣毛のじんあい等を飛散する場所における業務又は抗生物質等にさらされる業務によるアレルギー性の鼻炎、気管支喘息等の呼吸器疾患
　6　落綿等の粉じんを飛散する場所における業務による呼吸器疾患
　7　石綿にさらされる業務による良性石綿胸水又はびまん性胸膜肥厚
　8　空気中の酸素濃度の低い場所における業務による酸素欠乏症
　9　1から8までに掲げるもののほか、これらの疾病に付随する疾病その他化学物質等にさらされる業務に起因することの明らかな疾病
五　粉じんを飛散する場所における業務によるじん肺症又はじん肺法に規定するじん肺と合併したじん肺法施行規則第1条各号に掲げる疾病
六　細菌、ウィルス等の病原体による次に掲げる疾病
　1　患者の診療若しくは看護の業務、介護の業務又は研究その他の目的で病

原体を取り扱う業務による伝染性疾患
　２　動物若しくはその死体、獣毛、革その他動物性の物又はぼろ等の古物を取り扱う業務によるブルセラ症、炭疽（そ）病等の伝染性疾患
　３　湿潤地における業務によるワイル病等のレプトスピラ症
　４　屋外における業務による恙（つつが）虫病
　５　１から４までに掲げるもののほか、これらの疾病に付随する疾病その他細菌、ウィルス等の病原体にさらされる業務に起因することの明らかな疾病

七　がん原性物質若しくはがん原性因子又はがん原性工程における業務による次に掲げる疾病
　１　ベンジジンにさらされる業務による尿路系腫瘍（しゅよう）
　２　ベーターナフチルアミンにさらされる業務による尿路系腫瘍
　３　四―アミノジフェニルにさらされる業務による尿路系腫瘍
　４　四―ニトロジフェニルにさらされる業務による尿路系腫瘍
　５　ビス（クロロメチル）エーテルにさらされる業務による肺がん
　６　ベンゾトリクロライドにさらされる業務による肺がん
　７　石綿にさらされる業務による肺がん又は中皮腫（しゅ）
　８　ベンゼンにさらされる業務による白血病
　９　塩化ビニルにさらされる業務による肝血管肉腫又は肝細胞がん
　10　電離放射線にさらされる業務による白血病、肺がん、皮膚がん、骨肉腫、甲状腺（せん）がん、多発性骨髄腫又は非ホジキンリンパ腫
　11　オーラミンを製造する工程における業務による尿路系腫瘍
　12　マゼンタを製造する工程における業務による尿路系腫瘍
　13　コークス又は発生炉ガスを製造する工程における業務による肺がん
　14　クロム酸塩又は重クロム酸塩を製造する工程における業務による肺がん又は上気道のがん
　15　ニッケルの製錬又は精錬を行う工程における業務による肺がん又は上気道のがん
　16　砒（ひ）素を含有する鉱石を原料として金属の製錬若しくは精錬を行う工程又は無機砒素化合物を製造する工程における業務による肺がん又は皮膚がん

17　すす、鉱物油、タール、ピッチ、アスファルト又はパラフィンにさらされる業務による皮膚がん
18　1から17までに掲げるもののほか、これらの疾病に付随する疾病その他がん原性物質若しくはがん原性因子にさらされる業務又はがん原性工程における業務に起因することの明らかな疾病

八　長期間にわたる長時間の業務その他血管病変等を著しく増悪させる業務による脳出血、くも膜下出血、脳梗塞、高血圧性脳症、心筋梗塞、狭心症、心停止（心臓性突然死を含む。）若しくは解離性大動脈瘤（りゅう）又はこれらの疾病に付随する疾病

九　人の生命にかかわる事故への遭遇その他心理的に過度の負担を与える事象を伴う業務による精神及び行動の障害又はこれに付随する疾病

十　前各号に掲げるもののほか、厚生労働大臣の指定する疾病

十一　その他業務に起因することの明らかな疾病

　なお、労基則の改正により、平成25年10月1日から、次のものが追加されました。

1　テレビン油にさらされる業務による皮膚疾患
2　ベリリウムにさらされる業務による肺がん
3　1,2-ジクロロプロパンにさらされる業務による胆管がん
4　ジクロロメタンにさらされる業務による胆管がん

―――― 著者略歴 ――――

村木宏吉

労働衛生コンサルタント　（町田安全衛生リサーチ代表）
昭和52年（1977年）に旧労働省に労働基準監督官として採用され、北海道労働基準局、東京局、神奈川局管内各労働基準監督署及び局勤務を経て、神奈川局労働基準部労働衛生課の主任労働衛生専門官を最後に退官。元労働基準監督署長。「建設現場で使える労災保険Q＆A」（大成出版社）他、労働基準法、労働安全衛生法及び労災保険法関係の著作あり。

建設現場で使える労働安全衛生法 Q＆A

2013年10月16日　第 1 版第 1 刷発行
2014年10月23日　第 1 版第 2 刷発行

〔著〕　　村　木　宏　吉

発行者　　松　林　久　行

発行所　　株式会社 大成出版社
　　　　　東京都世田谷区羽根木 1 − 7 − 11
　　　　　〒156-0042　電話03（3321）4131（代）

Ⓒ2013　村木宏吉　　　　　　　　　印刷　亜細亜印刷
　　　　　　落丁・乱丁はおとりかえいたします。
　　　　　　ISBN978-4-8028-3127-7